# 脳とクオリア

## なぜ脳に心が生まれるのか

茂木健一郎

講談社学術文庫

# はじめに

自分の世界観が変わってしまうような出来事は、一生のうちでも何回もあるわけではない。私にとって、クオリア、すなわち、私たちの感覚に伴う質感の問題の存在に初めて気がついた時の衝撃は、本当に、世界観ががらりと変わってしまうほどのものだった。

私は、今でも、人間の脳の中の分子は究極的には物理法則に従って動いていると信じている。脳に意識が宿ることによって、分子の動きが変わることはないと思っている。したがって、本書にも書いたように、人間には本当は自由意志はないと思っている。それは良いとして、このような世界観を持った人間が、従来のタイプの物理法則ではまったく説明のつかない自然の側面が存在するという、疑いの余地のない事実を突きつけられたのが、クオリアの問題への目覚めだったのである。

きっかけになったのは、電車の中でノートをつけている時だった。突然、電車のガタンゴトンという騒音が、その生々しい質感とともに、私の意識に迫ってきたのだ。その時、脳の中のニューロンがどのようにつなぎ変わったのかわからない。とにかく、私が認識したものが、音の周波数のスペクトルを分析するとか、あるいは「ガタンゴトン」と言葉で表現するとか、そのような解析の方法では決して本質に迫れないあるユニークな質感、すなわち「クオリア」を持っていることが、一瞬のうちにすっと私の存在に迫ってきたのである。この時の感動は、一生忘れないだろう。こうして、私はクオリアの問題に目覚めた。

その後、新たな目でいろいろな本を読んでみると、クオリアの問題こそ、プラトンからホワイトヘッドまで、多くの哲学者が悩みに悩み抜いた大問題だったのだということがわかってきた。もちろん、前にも同じセンテンスを読んでいたに違いないのだが、まったく事の重大さに気がつかずに、読み飛ばしていたのだ。徐々に、クオリアこそ、心と脳の関係という、人類にとっての究極の謎のまさに核心に横たわる、最大のテーマであることがわかってきた。しかも、神経科学の発達により、クオリアを客観的な科学の問題として解明するチャンスは、今やゼロではないこともわかった。私たちは、とてつもなくエキサイティングな時代に生きているのである。

この本は、過去三年間、クオリアを中核とする心と脳の問題について考え、悪戦苦闘してきた結果の報告である。もちろん、クオリアの問題が解けたわけではない。読んでいただければわかるように、まだまだいろいろと穴だらけである。しかし、私の知性と良心が許す限り、「おそらくこの線で間違いないだろう」という、大筋のところは外してないと思っている。何よりも、クオリアの問題について自分を追い詰め、ぎりぎりしぼって考える、そのような時間の投資量に関しては、たいていの研究者にひけをとらないと思っている。理化学研究所やケンブリッジ大学を歩きながら、私は毎日のように、同じことばかりを考えてきた。

私の見立てでは、「クオリア」は、おそらく今後十年、二十年、あるいは百年くらいのオーダーで、脳科学はもちろん、情報科学、コンピュータ・サイエンス、さらには哲学、文学、心理学などの、キーワードになるのではないかと思う。クオリアの重要性が最近になって増したというわけではない。もともと世界を理解する上で最も重要な概念だったクオリアに、神経科学の発達により、客観的なメスを入れるチャンスがついに到来したということなのである。クオリアをとりまく状況が変わったのだ。この本の読者が、そのような未来への感触を少しでもつかんで下されば、私は幸せである。

最後に、私が脳を研究するきっかけを与えてくださった日本学術会議会長で理化学研究所国際フロンティア研究システム・システム長の伊藤正男先生に感謝の意を表します。また、出版の全過程でプロフェッショナルな示唆を下さった日本経済新聞社出版局科学出版部の松尾義之氏に感謝します。

一九九七年三月　英国ケンブリッジにて

茂木健一郎

# 目次

# 脳とクオリア

# 序章 「心」と「脳」を「クオリア」が結ぶ

自然哲学にとって、感覚されるものすべては、自然の一部である。私たちは、その一部分だけを都合よく選択することはできないのだ。私たちにとって、夕日の「赤い色」の感覚は、その現象を科学者が説明するのに用いる分子や、電磁波と同じように自然の一部でなければならない。自然哲学の目的は、「赤の感覚」と「分子、電磁波」といった自然の様々な要素がどのように結び付いているかを明らかにすることである。

——アルフレッド・ホワイトヘッド
『自然の概念』（一九二〇年）

## 1 世界は、質感（クオリア）に溢れている

私がまわりの世界の森羅万象を見る時、それは、様々な質感に溢れている。朝露に濡れた薔薇の花を見る時、私の感覚は、その花びらの持つ「赤」や、「ベルベット」の質感に引き付けられる。花びらの上の水滴は、ころころとしてつややかな、あの何とも言えない質感を持っている。高原の林の中を早朝歩くと、皮膚や、鼻腔を通して、爽やか

で心地よい質感が感じられる。もちろん、質感は快いものばかりではない。黒板を爪で引っかくと、あのとてもいやな質感を持つ音が聞こえてくる。あるいは、歯医者でドリルが歯を削る時に、舌で感じるあの味……もうこの辺でやめておこう！

私は、ストーンヘンジの前に立っている（図1）。私の末端の感覚器を刺激するものは、電磁波であったり、気体分子の振動だったり、地面からの抗力であったりするかもしれない。私の脳の中で起こっているニューロンの発火現象を、物理的に、因果的に記述しようとすれば、私を取り囲んでいるものは、そのような、せいぜい一〇〇種類の原子からできた物質であるということになるだろう。だが、私の感覚しているものは、それとは違う。私は、草の緑と、そのわさわさした模様を感覚する。私は、冷たい、それでいて心の奥をさわやかにする風を感覚する。私は、古代の遺跡の、年月を経た岩の、ごつごつでかつ滑らかな味わいのある表面の様子を感覚する。私は、私の下にある大地が、私の足の裏を押してくる確かな存在感を感覚する。そして、このような感覚の一つ一つは、それぞれ、他と間違えようのないある質感を持っている。このような質感の集合が、「私はストーンヘンジの前に立っている」という私の認識を構成している。私は、これらの質感の集合体として、ストーンヘンジの前に立っている。

私は、一つのテーゼに達する。私を取り囲む世界は、質感に溢れているのだ。このことこそが、私が私の存在について考える時、最も顕著な事実である。

人間がその生活の中で感じることのある質感のカタログをもしつくったとしたら、人々はその膨大なことに驚くに違いない。実際、そのようなカタログは、人間に関する最良の文学作品になるだろう。プルーストは、『失われた時を求めて』の中で、紅茶に浸したマドレーヌの味から、昔の記憶を呼び起こした。開高健の小説は、食と性に関する質感のコレクションと言ってもよい。人間が出会う質感のカタログは、人間そのものである。人間は、質感が有機的に統合された存在なのだ。

このような質感の数々は、人類の進化の過程において、私たちが「言葉」というシンボルを手に入れるずっと以前から存在したと思われる。どれくらい高等な動物から、質感が存在するのかはもちろんはっきりとはわからない。だが、質感が、「言葉」よりもより広く動物界に存在するものであることは確からしい。私たちの個体としての成長過程を振り返っても、言葉が獲得される以前から、すでに世界は様々な質感に溢れていたように思われる。

図１　私はストーンヘンジの前に立っている

私たちは、成長するに従って、次第に複雑な言葉を獲得していく。それにもかかわらず、私たちの感覚の中に溢れている様々な「質感」を過不足なく表現しきるような言葉を獲得することはついにないように思える。いや、たった一つの質感でさえ、一〇〇パーセント的確に表現できるような言葉はない。少しでも自分の感受性に注意を払う人ならば、薔薇の「赤」の感じ、冷たい水が喉を通る時の「ごくっと爽やかな」感じ、洗いたての猫の毛に触れた時の「ふわふわ」した感じは、決して「言葉」では表現しきれないある原始的な感覚を持っていることに同意するだろう。質感を言葉、より一般的に言えば「シンボル」で表現しきれないことは、質感に関する最も基本的な事実だ。私たちにとって、世界は、このようなシンボルでは表現しきれない「質感」に満ち溢れているのだ。

以下では、私たちが世界を感覚する時に媒介となる様々な質感のことを、「クオリア」(qualia)と呼ぶことにしよう。クオリアという言葉は、まだ一般的なものではないかもしれない。だが、「クオリア」は、哲学者をはじめとする人々が質感の問題を議論する際に伝統的に用いてきた概念である。この言葉を使うことは、最初は耳慣れないかもしれないが、私が提示する議論を、今まで存在する議論と比べたり、あるいは将来出現するであろう議論と比較する上で便利である。

「心」と「脳」の関係を求める私たちの旅において、「クオリア」は最も重要な概念となる。なぜ「クオリア」が重要なのか？　それは、逆説的だけれども、「クオリア」こそ、「心」と「脳」の間に存在する深い溝、とても超えられないのではないかと思われる断絶を象徴する存在だからだ。「クオリア」こそ、「心」と「脳」の関係を考えることが、いかにとてつもなく難しい問題であるかを象徴する存在なのである。

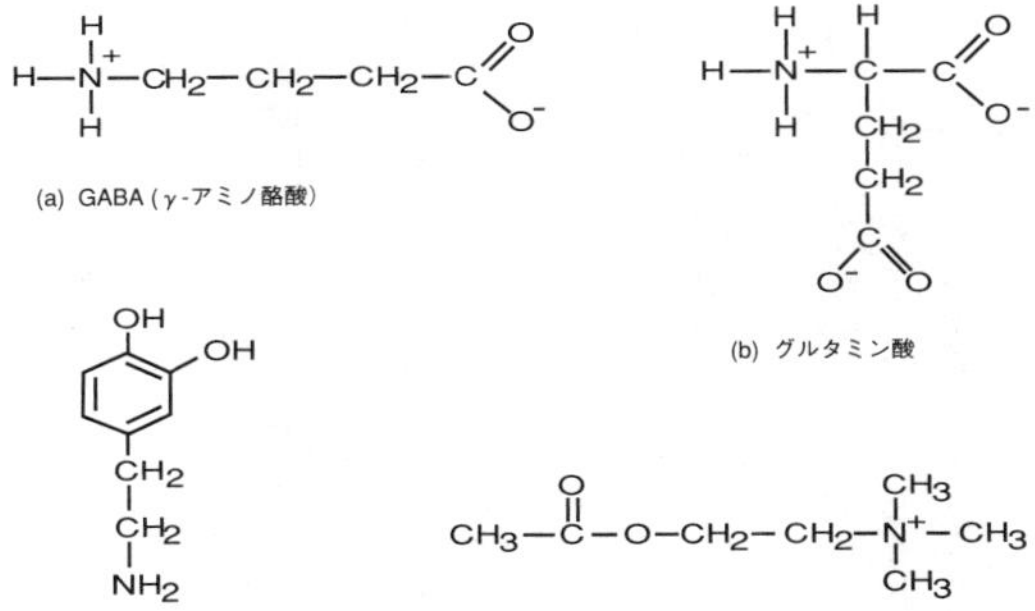

(a) GABA（γ-アミノ酪酸）

(b) グルタミン酸

(c) ドーパミン

(d) アセチルコリン

図２　神経伝達物質

## 2　脳は、恐ろしく複雑な分子機械である

脳が脳としての機能を維持するためには、膨大な種類の機能分子の共同作業が必要である。脳は、恐ろしいほど複雑な分子機械なのだ。

ニューロンとニューロンの間の信号伝達を媒介するのは、神経伝達物質である（図2）。神経伝達物質には、シナプスを介してそれを受け取ったニューロンを興奮させる物質と、抑制させる物質がある。興奮性と抑制性とは、簡単にいえば、それを受け取ったニューロンが発火現象＝アクション・ポテンシャルを生じやすくなる（興奮性）か、生じにくくなるか（抑制性）で定義される（もっとも、これは一種の単純化であって、他に、調節的と称されるより複雑な作用を持つ神経伝達物質がある）。

興奮性と抑制性という二つの異なる作用が脳の機能を考える上で、また心と脳の関係を考える上で極めて重要な役割を果たすことは、後に見るとおりである。

神経伝達物質は、必ずその受容体（receptor）との対として理解しなければならない。受容体は、シナプス間隙を通して拡散した神経伝達物質と結合し、シナプス後側のニューロンにその影響を伝える。受容体がなければ、神経伝達物質はその機能を果たせない。

場合によっては、同一の神経伝達物質が、受容体によって異なる作用を及ぼすことがある。グリシン、GABAは、受容体の種類にかかわらず抑制性であり、グルタミン酸は、受容体の種類にかかわらず興奮性であることが知られている。だがアセチルコリンは、受容体によって、興奮性にも抑制性にもなりうる。

神経伝達物質は、脳の各部位に均一に分布しているわけではない。分子機械としての脳を理解するためには、多くの神経伝達物質が、脳のどこに局在して、どのように作用しているかを理解する必要がある。例えば、グルタミン酸は、大脳皮質のニューロンに広く分布している。GABAも、大脳皮質に広く分布する一方、小脳における運動の学習で重要な役割を果たしている（巻末の文献 Ito 1984 を参照）。一方、ドーパミンは、大脳基底核の黒質ニューロンや、VTAに局在しており、後者は大脳皮質の前頭前野などに投射している。黒質のドーパミン・ニューロンの喪失はパーキンソン病を引き起こし、VTAのドーパミン・ニューロンの異常発火は、統合失調症を引き起こす。

神経伝達物質は、いわば直接的にニューロンの機能を支える分子であるが、「裏方」のよ

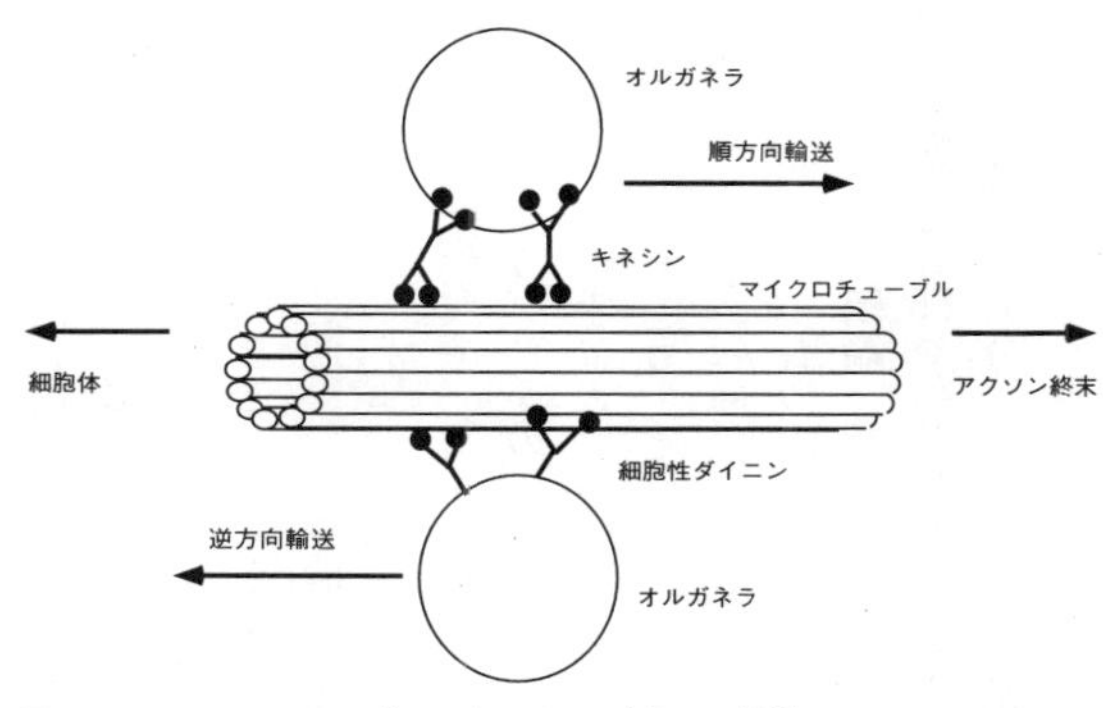


図３　マイクロチューブルの上のオルガネラの輸送

うな分子もある。軸索（axon）能動輸送をするマイクロチューブルと、キネシンや細胞質性ダイニンをはじめとするＭＡＰ（微小管結合タンパク質）である（図３）。

この輸送システムが必要とされる理由は明快だ。神経伝達物質や他の機能分子は、細胞体の核の周辺で「生産」される。なかには、細胞の中でつくることができずに、食物を通して外部から摂取されなければならない物質もある。例えば、アセチルコリンの原料となるコリンがそうである。だが、神経伝達物質は、軸索の先端で「消費」される。ここに、輸送の必要が生じる。しかも、ニューロンは、時には極めて長い軸索を持つ（運動ニューロンのように、一メートル近いものもある）。消費地と、生産地が離れているわけだ。だから、マイクロチューブルという「線路」の上に、ＭＡＰタンパク質という「列車」を走らせて、細胞体から軸索の先端まで機能分子を輸送する必要が出てくるわけである。

もちろん、いちいちオルガネラの中にパックして輸送しなくても、細胞質の中を拡散(diffusion)させるだけで物質は移動する。だが、このような「拡散」に基づいたメカニズムでは、細胞質の中に均一に目的の物質が分布することになるだけだし、特定の物質を特定の目的地に届けることもできない。拡散に頼らずに、物質をATP(アデノシン3リン酸)のエネルギーを使って能動的に輸送する必要があるのである。

神経伝達物質や、マイクロチューブル、MAPは、脳というシステムを維持するために必要な分子のカタログの、ほんのごく一部に過ぎない。そもそも、私たちは、完全な分子のカタログをまだ手に入れてはいないのだ。しかも、もし脳の中に存在する分子をすべて数え上げられたとしても、それでストーリーが終わるわけではない。分子の中には、脳の発達の過程のある特定の時期にしか現れないものもある。また、脳の中の各分子の局在を、空間的に、時間的に、有機的な組織として理解しなければ、分子機械としての脳を理解したことにはならない。極端な話、もし脳をホモジナイズして、どろどろの溶液にしてしまったとしたら、それはもはや脳としての機能を果たさないだろう。だが、その中には(もし注意深く扱えば)脳の中の分子の完全な集合が存在するはずなのである。

脳は、恐ろしく複雑な分子機械である。そして、その詳細の解明を目指して、多くの研究者がエネルギッシュに研究を進めている。

## 3　「クオリア」を味わおう

クオリアとはいったい何か？　この点について、読者と私が共通の理解に達しなければ、以下の議論は有意義なものとはならない。そこで、私は、私がここで問題にしているクオリアとは何なのかを、できる限りの言葉を尽くして説明したいと思う。もちろん、このような努力には困難が伴うことも確かだ。なぜならば、クオリアとは、まさに「言葉では表現しきれないもの」だから！

身近にある赤いものを、何でもよいから見つめて欲しい。トマトでも、郵便ポストでも、猿のお尻（あまり身近にはないだろうが）をしっかりと視野の中心に捉えて、見つめ続けて欲しい。あなたの心の中に、「赤らしさ」が感じられるだろう。この、「赤らしさ」とは、いったい何であろうか？

私たちが、赤いものを見た時に感じる「赤」という原始的な感覚は、いったい何だろうか？

日常生活においては、私たちは「ああ、赤だな」と判断して、それ以上この「赤らしさ」を追求してみようとはしない。「赤」というシンボル、ラベルをつけることによって、満足してしまうからだ。それ以上、「赤」という原始的な感覚について、考えようとはしない。日常生活を行う上では、それで十分だからだ。

「赤」の「赤らしさ」を味わうためには、それに「赤」というラベルをつけることによって満足してしまってはならない。「赤」という原始的な感覚を、あなたの中で、ゆっくりと共鳴させて欲しいのだ。そもそも、この原始的な感覚を過不足なく表すようなシンボルがあるかどうか、考えて欲しいのだ。

「赤」の「赤らしさ」を味わったら、今度は、赤いものを見た後に、しばらく別の色のもの、例えば緑のものを見て欲しい。「赤らしさ」と「緑らしさ」の間には、どのような違いがあるだろうか？　この「質感」の違いを、私たちはどのように表現したらよいのだろうか？

ニュートンの光のスペクトルの発見以来、私たちは「赤らしさ」と「緑らしさ」の違いは、光の波長の違いによって説明できるという考え方に慣れ親しんできた。実際、「色とは、光の波長のことだ」という説明で満足しがちである。それで質問終わり！　というわけだ。だが、あなたが見ている「赤」と「緑」の持つ原始的な感覚の差は、その起源が「光の波長の差」という定量的な性質の差であることを予感させるものであるかどうか、じっくり考えて欲しい。

コアントロというリキュールがある。もし、あなたが、このリキュールをストレートで嘗めたことがあるのならば、その味を思い出して欲しい。私は、今、この原稿を書きながら、コアントロを嘗めてみた。舌の先に、とろりとした甘味が広がる。それと同時に、何か揮発性の、ぴりぴりとした刺激が、喉の奥に向かって広がる。私の味覚を、そのような「クオリア」の集合が満たす。

　コアントロの味を、まだコアントロをストレートで嘗めたことのない人に言葉で説明するのは難しい。だが、もし、あなたがコアントロを嘗めさえすれば、あなたはそれを言葉では説明できなくとも、それがあるはっきりとしたクオリアを持った味覚であることを体験するだろう。そして、再びコアントロをストレートで嘗めた時には、「ああ、これは間違いなくコアントロだ、コアントロ以外の何ものでもない！」とあなたは確認することができるだろう。

　あなたは、ソーセージを食べたことがあるだろうか？（コアントロをストレートで嘗めたことがある人よりも、ソーセージを食べたことがある人の方が多いだろう！）

　次の一節を読んだ時、あなたは、ソーセージを噛み、飲み込む時にあなたが感じる感覚のもつ性質を、ありありと思い出すことができるだろう。


　……一切れのソーセージを口の中へほうりこむ！　歯でかみしめる！　歯で！　ああ、肉のかおり！　ほんものの、肉の汁！　それが今、腹の中へ、入っていく。

　　　——ソルジェニーツィン『イワン・デニーソヴィチの一日』（木村浩訳／新潮文庫）

　二〇世紀ロシア文学の最高傑作の一つといわれるこの短編は、右のような生命の感覚に溢れる描写でいっぱいだ。

右のような文章は、もし、私たちの感覚に、「クオリア」と私たちの名づけたあの生々しい、鮮烈な性質がなかったとしたら、私たちに対して、それほど強いイメージ喚起力を持たないだろう。ソーセージを味わうということは、ソーセージを噛み、飲み込む時に私たちが感覚するクオリアを味わうということに他ならない。私たちがそのような質感をよく知っているからこそ、ソーセージを食べるという文学作品における記述も成立するのだ。

クオリアは、私たちがそれを通して外界を把握する様々な感覚の、最も顕著な、鮮烈な性質なのである。

## 4 ニューロンの発火とは、細胞膜を通しての、イオンの流入だ

脳は、恐ろしく複雑な分子機械であり、その全貌を理解することは、不可能と思われるほどだ。

だが、一方で、脳の作動原理そのものは単純である。すなわち、脳の作動原理は、ニューロンの発火現象＝アクション・ポテンシャルの生成だ。

私たちの脳の中には、ニューロンのネットワークがある。そして、一つ一つのニューロンは、外界からの刺激に応じて、あるいは私たちの注意や、思考の過程に対応してそれぞれ独自のパターンで発火する。一つのニューロンの発火は、それとシナプス結合している他のニューロンに影響を及ぼす。その影響は、そのニューロンの発火のパターンとして現れる。こ

うして、お互いにシナプス結合で結ばれたニューロンは、影響し合いながら、発火の時空間パターンをつくり上げていく。

どうやら、私たちの心の中で起こっているすべての出来事は、ニューロンの発火に支えられているらしい。「心」とは、ニューロン発火の集合だと言ってもよいくらいだ。

では、ニューロンの発火とは何か？　以下では、「ニューロンが発火する」時に何が起こっているのか、そのエッセンスだけ摑んでしまおう。

ニューロンの発火。それは、ありきたりに言えば、ニューロンの細胞膜を通しての、イオンの流入だ。

まず、ニューロンが休止している状態では、細胞膜の内側は、外側に比べて、小さな負の電位を持っている。これを、休止細胞膜電位（resting membrane potential）という。なぜ休止細胞膜電位が存在するかというと、細胞膜の内側と外側で、ナトリウム陽イオンと、カリウム陽イオンの濃度に差があるからだ。

ナトリウムイオンの濃度は、細胞膜を挟んで、細胞内よりも、細胞外の方が高くなっている。一方、カリウムイオンの濃度は、細胞内の方が細胞外よりも高くなっている（図4）。この濃度差は、主にナトリウム・カリウムポンプによって維持されている。ナトリウム・カリウムポンプは、ATPを一分子分解するごとに、ナトリウムイオンを三つ細胞内から細胞外に運び、カリウムイオンを二つ細胞外から細胞内に運ぶ。このことを、カップリング比が三対二であると言う。

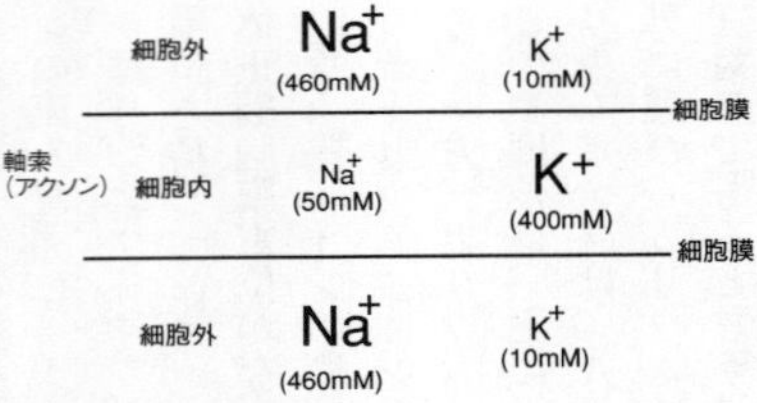

細胞外　Na+ (460mM)　K+ (10mM)
細胞膜
軸索（アクソン）　細胞内　Na+ (50mM)　K+ (400mM)
細胞膜
細胞外　Na+ (460mM)　K+ (10mM)

図４　休止細胞膜電位

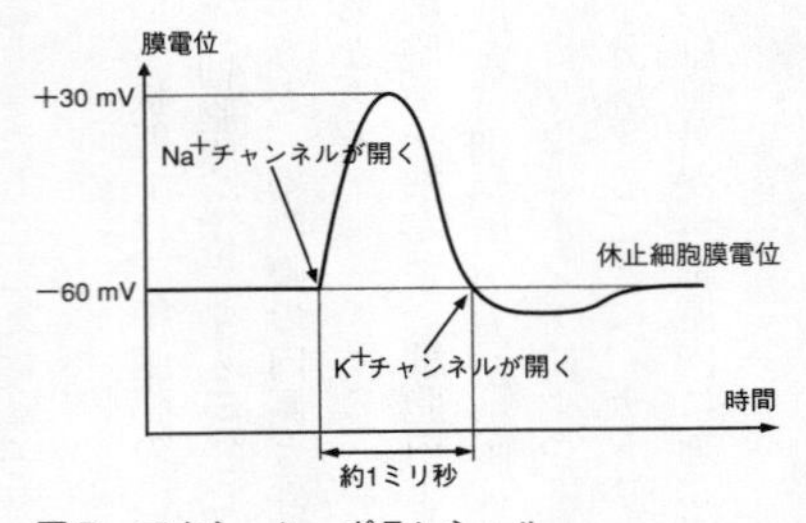


図５　アクション・ポテンシャル

休止細胞膜電位は、このカップリング比とナトリウムイオンとカリウムイオンの細胞膜の透過率によって決定される。カリウムイオンの透過率は、ナトリウムイオンの透過率の約二五倍である。これらの性質から、例えばイカの巨大軸索の場合、休止細胞膜電位は、細胞内が細胞外に比べて約マイナス六〇ミリボルトということになるのである。

細胞膜電位が、ＥＰＳＰ（興奮性シナプス後側膜電位）によって上昇し、しきい値に達すると、短い時間、細胞膜のナトリウムイオン透過率が約五〇〇倍になる。このため、ナトリウムイオンの透過率は、カリウムイオンの透過率の二〇倍になる。これに伴って、細胞膜電位は、マイナス六〇ミリボルトからプラス三〇ミリボルトまで増加する（図5）。これが、アクション・ポテンシャルである。一方、カリウムイオンの透過率は、やや遅れて上昇する。

ニューロンが発火するという現象は、細胞膜のナトリウムイオン・チャンネルの開放に伴う、細胞膜の外から細胞膜の内側へのナトリウムイオンの流入なのである。

ニューロンの休止状態から発火の状態への変化は、次のように見るとわかりやすい。

カリウムイオンの平衡電位（細胞膜の内外の濃度差に対して、流入量と流出量をちょうど平衡させるために必要な電位）は、約マイナス八五ミリボルトである。一方、ナトリウムイオンの平衡電位は、約プラス三五ミリボルトである。休止状態では、カリウムイオンの透過率が、ナトリウムイオンの透過率より大きいので、カリウムイオンの平衡電位が支配的となる。一方、発火時には、ナトリウムイオンの透過率の方が、カリウムイオンの透過率よりも大きくなるので、ナトリウムイオンの平衡電位が支配的になる。したがって、細胞膜電位は、ナトリウムイオンの平衡電位に近づくのである。つまり、ニューロンの発火とは、カリウムイオンの平衡電位から、ナトリウムイオンの平衡電位への変化であると見ることができる。

後に見るように、心の問題を考える限り、発火していないニューロンは、存在しないのと同様である。つまり、ニューロンが発火するということは、心にとって「無」から「有」への変化をもたらす。そのニューロンの発火現象が、物質的には右のような過程として記述されるということは、「意識を持つものの範囲は何か」という問題を考える時に重要な意味を持ってくる。

## 5　クオリアは、熱帯雨林の昆虫のように多彩である

私たちの心の中で起こる、様々な感覚のもつクオリアは、複雑、多様だ。

日本酒の鑑定士、ワインのソムリエ、ピアノの調律師、ヴァイオリン製作工、香水のブレンダー……これらの専門的職業の存在が意味していることは、私たちが感じることのできるクオリアが、質的にも量的にも膨大なものであるということだ。実際、私たち人間が感じるクオリアの中には、いまだにはっきりとした言葉の与えられていないものも多い。

例えば、餅を炭火で焦げるくらいに焼いて、それを水につけ、黄粉と砂糖を混ぜたものをまぶして口にした時に私が感じる味覚、あれをどのように表現したらよいのだろうか？「香ばしい」では明らかに足りない。ねとっとして、それでいてしつこくない餅の粘りが、喉の奥の上のあたりを押して入っていく感触をどのように表現したらよいのだろうか？　私たちが用いる言葉やシンボルが、私たちの心の中に生じるクオリアの多様性と豊かさを表現するにはまったく不十分なものであることは明らかだ。

私は、しばしば、人間の感じることのできるクオリアの集合を、熱帯雨林に棲息する昆虫

にたとえてみることがある。ジャングルの一平方キロをとってみても、その中に棲息する昆虫をすべてカタログ化するのは、ほとんど不可能だろう。人間の感じることのできるクオリアのカタログをつくるのも、ほとんど不可能だ。中には、あべ川餅を食べた時にだけ感じられるクオリアもあるのだから！　それほど、人間の感じるクオリアは多彩で、豊かなのだ。

このようなクオリアの複雑、多彩さ、豊かは、そのまま、私たちの脳の中で起こっている情報処理の過程の複雑、多彩、豊かさを反映している。私たちの心の中で起こっていることは、すべてニューロンの発火である。ニューロンがシナプス結合を通して、お互いに複雑に影響し合うことによって、私たちの心の中に、熱帯雨林の中の昆虫のように豊かなクオリアを生じさせているのだ。クオリアが多彩で、柔軟性に富んでいるということは、そのまま私たちの脳の中の情報処理の多彩さ、柔軟性の反映なのである。

この一つ一つのクオリアを、私たちの心は、それぞれ他とは混同しようのない個性を持ったものとして捉える。実際、私たちが感覚を通して外界を認識するということは、クオリアの自己同一性（identity）を通して世界を認識することに他ならない。クオリアという質的表現は、数字や量による表現とは比べものにならないくらいの多様なものを私たちが感覚し、認識することを助けているのである。

私たちの心は、クオリアという多彩な昆虫の住むジャングルなのだ。

## 6　ニューロンの結合様式がすべてを決める

大脳皮質の部位に様々な機能が局在していることを表した図を見たことがある人は多いだろう。また、K・ブロードマンによる、細胞構築学的な領域分けは有名である（図6）。だが、大脳皮質の各部位が、一見してわかるような特別な性質をもっているわけではない。実際、脳を解剖してみると、大脳皮質が驚くほど均一なことに強い印象を受ける。機能局在を表す図のように、カラフルに色分けされているわけではないのだ！

実際、大脳皮質の構築原理は、部位に関係なく、一様である。大脳皮質は、基本的に六層の構造からなっている（図7）。その皮質の領域が、視覚に関与する領域であれ、聴覚に関与する領域であれ、あるいは運動に関する領域であれ、この「六層構造」という構築原理は、皮質のどこをとっても変わらない。

大局的な構造だけでなく、一つ一つのニューロンも、驚くほど均一の構造を持っている。もちろん、いくつかの構造のタイプ、例えば錐体細胞（pyramidal cell）、顆粒細胞、プルキニエ細胞などはあるものの、細胞体、軸索、樹状突起という構成はどのニューロンも変わらない。

後に詳しく議論するように、あるニューロンが私たちの認識にどう寄与しているのかを理解する上で、反応選択性（response selectivity）は重要な概念であると考えられている。例

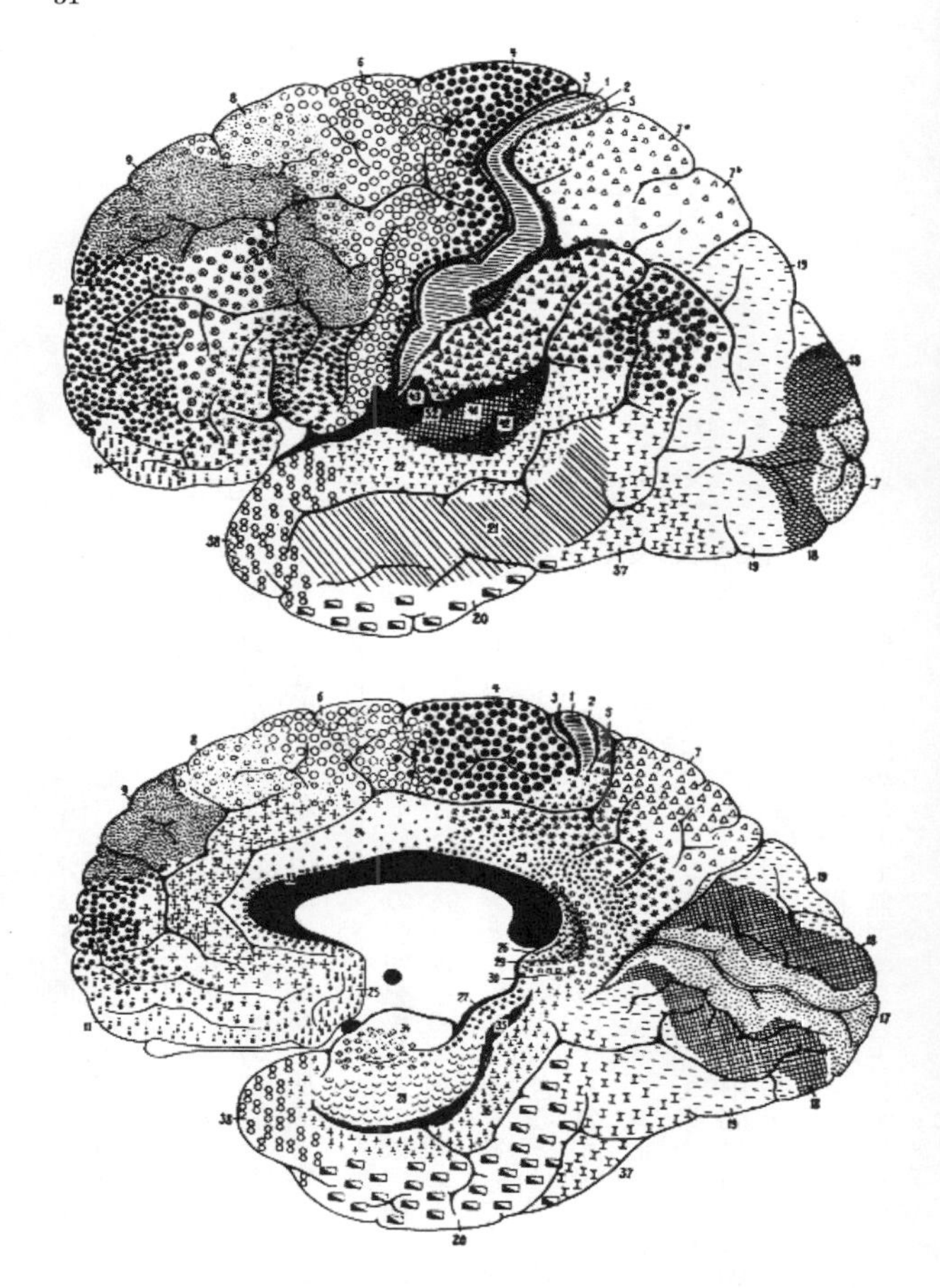

図６　ブロードマンによる大脳皮質の細胞構築学的分類

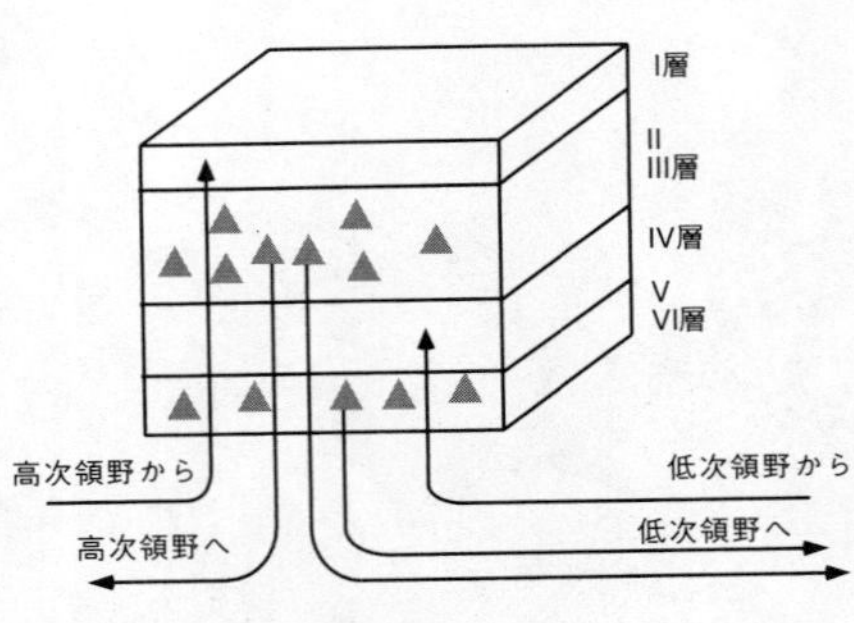


図７　大脳皮質の６層構造

えば、おばあさんを見た時にだけ反応する「おばあさん細胞」があるという考え方である。だが、脳の中のニューロンは、一つ一つが際立った個性を持っているわけではない。たとえ、おばあさん細胞があったとしても、一つの細胞として、そのニューロンが他のニューロンに比べて特に変わった特徴を持っているわけではない。

あるニューロンの個性を決めるのは、他のニューロンとの結合関係である。ニューロンは、脳の中の他のニューロンとの結合関係を通して、その個性を獲得するのだ。注意すべきことは、あるニューロンの特性を決めるのは、そのニューロンがシナプスを介して直接（単シナプス的に）結合しているニューロンのみとの関係ではないということである。あるニューロンが、中間にいくつのシナプスを経るにせよ、別のニューロンと繋がっている限り、両者の間の関係は、そのニューロンの個性を決める上で無視することはできない。

こうして、ある一つのニューロンの個性を決定するためには、脳の中の他のすべてのニューロンとの結合関係を考慮しなければならない。ニューロンという個は、全体によって決定されるのである。この事実は、ニューロンの発火と認識の間の関係を考える上で死活的に重要となる（第一章〜第五章を参照）。

## 7　「心」と「脳」を「クオリア」が結ぶ

クオリアとは何であるかを理解するのは、実は、それほど難しくない。

子供の時に、布団から顔を出して、布団の表面から出ているけばけばの糸を眺めていたことはなかったろうか？

その時、あなたの心は、「糸」や、「白」や、「けばけば」という言葉による表現以前の、ある原始的な感じで満たされていなかったか？　それが、クオリアである。

あるいは、壁紙をじっと見つめていると、いつのまにか壁紙と自分の距離がわからなくなってきて、壁紙の模様の中に自分が溶け込んでいくような気持ちになったことはなかったろうか？　その時、あなたの視野を占めていた感じが、クオリアである。

クオリアは、私たちの心の中で起こっていることを記述するのに、最も普遍的な適用力を持つ概念なのである。

一方、脳は精密で複雑な分子機械だ。そして、ニューロンの発火が、私たちの心を支えている。一つのニューロンの発火の様式を決めるのは、ニューロンどうしの結合のパターンだ。

私たちは、二つの世界を知っている。

一つは、クオリアによって満たされた、私たちの心の世界。

もう一つは、多彩な分子の協動に支えられた、脳の中のニューロンのネットワークの世界。

どうやら、この二つの世界は密接に結びついているらしい。私たちの心を支えているものは、脳の中のニューロンの発火らしい。

だが、一方で、この二つの世界は、お互いにまったく違う性質をもっているように見える。私たちが見ている「薔薇の赤」の「赤らしさ」と、視覚野の中の「薔薇の赤」に反応選択性を持ったニューロンの発火がどのように結びつくのだろうか？　ここには、真に超え難い壁があるように思われる……。

科学の歴史を見ると、画期的なブレイクスルーが起こるのは、従来のパラダイムではどうしても説明できない現象が存在した時だ。それを、従来のパラダイムで何とか説明しようとして、もがいているうちに、どうしようもなく行き詰まってくる。そのうちに、誰かがどこからともなく現れて、新しい理論を打ち立てる。旧来の秩序は崩壊し、人々は新しい秩序の下に世界を見る。

心と脳の関係も、このような「どうしても説明できない現象」に属している。この本で詳しく論じるように、心と脳の間の結びつきを解明しようという努力は、いくつかの深刻な困難に直面している。

だが、一方で、脳についての実験的なデータが急速に蓄積してきていることも事実である。また、ニューロンのネットワークを解析する理論的な手法も、徐々に開発され、洗練されてきている。私たちは、明らかに一つの転換期を迎えているようだ。

このような転換期に重要なことは、思いきって論点を絞ることだ。旧秩序の中で、最も鮮明に、説明できない、矛盾する事柄として現れていることに、注意を集中するのだ。もちろん、問題は実際には複雑だ。そんなことはわかっている。戦略的に、敢えて、一つの問題に努力を集中するのだ。

脳の中にあるニューロンや、グリア細胞や、その他もろもろが、すべて物理学や化学の法則に従う物質であることは、おそらく疑い得ない事実だ。ニューロンの興奮現象が、イオン・チャンネルの開閉に伴う膜電位の変化であることも疑い得ない事実だ。にもかかわらず、私たちの感覚が、「赤」や「ふわふわ」や「ひりひり」といった、物質のもつ数や量という属性とは似ても似つかないもの、「クオリア」から構成されていることも、また事実だ。「クオリア」は、物質的世界観から見れば、どうしようもなく奇妙なものだ。どう考えても、それは、従来の物質科学の枠組みとは、相容れないように思われる。そう、ここに、心と脳の問題を考える際の突破口になる、重大明白なパラドックスが存在する。

私は、心脳問題に関する論点をクオリアに集中することが、戦略的に重要であると考え

る。クオリアという私たちの感覚の特性を、私たちの感覚を支えている神経細胞の活動から説明したいのだ。私は、

《「クオリア」を神経細胞の活動から説明することが、心と脳の問題の核心である》

とみなすべきだと考える。

「心」と「脳」を結ぶのは、「クオリア」なのだ。クオリアの問題こそ、心と脳の問題の突破口なのである。

## 8 「クオリア」——失われた知恵？

この本では、「心」と「脳」の関係について、私が最も本質的であると考えるいくつかの問題を論じる。そのすべてに直接クオリアの問題が関係しているわけではない。クオリアというモティーフは、時には前面にくっきりと浮き出てくることもあるだろうし、時には遠くの海の波の音のように聞こえるだけのこともあるだろう。

私が、この本を始めるに当たってクオリアの問題を強調したのは、二つの理由がある。

まず第一の理由は、クオリアが、心と脳の関係を考える上での最も深刻な溝を象徴しているということである。

第二の理由は歴史的なものだ。

今日の自然科学においては、因果的、あるいは機械論的な概念が支配的である。私は、物質としての脳が、物理法則や化学法則に従う存在であることには、まったく疑いを持っていない。だから、自然科学における因果的方法の有効性も全面的に支持する。だが、物理学に象徴される因果的自然法則があまりにも成功したため、一方で私たちには「心」があり、そして「心」の中には、「クオリア」という鮮明で生々しい性質があることがすっかり忘れ去られている。そもそも、「クオリア」を因果的自然法則から説明することがいかに困難なことであるかが、忘却されてしまっている。

だが、本来、少なくとも哲学者にとっては、因果的自然とともに、私たちの感覚に直接依拠している感覚的自然があることは、まったく自明なことであった。

例えば、この章の冒頭に掲げた文章は、イギリスの自然哲学者ホワイトヘッドの著書『自然の概念』の第二章からの引用である。ホワイトヘッドは、科学的なアプローチをとる際に、自然の一部が「切り取られて」しまうことを鋭く批判した哲学者である。少なくともホワイトヘッドの世代（二〇世紀初頭）までは、因果的自然と感覚的自然の二つの自然の存在は、一種の常識として認識されていたようである。

一方、現代では、デネットやチャーチランドのような、代表的と見なされる哲学者によってさえ、心脳問題を純粋に機能主義の視点から論じ、それで足りるとする議論が提示されるようになってしまった。ホワイトヘッドの世代までは、確実に存在した「自然の分裂」に対する懸念、一種の知恵が、失われつつあるように思われる。

クオリアは、失われつつある知恵なのだろうか？　私のように、「クオリア」の重要性を主張する人間は、滅びゆく種族なのだろうか？　いや、そうでもない。確かに、もし、因果的自然法則の立場で脳の機能を説明するというプログラムが、「クオリア」という概念を必要とせずに、脳の驚くべき機能を説明することに成功すれば、「クオリア」などいらないということになるだろう。だが、実際はそうもいかないようだ。例えば、視覚における「結びつけ問題」（第二章以降参照）のように、もはや従来のやり方では解明できない問題が顕在化し始めている。このような脳研究の現状から、「クオリア」の概念が、脳の中の情報処理を理解する上で、どうしても必要な、本質的な概念であるとの認識が少しずつ広がり始めている。クオリアを含む新しい情報概念が今まさに必要とされる状況が生まれつつある。

「心」と「脳」の関係を解明する上で、やるべきことははっきりとしている。それは、「クオリア」という感覚的自然にとっては自明な属性を、因果的自然となんとか結びつけることだ。この作業を通してのみ、「心」を「脳」に結びつけることができる。このようなプログラムが具体化した時に、初めて機能主義者も、「クオリア」が実際の脳の情報処理にとって死活的に重要であることを認めるだろう。

このような目的を胸に、私はこの本を書いている。

私は、この本を通して、「クオリア」が、因果的自然法則と同様に、論理的な厳密性と反証可能性を満たす、自然法則の一部なのだということを主張する。心と脳の問題に関する他のすべての論点が忘れられたとしても、もしこの一点だけでも読者の印象に残るとすれば、私の目的は達せられたことになる。

## 9　大疑現前

クオリアの問題に目覚めて以来、私の世界を、あるいは自分自身を眺めるやり方は、随分変わってしまったように思われる。

面白いことは、いったん「感覚」の問題に目覚めてしまった人間は、ある意味では、常にその問題の所在を突き付けられるようになってしまうということだ。日常生活の中で、ふと何気なく周囲にあるものを見ている時にでも、突然「感覚」の問題が襲ってくる。逃げようがないのだ。

例えば、超伝導の研究をしている人間は、日常生活の現象がすべて超伝導に関係しているわけではないから、食事をしたり、街を歩いていたりする時には、超伝導のことを忘れることもできる。もちろん、研究に集中している時期には、二四時間超伝導のことを考えることもあろう。だが、街角の郵便ポストや、行き交う車の音や、自分の食べているシリアルが、「私は超伝導だ」といって、迫ってくるわけではない。

感覚の問題、その中のクオリアの問題について考えるということは、目の前にあるもの、自分が食べているもの、触れているもの、感覚しているもののすべてが、「私はクオリアだ」といって、迫ってくるということだ。刻一刻、私は、クオリアの塊になってしまうのだ。古代ミノスの王様は、自分が触るものがすべて黄金になってしまったということだが、私の場合、私が感覚するものがすべてクオリアになって、私に迫ってくるのだ。
あの木の椅子は、あそこにあるように見えているのだけれども、本当は、私の脳のニューロンが発火しているだけなんだ。私は考え始める……。私は近づいて椅子に触れてみる。この木の温もりの感じは、私のニューロンが発火してつくり上げた「幻想」だ……。椅子に座る。おしりのあたりから背中の下にかけて、心地よい圧迫感がある。この体性感覚も、私のニューロンがつくり上げたフィクション。私が感じるものすべては、私のニューロンの発火に過ぎない。
ニューロンが発火するということは、細胞膜を通して、外側から内側にナトリウムイオンが流れ込むということだ。私の脳の中で、なぜ、単なる物理的現象に過ぎないニューロンの発火から、このように豊かな多様性の世界が生まれてくるのだろうか……。私は黒々とした深淵をのぞき込んでいるような心持ちになる。

事象そのものへ！（Zu den Sachen selbst!）

というフッサールの現象学の標語に始まる現代哲学の流れは、クオリアを最も本質的な極の一つとして動いているのである。

禅宗の悟りに至るプロセスの一つに、「大疑現前」というのがあるらしい。クオリアの問題に悩まされているありさまは、まさにこの言葉がぴったりと当てはまるのではないかと思ってしまう。大きな疑問が、深遠なる謎が、常に現に目の前にあって頭を離れないのだ。この物質の世界の中で、「私」、そして「私」の持つ「感覚」は、いったいどのように成立しているのだろうか。そして、感覚の持つクオリアは、いったい、ニューロンの活動から、どのような原理によって生まれてくるのだろうか？

「大疑現前」、これは、まさに心と脳の関係を探究する人類の知的な旅を象徴する言葉なのではないだろうか。

それでは、心と脳の関係を探究する、真剣で興奮すべき旅を始めることにしよう。

## 10　本書の構成について

本書の構成を、トピックの流れで表したのが図8である。

序章を受けて、まず第一章から第五章では、「認識」について考える。私たちの心の中で生じる様々な表象がどのように成立しているかという問題は、心と脳の関係を考える上で最も核心的であると同時に、科学的アプローチの対象になりやすい。実際、認識の問題は、心と脳の問題を考える上で最初に具体的な科学的研究のプログラムにのぼるだろうと考えられ、現在最もホットでエキサイティングな研究が行われている分野である。

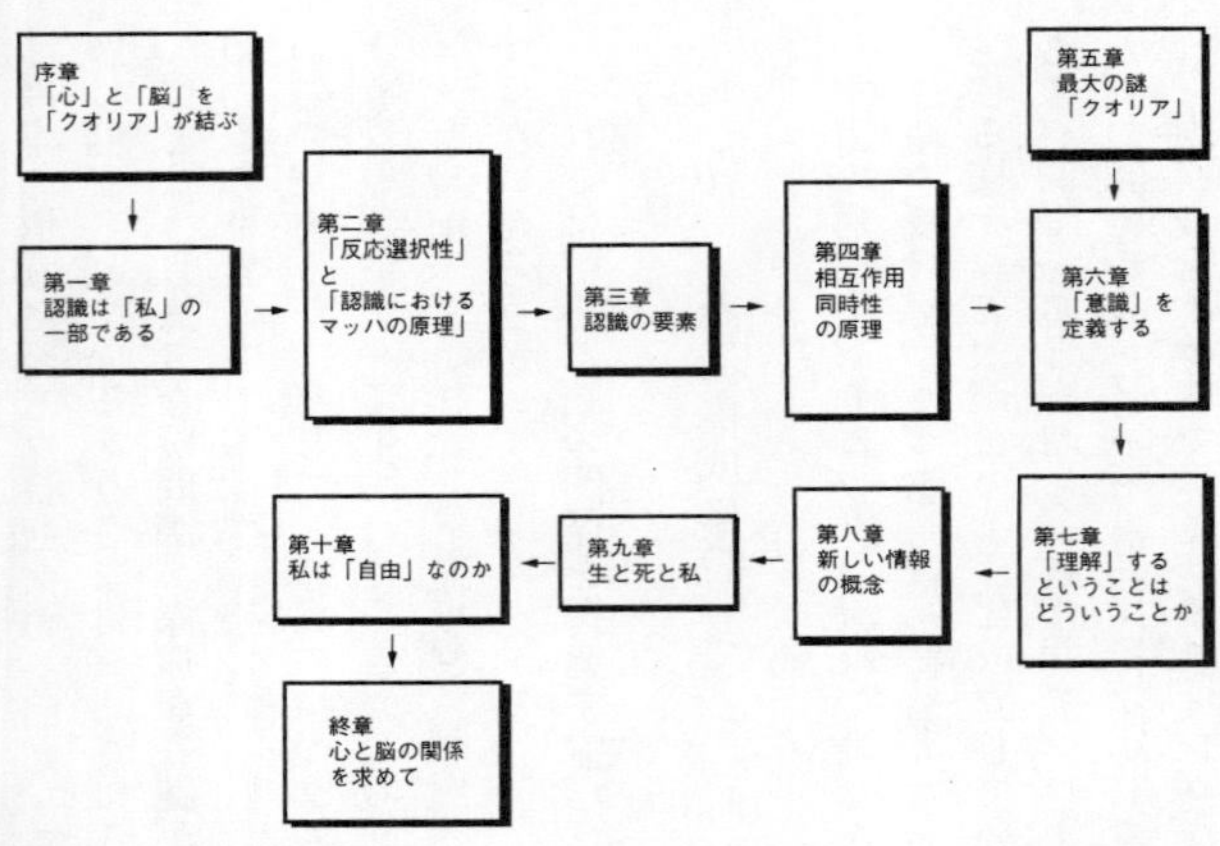


図8　本書全体の見取り図

このうち、第四章では、ニューロンの発火パターンと認識を結ぶ原理を考える際に核心となる概念、相互作用同時性の原理について解説する。この原理は、意識における時間の流れの起源と密接に関連していると考えられる。認識に関する議論は、第五章で、心脳問題の最難問である「クオリア」を扱うことで、一応終結する。認識に対する議論のうち、第三章は、もっとも技術的で高度な議論が行われており、最初はとっつきにくいかもしれない。第三章を読んでわかりにくかったとしても、そこに立ち止まらずに四章、五章に進み、議論の流れをつかんでほしい。

続く第六章では、第五章までの議論を受けて、いかにして「意識」を客観的に定義できるかという問題を論じる。本来、「意識」の定義は、心と脳の問題を論じる時に最初にクリアすべき問題である。しかし、「意識」の客観的定義の試みは、どうしても技術的な細かい点にわたる。またある程度「意識」の問題について概観した後の方が見通しがよくなる。「認識」に関する議論を踏まえて、「意識」の一応の操作的（operational）な定義を試みることが、この章の目的である。

第七章では、「理解」とは何かという問題を扱う。この問題はクオリアと関連した、より広いテーマに関連している。人工知能における「チューリング・テスト」の問題も、この章で論じた。

続いて、第八章では、クロード・シャノンの情報の定義に代わる新しい情報の定義の必要性について論じる。この情報の定義は、ニューロンの単独の発火よりも、ニューロンとニューロンの発火が相互作用を通して結びつけられることの方が、脳の中の情報の単位として本質的であるという描像に基づいている。

第九章、第十章では、「心」と「脳」の問題に関連した、重要な二つのテーマ、すなわち人格の同一性と生と死の問題、および自由意志の問題を扱っている。自由意志の問題では、特に量子力学との関連性を論じる。これらの二章は、他からはある程度独立して読むことができる。

# 第一章　認識は「私」の一部である

……だが、ある種の科学上の「異常」は、新しい枠組みの中で納得のいく説明を与えられて初めて「異常」と認識されることがある。新しい枠組みの中で認知される以前は、「異常」なことは、古い枠組みの中で単に自明なことと考えられるか、あるいは無視されるだけなのである。

——ライトマン＆ジンジャリッヒ「異常はいつ始まるのか？」
『サイエンス』に掲載された論文より

## 1　認識は私の一部である

《「私」が「私」の「外」にある事物を認識する》

という言い方は間違っている。それどころか、極論すれば、私が認識することの内容と、外からの刺激の内容は、原理的にはまるで無関係であるとさえ言えるほどである。認識の内容は、あくまでも、脳の中のニューロンの状態から、自己組織的に生まれてくる。

色の認識が、ある範囲の波長の可視光に対応するニューロンの発火によって生じるというのは、まったく本質をとらえていない考え方だ。そのように考えている限り、色の認識の本質には永遠にたどり着けない。色は、あくまでも、ニューロンの発火の相互関係から決まってくるのだ。

私が、外のものを認識するのではなく、認識は、私の一部なのだ……。

何だか、禅問答のような話である。右の命題を読んで、そのまま頭にすっきり入った人は、よほど頭のよい人である。あるいは、あまり物事を深く考えない人である。いずれにせよ、右のような訳のわからない命題、すなわち、

《認識とは、私の一部である》

から、何か科学上意味のある帰結が導き出されてくるとは、とても思えないだろう。それどころか、心と脳の関係を考える上でも、右のような言明は、議論を深める上で何の役にもたたないように思われるだろう。

だが、実は、右の命題は、神経科学の実験結果と認識の間の関係を考える際に、最も決定的にきいてくる命題なのである。実際のところ、「認識とは、私の一部である」という命題はまったく正しい。だが、現在の神経科学において、認識の問題の研究は、右の命題が突きつける困難をあまり考慮せずに行われている。つまり、認識の問題に関わる大多数の神経科

学者は、右の命題を理解していないか、あるいは知っていても無視しているのである！　私は、右の命題がいかに正しいか、そして、それが、認識の問題を考える上で、現在支配的に見えるパラダイムに、いかに壊滅的なダメージを与えるかということを議論することに、この最初の章を当てることにする。

具体例を挙げよう。例えば、私が犬を見ているとする。私は、ああ、犬の白い毛に太陽の光が当たってとてもきれいだなあとか、犬の吐く息が白く見えるから、今日は寒いんだなとか思うとする。ここで、私は、「犬」とか、「白い毛」とか、「白い息」などは、私の「外」にあらかじめあるものだと考えている。そして、そのような私の「外」にあるものを、私が認識していると考える。私の「外」にある事象から伝わってきた物理的刺激に基づく私の脳の中での情報処理の結果が、私の認識であると考えるわけである。

しかし、実際には、私が「外」にあると思っている「犬」、「白い毛」、「白い息」は、私の脳の中にあるニューロンの発火によって私の「中」に生じている表象に過ぎない。したがって、「犬」という描像は、実際には私の「外」にあるのではなくて、私の一部なのである。すべては、私の脳の中のニューロンの発火によって生じている現象なのである。私が認識していることは、すべては、私のニューロンの発火に過ぎないのだ。

たとえ私の外に「犬」がいて、「白い息」があったとしても、私の脳の中のニューロンが発火しなかったら、私はそのことを認識しないだろう。一方で、たとえ私の外に「犬」や「白い息」といった事象が実際には存在しなかったとしても、もし私の脳の中のニューロンが適切なパターンで発火したとしたら、私は「犬」や「白い息」を認識することだろう。つまり、私が認識することと、私の「外」にある事象とは、原理的には無関係なのである。たまたま、通常の状況下においては、私の認識が、外にある事象と対応することが期待されるというだけなのである。結論。認識は、あくまでも私の一部なのだ。

確かにその通り、ある程度この問題について考えたことのある人なら、そう答えるだろう。「認識は私の一部である」ですって？　何も、そんなに大げさなことではないですよ。神経科学者が、そのことを知らないですって？　とんでもない、誰でもそんなことは知っていますよ。だが、そんなたとえ話から、科学的に興味のある帰結が導き出されますかね……ドストエフスキー風に皮肉る声が聞こえてきそうだ。

確かに、右のような、たとえ話の範囲にとどまっている限り、「認識は私の一部である」という命題は、とるに足らない教訓のように思われるだろう。だが、この命題の真の破壊力は、認識と神経科学を結びつけているパラダイムを、一つ一つ具体的に検討し始めた時に発揮され始める。その破壊力は、その後にはペンペン草一つ生えないのではないかと思われるくらい、すさまじいものである……。

## 2　認識のニューロン原理

「認識は私の一部である」という命題は、実は一九七二年にすでにそのエッセンスが定式化され、論文になっている。それは、ケンブリッジ大学の神経生理学者、ホラス・バーローが雑誌『パーセプション』に提出した、「認識のニューロン原理」（A Neuron Doctrine in Perception）という論文である。

この論文を出す時の、バーローの意気込みはすごいものであった。

この論文への取り組みは、何年も前に、ジェラルド・ウェストハイマーが、私に、次のようなことを言った時に事実上始まった。

「もし、分子生物学のセントラル・ドグマ、『DNAがタンパク質をコードする』というのと同じくらいの力と一般性を持った、単一ニューロンに関するドグマが発見できたら、ワトソンとクリックが分子生物学の発展を早めたのと同じように、神経心理学の発展も早くなるのだがなあ」

この示唆に応えるべく、私はこの論文を書いたのである……

つまり、バーローは、ワトソンとクリックによる「DNA↓RNA↓タンパク質」という分子生物学のセントラル・ドグマに対応するような、神経心理学におけるセントラル・ドグマを打ち立てようという意気込みで、「認識のニューロン原理」の論文を書いたのである。ニューロン原理は、全部で五つのドグマからなる。どれも歴史的に重要なのだが、特に今の我々にとって関心があるのは、そのうちの第一と第四のドグマである。

《第一のドグマ＝一つの神経細胞の活動が、どのように他の神経細胞へと伝えられるか、そして、他の細胞からの影響を受けた神経細胞が、どのように反応するかは、神経系を理解する上で、必要十分な記述である》

神経系の活動をモニターしたり、コントロールしたりしている、「何か別のもの」があるわけではない。

《第四のドグマ＝物理的刺激が、感覚受容器が活動を始める直接のきっかけになるように、高次野のニューロンの活動が、直接的に、そのままの形で、私たちの認識の要素を構成する》

右の二つのドグマのうち、第一のドグマの中で、神経系の活動をモニターしたり、コントロールしたりしている、「何か別のもの」は、しばしば「ホムンクルス」、すなわち私たちの脳の中にいて、ニューロンの活動をモニターしている小人とたとえられる。ホムンクルスの存在を仮定して意識を説明することは、よく知られた無限後退（infinite regression）へとつながる。すなわち、脳の状態をモニターしている小人の存在によって意識が生じるとすると、次には小人の脳の状態をモニターしているさらに小さい小人の存在を仮定しなければならなくなる。小人の中に小人が入っていて、どこまで行っても際限がないロシアの入れ子人形のようになるわけである！（もっとも、実際のロシアの入れ子人形には一番内側に「終わり」があるが、ホムンクルスの入れ子には終わりがない。）

これが、ホムンクルスの誤謬である。

バーローのドグマの中心的なアイデアは、ニューロンの発火が、そのまま私たちの認識を構成する要素となるということである。つまり、ニューロンの発火が、認識を支える物質的過程の単位になっているというわけだ。この考えは、今では誰でも「当たり前」ではないかと思うまで浸透しているが、当時は、まだ無意識の暗闇の中に隠れていた。言うなれば、「口元まで出かかっているのだが、言葉にはならない」という状態だったわけである。

バーローの「認識のニューロン原理」の論文は、結果として、神経生理学と、心理学を結ぶ研究の思想的バックボーンとなる、古典的業績となった。

今後の議論に便利なように、バーローが提案した認識のニューロン原理を、私たちは次のように言い換えることにする。

《認識のニューロン原理＝私たちの認識は、脳の中のニューロンの発火によって直接生じる。認識に関する限り、発火していないニューロンは、存在していないのと同じである。私たちの認識の特性は、脳の中のニューロンの発火の特性によって、そしてそれによって

のみ説明されなければならない》

以下、この本の中では、「認識のニューロン原理」という場合、右の命題を指すということにする。

右の命題の中では、ニューロン原理の原論文にはあった、「高次野の」という限定詞を、意図的に落としてあることに注目してほしい。この削除の意味は、今後の議論の中で徐々に明らかになるであろう。また、「認識に関する限り、発火していないニューロンは、存在していないのと同じである」という命題も、後の議論で重要な役割を果たすことになる。

## 3　認識のニューロン原理は経済的である

認識のニューロン原理から意識に関する議論を構築することの最大のメリットの一つは何かと言えば、その経済性である。

経済性？　心と脳の関係を論じる上で、経済性がどうのこうのは関係ないだろうと思うだろうが、それはこういうことなのである。

序章でも触れたように、脳の中の物質的過程は、その多様さ、複雑さを考えると、とてもじゃないがそのすべてを把握するのは不可能だと思われるほどだ。もし、心と脳の関係を考える上で、脳の中で起こっているすべての現象を押さえなければならないのだとしたら、記憶力がよいから科学者をやっているわけではない私などにはとても無理だと言うことになるだろう。

だが、認識のニューロン原理は、はっきりと、

《私の認識の特性は、私の脳の中のニューロンの発火の特性によって、そしてそれによってのみ説明されなければならない》

と言明している。言い換えれば、脳の中のあらゆる現象の中で、ニューロンの発火以外は、無視してよいと言うことなのである。このことは、あまり強調されないけれども、実は脳と心の関係を考える際に、最も基本的なことだ。

例えば、脳の中には、ニューロンに加えて、グリア細胞と呼ばれる細胞がある。グリア細胞は、ニューロンとニューロンの間の電気的絶縁を提供するという重要な役割を果たしていると考えられている。グリア細胞は、また、ニューロンの成長、維持に欠かせない様々な因子を分泌する。グリア細胞の生物学的な重要性を示すかのように、脳のグリア細胞の数は、ニューロンの数よりも多い。

だが、グリア細胞にはアクション・ポテンシャルは存在しない。グリア細胞は、「発火」しない。したがって、グリア細胞の活動は、直接認識の内容にはならないのである。正確に言えば、グリア細胞はニューロンの発火状態に、間接的にせよ影響を与えると考えられてい

る。したがって、グリア細胞がもし心の状態に影響を与えるとすれば、その唯一のファクターは、その活動がニューロンの発火状態に与える影響を通して、ということになる。グリア細胞は、ニューロンの発火状態への影響を通してのみ、間接的に心の状態に影響を与えられるのである。別の言い方をすると、認識の問題を考える時には、ニューロンの発火状態さえ押さえておけば、グリア細胞の活動は無視してよいと言うことだ。

同様のことは、ニューロン自体についても言える。すなわち、ニューロンという細胞の中で起こっている、アクション・ポテンシャル以外の様々な細胞生理学的活動は、認識の問題を考える際には無視してよいのである。

序章で紹介したマイクロチューブルは、細胞体でつくられた様々な物質を、ニューロンの細胞質中で必要な箇所に輸送する上で、重要な役割を果たしている。だが、もしマイクロチューブルが意識に影響を与えるとすれば、それは、あくまでもマイクロチューブルがニューロンの発火状態に与える影響を通してのみである。

もし、マイクロチューブルおよびその上を能動輸送されている物質の状態がニューロンの発火状態に影響を与えるとすれば、最もあり得る候補は、シナプスにおける神経伝達物質の放出だ。しかし、その影響のメカニズムはおそらく間接的だし、そもそもニューロンの発火を特徴づける時間スケール（ミリ秒）よりは、はるかにゆっくりした過程であると思われる。つまり、認識の問題を考える限り、マイクロチューブルは無視して良いのだ。

例えば、ペンローズとハメロフは一九九六年の論文で（巻末の参考文献参照）、マイクロチューブルにおける量子力学的計算が意識の本質であるという説を提唱している。しかし、認識のニューロン原理と、このような説とは整合性がない。なぜならば、マイクロチューブルの状態が、それほど死活的に、しかもリアル・タイムでニューロンの発火状態に影響を与えるとは思えないからだ。したがって、もしペンローズとハメロフの説が正しいのならば、認識のニューロン原理は放棄しなければならないことになる。

そもそも、マイクロチューブルは、ニューロンのみでなく、一般にどのような種類の細胞にも見られる。なぜ、ニューロンの中のマイクロチューブルの状態だけが、意識に関与してこなければならないのか？　ペンローズ＝ハメロフ説は、この点が難点なのである。

さらに、ニューロンの核の中で遺伝子にどのような制御が行われていたとしても、それが意識に影響を与えられるとすれば、遺伝子の制御の結果がニューロンの発火に与える影響を通してのみである。遺伝子の可変的制御は、記憶のメカニズムやニューロンの分化の過程においては重要かもしれないが、ニューロンの発火状態そのものに、リアル・タイムで大きな影響を与えるとは思えない。したがって、ニューロンの核における遺伝子の可変的制御の過程は、意識や心を支えるメカニズムとしては、極めて小さい意味しかないことになる（図1）。

以上で議論したことの意味は大きい。脳の中で起こっている生化学的、細胞生理学的過程は膨大である。そのすべてを把握しようと思ったら、独自の研究をやることはあきらめて、

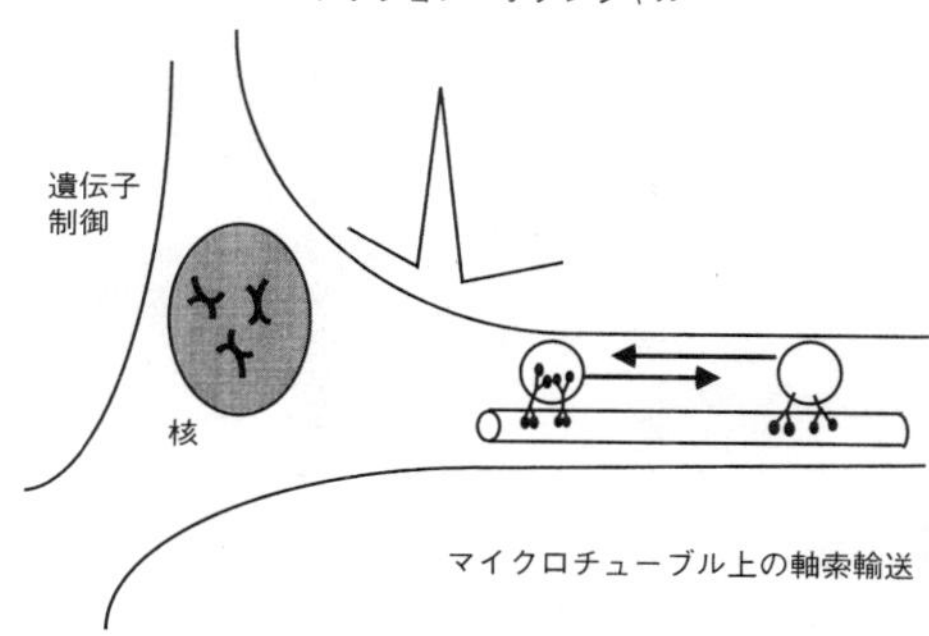


図1　ニューロン内の諸現象は、ニューロンの発火を通してのみ意識に関与する

他人の研究結果を読んで理解することにフル・タイムで取り組まなければならないだろう（実際、そのような役割に徹している理論家も存在する）。

だが、私たちは、こと心と脳の問題を考えている限り、意識を支える物質的メカニズムを考えている限り、ニューロンの発火、およびそれに影響を与えるファクター以外は、無視していいのである。この点を確認しておくことは、思考の節約になるだけでなく、心脳問題の本質がどこにあるかをはっきりと見極める（すなわち、ニューロンの発火こそが重要であるということ）上でも、大切なことなのである。

## 4　ニューロンの発火以外は、何も仮定するな

認識のニューロン原理は、こうして、心と脳の間の関係を考える上での論点を、一気に明晰化す

る。私たちは、ニューロンの発火のみを考えればよい。それ以外の脳の中の複雑なプロセスは、とりあえず無視してよいのである。

つまり、極めて単純化して言えば、認識のニューロン原理の下での心脳問題とは、次の問題を解くことに他ならないことになる。

《ある脳の中のニューロンの発火状態が与えられた時、その脳の中ではどのような認識が起こるのかの対応原理を見出せ》

このように心と脳の間の関係を定式化することは、現在の神経生理学の知見から見て、最も穏健で妥当なやり方だと言えるだろう。

問題は、このような定式化が神経心理学の現状のパラダイムに対していかに破壊的で、そして深遠で困難な問題を突きつけるのかがあまり理解されていないことなのだ！

認識のニューロン原理の下での心脳問題の定式化は、素直に考えると、次のようになる（図2）。

すなわち、私たちは、ある脳の中のニューロンの発火状態が与えられた時、その脳の持ち主の心の中でどのような認識が生じているかを、そのニューロンの発火状態のみから再現できなければならないのである。

図2　認識のニューロン原理の下での心脳問題の定式化

ここで重要なことは、認識の内容を導き出す際には、ニューロンの発火がどのようなパターンになっているかという情報以外は、一切何も仮定してはならないということである。これは、実にきつい条件なのである。

例えば、私たちの感覚には、視覚、聴覚、味覚、触覚、嗅覚というモダリティ（様相）の区別がある。そして、それぞれのモダリティにおける感覚が持つクオリアは、まったくカテゴリーが異なるように思われる。「赤い」感じと、「青い」感じの間には明らかな違いがあるけれども、「赤い」、「青い」、「甘い」と並べてみると、「赤い」と「青い」は共通のカテゴリーに属し、「甘い」はまったく別のカテゴリーに属するように思われる。これは、まったく自明のことのように思われる。実際、私たちは、「赤い」と「青い」は「視覚」というモダリティに属し、「甘い」は「味覚」というモダリティに属すると信じて疑わない。

しかし、主観的に、このような感覚のモダリティの間の差がどんなに自明なことであっても、それは、ニューロン原理の下で心と脳の間の関係を説明しようとする上では、仮定してはならないのである。モダリティの間の差は、脳の中のニューロンの発火状態から、何の仮定もなしに導き出されなければならないのであって、あらかじめ仮定されてはならないからである。

視覚、聴覚、味覚、触覚、嗅覚のそれぞれの感覚器の構造、変換過程は異なり、また、感覚器がとらえる物理的刺激の性質も異なる。しかし、だからといって、物質的刺激の性質や、感覚器の構造が、私たちの感覚のモダリティの差の起源になっているとは言えない。

例えば、視覚における物質的刺激は電磁波（波長3800〜7700オングストローム）であり、聴覚における物理的刺激は音波（周波数20〜16000ヘルツ）である。だが、このような物理的刺激の性質が、私たちがものを「見る」時と、ものを「聞く」時の感覚に伴うクオリアの差を説明するわけではない。なぜならば、いったん感覚器を通してニューロンの発火に変換されてしまった以上、私たちの認識の性質を決めるのは、あくまでもニューロンの発火なのであって、どのような物理的刺激が、そのニューロンの発火を引き起こしたかは、関係がないからである。

私たちの認識に、感覚器における変換の過程は、入ってこないのだ。したがって、視覚、聴覚、味覚、触覚、嗅覚における物理的刺激と感覚器における変換過程がどのようなものであれ、私たちの心の中でそれぞれのモダリティが持つクオリアのユニークさは、それでは説明できない（図3）。モダリティの間の差は、あくまでもそれぞれのモダリティを司る脳の中のニューロンの発火パターンの差によってのみ説明されなければならないのだ。

現在行われている多くの研究では、例えば視覚と聴覚の間の質的な差は、あらかじめ前提とされてしまっている。その上で、それぞれのモダリティの内部で、あるニューロンの発火が外界からの刺激のどのような特徴に対して反応し、そしてそれが私たちの認識とどのように関わっているかを議論している。しかし、このようなアプローチでは、そもそも視覚と聴覚の間にどうしてこれほど顕著な質的差があるのかという、私たちの心の最も重要な特質に関する質問は、あっさりと放棄されている。

聴覚において、ピッチ（音の高低）の認識が生じる神経生理学的な機構をどのように議論しても、ピッチを、外界からの音の周波数の関数として定義している限り、認識の本質には少しも迫れない。なぜならば、本来、ピッチは、外界からの刺激の性質とは無関係に、あくまでも聴覚野のニューロンの発火特性、およびその相互依存性のみから導かなければならないからだ。「反応選択性」ではモダリティの起源を説明できないのである。

繰り返せば、認識は、私の一部なのである。認識のもつ性質のすべては、私の脳の中のニューロンの発火の性質によって説明しなければならない。

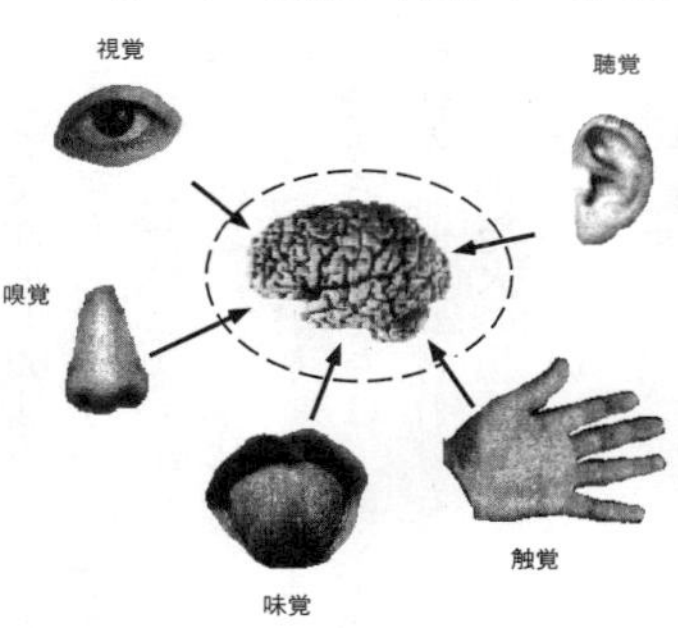

図３　感覚のモダリティの起源

ここで説明したような議論が、いかに大変なパラダイム変換を迫ることか、わかるだろうか？　私たちは、ずっと、認識の問題を、外界からの刺激に対して脳の中のニューロンがどのように反応するかという視点から研究してきた。次の章で批判的に検討する「反応選択性」の概念は、まさにそのようなパラダイムの核心にある。だが、そのようなパラダイムで研究している限り、認識の本質、私たちの心と脳の間の関係の本質は、永久に見えてこないのである。私たちは、あくまでも、脳の中のニューロンの発火のパターンのみから、認識の特性を説明しなければならないのだ。だとすれば、私たちが問うべきことは、脳の中のニューロンの発火の特性、および、それらがどのように相互依存関係にあるかということであって、ニューロンの発火と、外界からの刺激の間の関係ではないのである。

## 5　視覚研究のボトルネック

次に、右で提起した問題を、感覚のモダリティの中でも最もよく研究されている視覚について、より詳しく見ていこう。

私たちがいかに「ものを見る」かという問題が、私たちの心と脳の間の関係を考える上での突破口になるだろうという考えは、DNAの二重らせんを発見したクリックによって、さかんに宣伝されている。彼は、その『驚くべき仮説』という本の中で、次のように述べている。

この本の主なテーマは、「驚くべき仮説」である。つまり、私たち一人一人は、膨大な、お互いに相互作用し合うニューロンの塊に過ぎないという仮説だ。そして、クリストフ・コッホと私は、「意識」の問題にアプローチする最善の方法は、人間や、高等動物における「視覚的覚醒」(visual awareness)を研究することだと考える。

確かに、その通りである。だが、クリックのアプローチも含めて、私たちが意識的にものを見るということはどういうことかという問題についての研究は、今のままでは深刻な限界に突き当たるだろう。なぜならば、視覚において、最も本質的で困難な問題が、現在の研究からは、すっかり抜け落ちているからだ。

現在の視覚研究がやっていることは、簡単に言えば次のようなことである。

まず、網膜の上に、外界から光の刺激が入ってくる。網膜の表面に二次元的に並んだ錐体細胞(cone cell)や桿体(かんたい)細胞(rod cell)によって、光子の入力が電気的刺激に変換され、最終的には神経節細胞(ganglion cell)において、アクション・ポテンシャルに変換される。神経節細胞に至って、初めて0か1かのデジタル信号になるわけだ。

ここまでのプロセスは、ビデオ・カメラのCCD素子がやっていることとあまり変わらない。要するに、光の入力強度が、二次元上にマップされるわけだ。

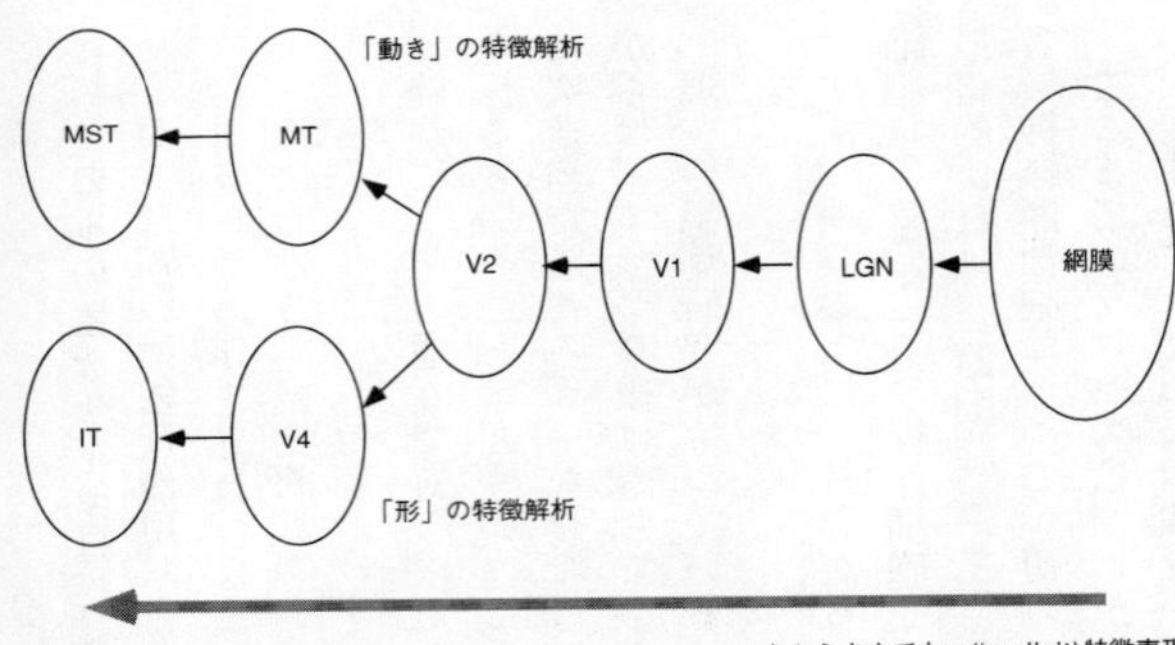


図４　あからさまな特徴表現のプロセスとしての視覚認識

神経節細胞は視床にある外側膝状体（ＬＧＮ）という核を経由して、まずは第一次視覚野（Ｖ１）へと伝わる。Ｖ１では、後に見るように（第二章）、ある方向に傾いたバーや、物体のエッジ（端部）を検出する処理が行われる。

第一次視覚野から、さらに高次の視覚領域に行くに従って、次々と高度な処理が行われていく。この視覚情報処理の流れは、大きく分けて二つある。一つは、Ｖ１からＶ２、さらにＶ４、ＩＴ野へとつながる形態視（物体視）の流れであり、ここでは主に物体の形の解析が行われる。もう一つは、Ｖ１からＭＴ、ＭＳＴへと至る「空間視」の流れであり、ここでは、主に物体が空間のどこにあるかという情報の解析が行われる。

このような視覚野の構成を見た時に、視覚に関して浮かび上がってくる描像は次のようなものである。網膜の上に表現された二次元の光の入力強度は、一種の「絵」のようなものであるが、それが私たちがものを「見る」ことを可能にするのではない。私たちがものを「見る」とは、より能動的なプロセスなのだ。つまり、私たちは、網膜の上の「絵」の持つ様々な特徴を視覚野の中で解析し、それをあからさまな（explicit）形で表現することによって、初めてその特徴を「見る」ことができるのだ。もちろん、網膜の上の「絵」には、私たちが見る時に利用可能なすべての情報が、あからさまではない（implicit）形で、すでに存在している。しかし、それだけでは、私たちが「見る」ためには不十分なのだ。私たちが「見る」ためには、網膜の上に表現された情報から、視覚特徴を能動的に取り出してやる必要がある。私たちは、そうやって取り出した視覚特徴だけを、「見る」ことができるのだ……。

以上のようなことは視覚に関するどのようなテキストブックにも書いてある。このような視覚に関する描像は、多くの実験科学者や理論家の努力によって浮かび上がってきた、非常に価値ある知見である。だが、残念ながら、このような描像の向こうに「私たちがものを見るとはどういうことか」という問いに対する最終的な答えがあるとは、とても思えない。その理由は、このような描像が、「認識は私の一部である」という命題の提起する深刻な問題に正面から向き合っていないからだ。

右のようなアプローチのどこに問題があるのかを、イメージとしてとらえてみよう。例えば、図5・aのような彫刻のイメージが私の網膜を通して入ってきたとしよう。大切なことは、網膜がCCDカメラのように光の強度を二次元上の情報として変換するだけでは、図5・aのようには見えないということだ。例えば、色は、V4において「色の恒常性」

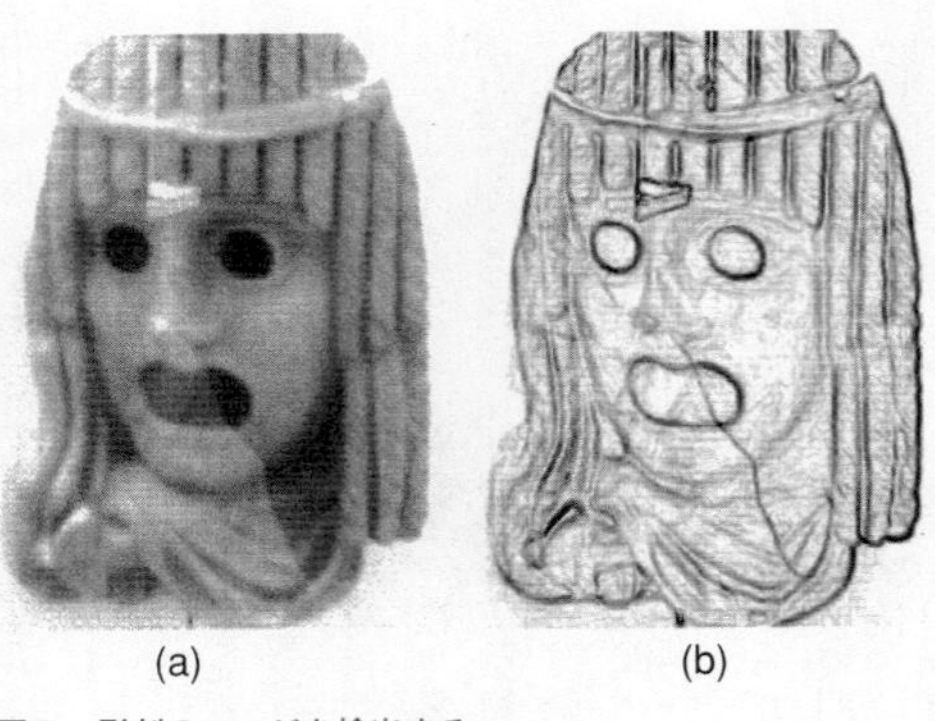


図５　彫刻のエッジを検出する

（color constancy）を満足するニューロンが発火して初めて「見る」ことができる。この像が「人間の顔」だとわかるのも、形態視の最終経路であるIT野のニューロンが発火してこそである。このような知見は、確かに、今までのパラダイムの下での視覚研究の偉大な成果である。

だが、問題は、「視覚特徴を取り出す」ということが、いったい何を意味するかということである。例えば、図５・ａの画像を処理して、図５・ｂのように、エッジを抽出したとしよう。その結果、図５・ｂのような「あからさまな」エッジの表現が得られたとして、それは何を意味するのだろうか？

まず、図５・ｂのような「絵」が、脳の中に存在していることを意味するのではない。視覚野のニューロンがどのようなメカニズムで特徴を抽出するかを研究する分野を、「計算論的視覚論」というが、この分野では、しばしば、生の視覚データに様々な「加工」をして、図5・bのような図を示すことがある。しかし、このことは、図5・bのような「絵」が、脳の中に存在することを意味するのではない。これは、あくまでもポンチ絵のようなものであって、それ以上のものでもそれ以下のものでもないのである。

また、図5・bは、エッジを抽出し、発火するニューロンの視覚野における分布を示しているのでもない。視覚特徴の抽出プロセスにおいて、ニューロンは、次第に網膜上の広い範囲の刺激を反映した発火パターンを示すようになる。このことを、ニューロンの受容野が大きくなると表現する。したがって、たとえ、ある視覚野におけるニューロンが端を抽出したとしても、そのニューロンの分布は、図5・bのように「シャープ」なものではないのである。強いて言えば、図5・bは、端を検出するニューロンの分布密度のピークの位置を示したものであると解釈できるかもしれない。実際、図5・bが何かを示しうるとすれば、せいぜいそのようなことであろう。

視覚認識について、現在行われているパラダイム、すなわち、高次視覚野に行くにつれて、次第に複雑な視覚特徴が検出され、その結果、私たちがものを見ることができるというパラダイムは、簡単に言ってしまえば、その図5・bのような図に集約される。高次野に行くに従って、より複雑な図形特徴が、次第にあからさまに表されるようになると考えるわけである。そして、高次野において、あからさまに特徴を表現するニューロンが発火した時に、私たちはその特徴を認識するのだと……。

だが、これが、本当に私たちがものを見るということの、説明になっているのだろうか？そうではないことは、すでに現在のパラダイム内部のある深刻な矛盾として現れている。それは、視覚における「結びつけ問題」と呼ばれる問題である。

## 6 視覚における結びつけ問題

視覚における「結びつけ問題」（binding problem）は、まだ一般にはそれほど知られていないかもしれない。だが、この問題こそ、現在の視覚研究における最大の問題であり、ちょうど黒体輻射の問題がプランクによる量子の発見につながったように、必ず認識の研究におけるブレイクスルーにつながるであろう深刻な問題である。

それでは、「結びつけ問題」とはいったい何なのかを、それが今日様々な文献の中で定式化されている形で紹介しよう。実は、多くの深刻な問題がそうであるように、この定式化自体がまずいのだが（第三章でこのことを議論する）、とりあえず、通説に従って問題を定式化しておくことが、今後の議論のために便利だからである。

網膜上に表現されている視覚の生のデータの中に「あからさまでない」形で含まれている視覚特徴には、様々なものがある。例えば、物体の形があるし、色があるし、テクスチャー（地模様）がある。それに、物体の空間内の位置も、特徴の一つであるし、物体がどの方向にどれくらいの速さで動いているかというのも、視覚特徴の一つである。

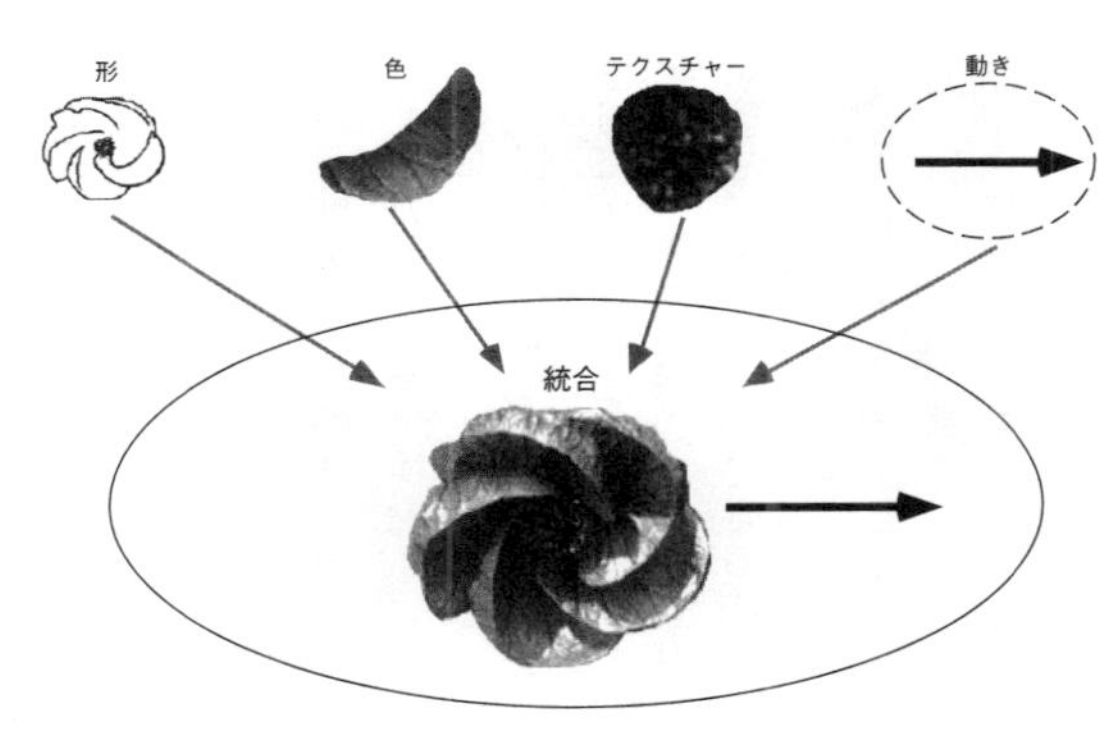


図６　「赤い花が右に動いている」という視覚イメージ

脳の視覚野は、これらの視覚特徴を、分業体制で解析している。それぞれの視覚特徴をあからさまに表現するニューロンは、視覚野の異なる部位に存在しているわけである。例えば、花が、視野の中である速さで右に動いているとしよう（図6）。この視覚刺激に対して、それが「花」という形であること、花びらや花芯が、それぞれ独特のテクスチャーを持っていること、そして、花びらは赤く、花芯は黄色いこと、さらに、花がある速さで右に動いていることは、それぞれ脳の別の領野のニューロンであからさまに表されている。すなわち、形はIT、色はV4、テクスチャーはV2、動きはMTのニューロンであからさまに表現されている。いうなれば、それぞれの視覚特徴は、様々な視覚野で、「ばらばらに」表現されているわけだ。

しかし、私たちは、「黄色い花芯をもった、赤い花が右に動いている」というイメージを認識するのであって、それぞれの特徴を、ばらばらに認識しているのではない。というよりも、私たちの内観においては、これらの視覚特徴が、ばらばらの視覚野で表現されているなどとは、思いもよらないほど、統合されたイメージを認識している。だとすると、異なる視覚野で表現された様々な視覚特徴を、何らかの形で「黄色い花芯をもった、赤い花が右に動いている」というイメージに統合するメカニズムがあるはずだ。そのメカニズムはいったい何かということが、「結びつけ問題」なのである。

まず注意すべきことは、「結びつけ問題」は、純粋な機能主義の立場からも、意味のある問題になるということである。ここでは、機能主義とは、「認識の問題を問うのは意味がなく、脳が入力に対して、どのような出力を出せるかという、入出力関係のみに意味がある」とする立場とでも理解しておけばよい。

なぜ、機能主義の立場からも「結びつけ問題」が問題になりうるかというと、次のような実験を考えることができるからである。つまり、被験者に、様々な画像を見せて、

「黄色い花芯をもった、赤い花が右に動いている」時にだけボタンを押して下さい。

と指示するのである。十分な反応時間が与えられれば、誰でもこの課題を一〇〇パーセントに近い正解率でこなせるだろう。ということは、脳の中に、「黄色い花芯をもった、赤い花が右に動いている」という情報を統合できるメカニズムが存在しなければならない。そうで

なければ、そのような視覚刺激が入力した時にだけボタンを押すという反応をすることは不可能になるからである。どうやったら、ばらばらの視覚野において表現されている視覚情報を統合して、「黄色い花芯をもった、赤い花が右に動いている」という情報をあからさまに表現できるだろうか？　そして、その情報に基づく外界への反応を実現できるか？　これは、結びつけ問題の、機能主義の立場からの表現に他ならない。

もう一つ注意すべきことは、結びつけ問題は、脳の中の非局所的な情報処理のメカニズムの存在を示唆しているように思われることである。ばらばらの視覚野において表現された視覚特徴が、最終的に統合された視覚認識となるという事実自体が、認識のメカニズムが脳の一領野にとどまる局所的なものではないということを示唆している。このことは、後に（第三章）ニューロンの発火から見た認識の単位について議論する時に重要になる。

## 7　結びつけ問題の解決法

今のところ、結びつけ問題に対しては、大きく分けて二つの解決法が提案されている。

まず第一の解決法は、様々な領野で表現された視覚特徴の情報が、最終的に脳のある領野で合流して、そこで統合されるとするものである（図7・a）。アントニオ・ダマシオがその代表的な主張者だ。視覚特徴を統合する脳の領野としては、側頭葉や前頭前野が挙げられることが多い。時には、このような、様々な視覚情報が合流して、統合される領野を、「合

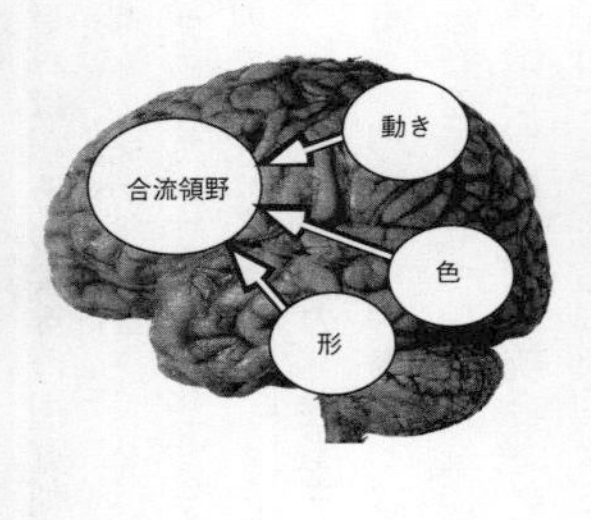


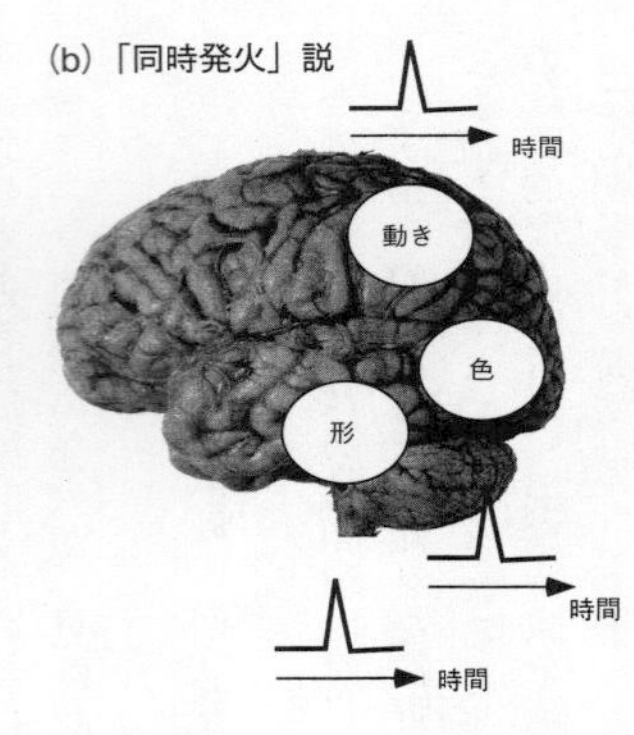


図７　結びつけ問題の解決法

流領野」(convergence zone) と呼ぶことがある。

だが、このようなストーリーをそのまま信じるのは、少し難しいようだ。何よりも、もし、最終的にある特定の局所的な領野で視覚情報が統合されるとすると、その局所的な領域に、私たちが視覚において認識するイメージの多様性を表現できるだけの情報容量が用意されていなければならないことになるからだ。しかし、「組み合わせの爆発」を考えると、そんなことはとても無理なように思われる。

ここに、「組み合わせの爆発」とは、すべての可能な視覚特徴の組み合わせを考えると、それは無数にあるということを指す。この議論は、しばしば、「黄色いフォルクスワーゲン」の議論と呼ばれる。つまり、フォルクスワーゲンの形は一つだが、色は何色にでも塗ることができる。もし、車の形が１００通りあって、色が１００通りあったら、車の認識をするだけでも、１００×１００

＝1万通りの組み合わせに対応する認識のメカニズムを用意しておかなければならない。私たちの脳は、実際柔軟にできていて、「赤いフォルクスワーゲン」は認識できるけれども、「黄色いフォルクスワーゲン」は認識できないということはない。どうやら、色の認識と、形の認識は別々に行われていて、その間の組み合わせは自由だと考えた方が自然なようだ。

このような認識の持つ性質は、色と形が別々のところで表現されているという描像とは整合性を持つけれども、その組み合わせが最終的にある特定の領野で局所的に表現されているという描像とは整合性を持たない。なぜならば、「組み合わせの爆発」により、すべての可能な視覚特徴の組み合わせに対応するあからさまな表現を、一つの領野に準備しておくことはとても無理だからだ。実際、フォルクスワーゲンの車体をすべての角度から見た形と、すべての車体の色の組み合わせに対応するニューロンを用意しておくだけでも、「合流領野」は爆発してしまうだろう！

結びつけ問題について提案されている第二の解決法は、ニューロンの発火の間の同期が、視覚特徴を統合する上で重要な役割を果たしているという説である（図7・b）。この考え方は、要約すれば、ある一群の視覚特徴が一つの物体に属するものとして統合される時には、それらの視覚特徴をあからさまに表現しているニューロンが同期して発火するというものだ。つまり、数学的に言えば、同期して発火するニューロンが同値類（equivalence class、「＝（イコール）」で結ばれる関係）をつくるという描像だ。同期によって同じ同値類に属する視覚特徴が統合されるというわけである。

ニューロンの発火が、どのような形で情報をコードしているかという問題は、現在行われている実験的、理論的研究の焦点の一つである（もっとも、私は、後に述べるような理由で、「情報の脳内表現」という言い方自体に問題があると考えている。というよりも、そもそもシャノン的な「情報」という概念自体に問題があると考える。第八章「新しい情報の概念」を参照）。

従来、少なくとも第一近似としては、脳の中のニューロンの発火頻度が情報をコードしていると考えられてきた。さまざまな研究を通して、ニューロンの発火のより詳細な時間的パターンが、情報をコードしているのではないかというアイデアが注目されるようになってきた。このような考え方を、時間的コーディングという。結びつけ問題をニューロンの発火の間の同期によって解決しようというアイデアは、時間的コーディングの考えに基づくものである。

しかし私は、以下に述べるような理由で、同期説は、結びつけ問題の解決にならないと考える。

まず、時間的コーディングのアイデア自体の妥当性に疑問を投げかける状況証拠がある。すなわち、中枢神経系への感覚器からの入力と、中枢神経系からの効果器（例えば筋肉）への出力は、発火頻度によってコードされているという事実である（図8・a）。「入り口」と「出口」が発火頻度によるコードを採用している以上、その中間の計算過程に

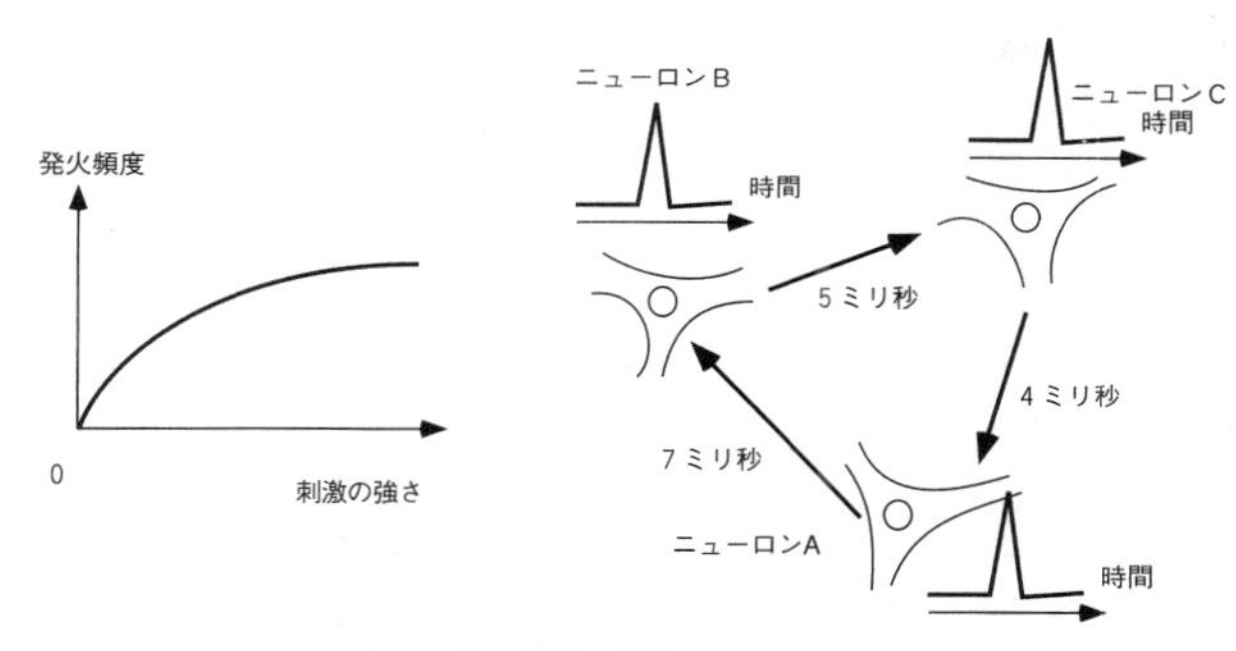


図8　時間的なコーディングと同期の問題

おいても、発火頻度によるコードが採用されていると考えるのは自然だろう。これは、時間的コーディングに否定的な材料である。もっとも、「入り口」からも「出口」からも十分離れた、いわば脳の「奥」で、発火頻度に問われない、時間的コーディングが行われている可能性はある。そのような領野の有力候補は、前頭前野であろう。

時間的コーディングの妥当性はさておき、同期説自体の欠陥のまず第一は、ニューロンの間の情報伝達（すなわち、アクション・ポテンシャルの伝播）に有限の時間がかかるという生理学的事実を考えた時、「同期」ということが何を意味するのか不明であるということがある（図8・b）。例えば、情報伝達の遅れを考慮して、ニューロンBがニューロンAよりも7ミリ秒遅れて発火した時にも、両者の発火は同期していると定義したとしよう。では、第三のニューロンCがニューロンA、Bと同期しているということは、何を意味するのか？

ニューロンCが、やはり、情報伝達の遅れにより、ニューロンBよりも5ミリ秒遅れて発火した時にも、それを「同期している」と呼ぶとしよう。ニューロンAとニューロンC（その発火の間には、12ミリ秒の間隔が開いているわけだが）は「同期している」のだろうか？ そもそも、どの発火とどの発火を比べて、同期しているかどうかを決定するのか？ 例えば、ニューロンCの発火頻度が4ミリ秒に一回だとすると、ニューロンAの発火時点から比べて、三回目のニューロンCの発火と、ニューロンAの発火が同期していると考えるべきなのだろうか？ さらに、ニューロンCからニューロンAへの情報伝達に、4ミリ秒の遅れがあったらどうなるのか？ ニューロンAとニューロンCの同期は、5＋7＝12ミリ秒の遅れを基準に考えるべきなのか、それとも4ミリ秒の遅れを基準に考えるべきなのか……。

このように、現実の神経回路網における「同期」をきちんと定義しようとすると、様々な問題点が出てくる。このような問題点の存在は、果たして、ニューロンの間の発火の同期を、「同値関係」として破綻なく定義できるのかどうかを疑わせる。

同期説の第二の問題点は、果たして、脳の中に同期によって定義された同値類が、同時に何個存在できるのかという点にある。

私たちは、例えば、視野の中にぱっと様々な色のマーブルをばらまいた時に、同時に複数の「色付きの丸い形」があるということを認識することができる。マーブルの見える視角が

(a) さまざまなテクスチャーをもった円

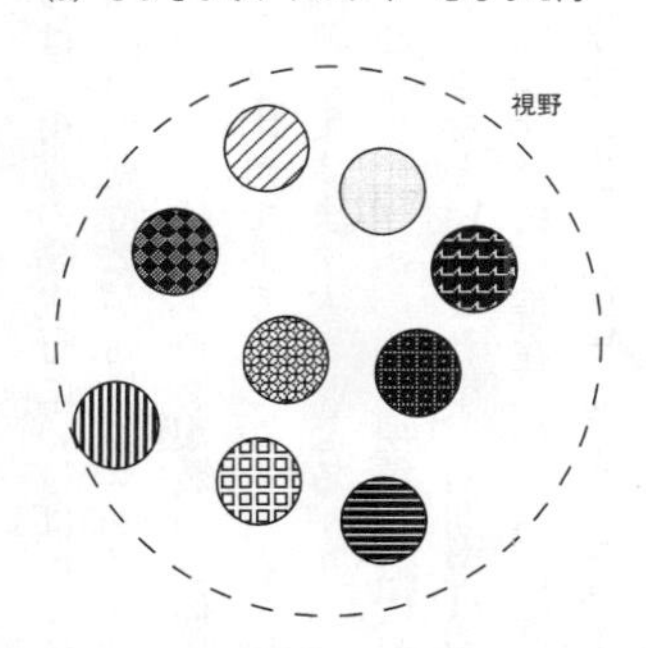


(b) 発火の同期による結びつけの破綻

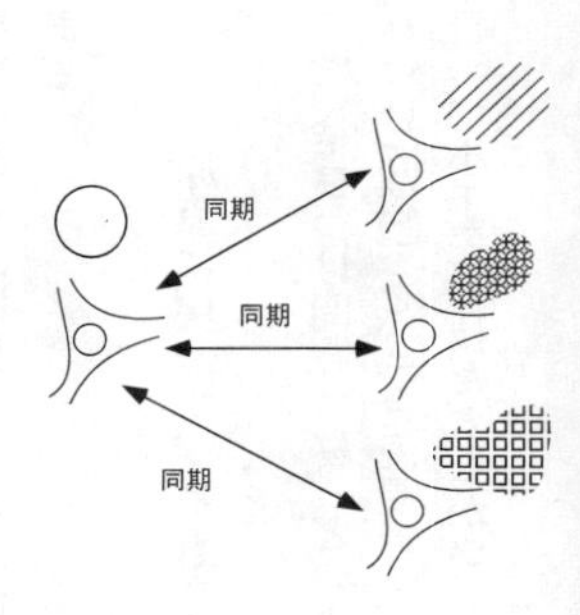


図９　発火の同期による結びつけは困難である

十分に小さければ、形態視の最終経路であるＩＴ野においては、同一のニューロン群がマーブル全部の「丸い」という形をコードしている可能性が高い。なぜならば、ＩＴ野のニューロンの受容野は大きいからだ。それにもかかわらず、私たちは、複数の「色付きの丸い形」が、それぞれ独自の色をもって散らばっていることを認識することができる。図９のように、複数の、それぞれ異なるテクスチャーをもった丸い形があったとしても、私たちの視覚認識において、これらの物体は統合された視覚像として並列して存在している。したがって、もし、発火の同期による同値類が視覚特徴の統合のメカニズムだとすると、脳の中に、同時に複数の物体に対応する発火の同値類が存在しなければならないことになるだろう。

しかし、同期説によって、同時に多数の同値類を脳の中に用意することは難しい。その理由の一つは、視覚の高次野にいけばいくほど、ニューロンの受容野が大きくなり、それだけ多くの物体の視覚特徴が同じニューロン（群）によって表現される可能性が高くなることである。このような状況下で、複数の物体に対応する同値類を共存させるようなメカニズムを考えることは困難である。しかも、右で検討したニューロン間の情報伝達の遅れを考えると、この困難はますます大きくなる。

こうして、私たちの視覚認識において、同時に複数の物体の視覚特徴が統合されてイメージできるということを、同期説は説明できそうもない。

結論すれば、現在「結びつけ問題」について提案されている二つの解決案、すなわち、「合流領野」の存在、およびニューロンの発火の同期によるメカニズムは、どちらも、私たちが視覚において世界を一つの統合された像として認識できるという事実を、説明できないのである。

## 8　原点に戻って、そもそも、視覚の枠組みは、なぜ網膜位相保存的なのか？

では、「結びつけ問題」は、どのようにすれば解決できるのだろうか？

「結びつけ問題」を、「合流領野」の存在や、同期説によって解決しようとするのは、はっきり言って小手先の技だとしかいいようがない。なぜならば、どちらのアプローチも、

《そもそも認識とは何か？》
《認識は、ニューロンの発火から、どのような対応原理によって生まれてくるのか？》

といった根本問題に正面から向き合おうとしていないからだ。そのような表面的な問題の解析で、「結びつき問題」のような根本的な問題が解決できないのは、当然のことである。

もし仮に、私が間違っていて、「結びつけ問題」が「合流領野」や、同期説によって解決されたとしよう。だが、そのような解決が得られたとして、私たちは、従来知られていなかったような自然の秘密を解きあかしたことになるのだろうか？　どのような理論が、「深遠な理論」であるかという価値基準は、人によって違いがあるだろう。だが私は、例えば、量子統計力学における「スピンと統計の間の関係」（すなわち、スピンが半整数の粒子はフェルミ統計に従い、スピンが整数の粒子はボーズ・アインシュタイン統計に従うということ）は、心が震えるほど深遠だと思う。あのファインマンが、「私はスピンと統計の関係を理解していない。なぜならば、一般の人に、そうなる理由をわかりやすく説明できないからだ」と告白した、あの理論である。それに比べて、理論神経科学で現在行われていること、例えば「合流領野」や同期説といったアイデアは、取るに足らないくらいお粗末ではないか。「意識」や「心」の問題の解明は、何か画期的に新しいアイデアによってしか解決できないはずだ。そのような希望的観測を抱いている人は、安心してよい。「心」とは何か、認識とは何かという問題の核心に横たわる「結びつけ問題」は、「合流領野」や同期説といった小手先の考えでは絶対に解決できないからである。ニュートンが言ったように、自然は我々のつくる自然法則よりも深い。「結びつけ問題」は、計算論的視覚論よりも、はるかに深いところに根ざしているのである。

「結びつけ問題」の解決に近づくためには、私たちは、認識の原点に返って考え直す必要がある。そもそも、私たちは、なぜ、視野という、二次元の枠組みを通してものを見るのだろうか？　この二次元の枠組みのことを、専門家は「網膜位相保存的」(retinotopic) な枠組みと呼ぶ。この名称は、視覚の空間的組織化が、網膜の位相によってほぼ決定しているということを示している。では、なぜ、私たちの視覚の枠組みは、網膜の位相によって決定しているのか？

もう一度、認識のニューロン原理を確認しよう。

《私の認識の特性は、私の脳の中のニューロンの発火の特性によって、そしてそれによってのみ説明されなければならない》

もし、視覚が網膜位相保存的な枠組みを通して行われるとすれば、その理由は、網膜から視床の外側膝状体、V1、さらに高次の領野に至る視覚系のニューロンの発火の特性によって、それによってのみ説明されなければならない。どれほど、主観的に視覚が網膜位相保存的な枠組みを通して行われていることが明らかであったとしても、そのことを仮定してはならないのだ。なぜならば、それは、一種の論点先取りだからである。

そもそも、なぜ、聴覚は二次元の枠組みで行われないのか？　それは、聴覚系と、視覚系のニューロンの発火特性、およびその原因となっている、ニューロンの相互結合関係、相互依存関係が異なるからに違いない。だとすれば、視覚における網膜位相保存的な枠組みの存在を含めて、各感覚のモダリティの特性は、それぞれの系のニューロンの発火特性のみによって説明されなければならないだろう。

「結びつけ問題」に限って言えば、なぜ視覚が網膜位相保存的な枠組みの中で行われるのかという問題こそ本質的だ。なぜならば、様々な視覚特徴がある物体の属性として統合される時、それは、必ず視覚特徴が網膜位相保存的な視野内のある場所に割り当てられるという形でなされるからである（図10）。

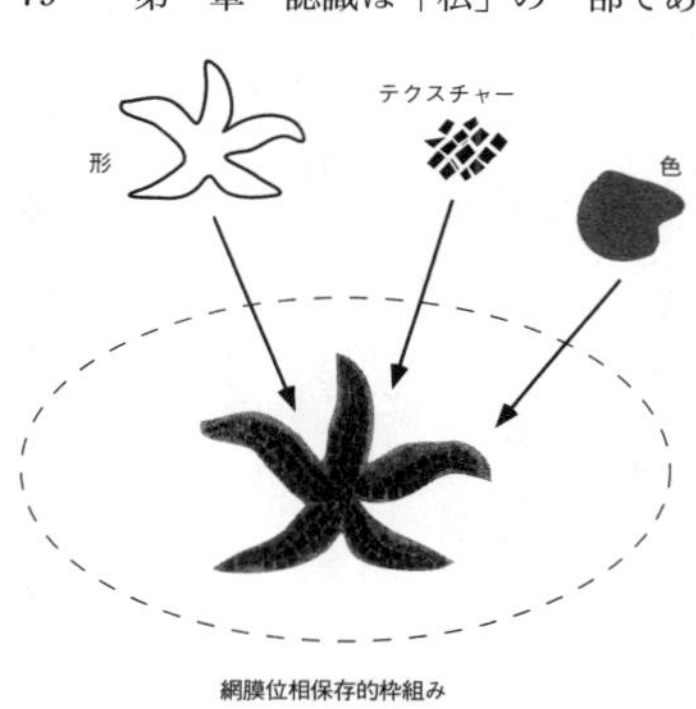


図10　視覚特徴は、網膜位相保存的な枠組みにおいて結びつけられる

そもそも、物体（object）というと、それは、ある視野内の領域がまとまって単体として認識されることを前提とするけれども、色やテクスチャー、それにエッジといった視覚特徴が統合されるためには、そのような意味での物体が成立するこ

とすら必要ではない。例えば、何を表しているのかわからない抽象絵画を見ていることを考えてほしい。このような時にも、視覚特徴は、統合され、世界は一つのまとまった姿をとって私たちの前に現れる。その統合された世界の像は、網膜位相保存的な視野の中に組織化されて現れる。明らかに、視覚特徴が「結びつけられる」上では、網膜位相保存的な枠組みへの視覚の組織化が、本質的な役割を果たしているのである。

こうして、「結びつけ問題」を問うことは、

《なぜ、私たちの視覚は、網膜位相保存的な枠組みの中に組織化されるのか?》

という、視覚の根本問題を問うことに他ならないことが示されるのである。

### 9　再び「認識は私の一部である」

私たちは、

《認識は私の一部である》

という命題から、この章における議論を始めたのであった。そして、この命題は、認識の二

ューロン原理という形で、私たちが認識と脳内の物質的プロセスの関係を問う際の基礎となることを見た。もう一度、私たちが言い直した形で、認識のニューロン原理をここに書いておこう。

《認識のニューロン原理＝私たちの認識は、脳の中のニューロンの発火によって直接生じる。認識に関する限り、発火していないニューロンは、存在していないのと同じである。私たちの認識の特性は、脳の中のニューロンの発火の特性によって、そしてそれによってのみ説明されなければならない》

残念ながら、認識のニューロン原理は、その革新的なポテンシャルが、まだほとんど実現されていない。その理由は、視覚における網膜位相保存的な枠組みの存在のように、理論的に重要な認識の基本的性質が、何の根拠もなく前提とされて、その上で議論が進められていることにある。その結果、認識の問題における最も核心的で、しかも困難な問題が回避され、どちらかと言えばささいな、技術的なアプローチに関心が集中している。

ライトマンとジンジャリッヒは、この章の冒頭にその一部を掲げた「異常はいつ始まるのか？」という論文の中で、科学革命においては、旧パラダイムの不完全な理論の現れとしての「異常」（anomaly）は、革命がなされ、新しいパラダイムが成立して初めて異常と認識されると実証している。古いパラダイムが支配している間は、「異常」は何でもないこととして見過ごされてしまうのだ。私たちは、古いパラダイムの中で「異常」は誰によっても重要な問題として認識され、それを除去しようという努力の中で革命がなされ、新しいパラダイムが確立すると考えがちだが、現実は逆だというわけである。

私たちが、網膜位相保存的な枠組みを通してものを見ていること、視覚、聴覚、味覚、触覚、嗅覚のモダリティの間に、顕著なクオリアの違いがあること、これらのことは、現在当たり前だと考えられている。自明過ぎて、なぜそうなっているのか、質問すること自体が意味がないと考えられている。だが、これらの「当たり前のこと」は、実は「異常」なのである。なぜならば、私たちは、脳の中のニューロンの発火特性によって、それによってのみ認識を説明しなければならないのだから。

聴覚野のニューロンも、視覚野のニューロンも、同じニューロンなのだ。なぜ、それぞれの発火が、私たちの心の中に、これほど違うクオリアを持つ感覚を生じさせるのか？　なぜ、ヴァイオリンの音と、光のまぶしさはこれほどにまで違うのか？　いったい、ニューロンの塊の性質から、どうやってこれらの豊かさは生まれてくるのか？

心と脳を結ぶ認識の新しいパラダイムが成立した時、その時に初めて、これらの「異常」は、一般の研究者の広く認めるところになるのだろう。それまでは、まだまだ紆余曲折が待ちかまえている。

# 第二章 「反応選択性」と「認識におけるマッハの原理」

このような情報表現に関連して、デカルト以来の哲学的問題を論じることもできる。認識とは、特定の認識細胞またはパターンを興奮させることだとした時、その細胞なりパターンなりが興奮していることをどうして知るのかという問題である。脳の内に小人（ホムンキュラス）がいて、どの細胞またはパターンが生起しているのかを監視しているのだろうか。これは、意識に関係してくる。しかし、ここでは、意識の問題は論じない。そうならば、こうした認識細胞ないしパターンに対応する細胞群は、ここから出力を司令する細胞群に情報を送り込み、出力回路網を駆動すればいいのだから、こうしたややこしい問題は回避できる。

——甘利俊一『神経回路網モデルとコネクショニズム』

## 1 認識のメカニズムに迫る実験的手法

この章では、前の章を受けて、さらに私たちの認識について考察を進めていく。
現在のところ、私たちの認識を支えているのは、脳の中の物理的過程だと考えるのが最も妥当である。そして、この物理的過程の、基本的な最小単位となっているのが、ニューロンの発火であることも、確からしい。この仮定を明確に表したのが「認識のニューロン原理」であった。

脳の中には、約10の11乗個のニューロンがある。これらのニューロンが、それぞれ独特のリズムをもって、

ばりばりばり！

と発火しているわけである。これは壮観な現象だ。しかも、その一つ一つに個性があり、個々のニューロンは、脳の全体のネットワークの中で、それぞれ独自の役割を果たしている。一方、ネットワークをつくっている要素は何かと言えば、それは個々のニューロンである。つまり、個が全体をつくり、全体が個の役割を決めているわけだ。そして、私たちの認識とは、このニューロンの活動の集合が持つ性質に他ならない。第一章で強調したように、私たちの認識とは、私たちの内部で生じている現象に過ぎない。「外のもの」を見ていると思っていても、本当は「外」などないのだ。私たちは、この頭蓋骨の中の小さな空間の中の現象に過ぎない。すべては、ここで起こっているのだ。

認識を支える物理的過程の最小単位は何かというと、それは個々のニューロンの発火だ。だから、認識のメカニズムを実験的に調べようと思ったら、個々のニューロンの発火を検出

するしかない。その方法が、電気生理学である（図1）。

個々のニューロンの活動状態をモニターする方法には、主に二つある。一つは、細胞外電極法（a）で、注意を払えば、一つのニューロンの活動電位を計測できる。もう一つは細胞内電極法（b）で、この方法では、活動電位だけでなく、より細かい細胞膜電位の時間経過を計測することができる。

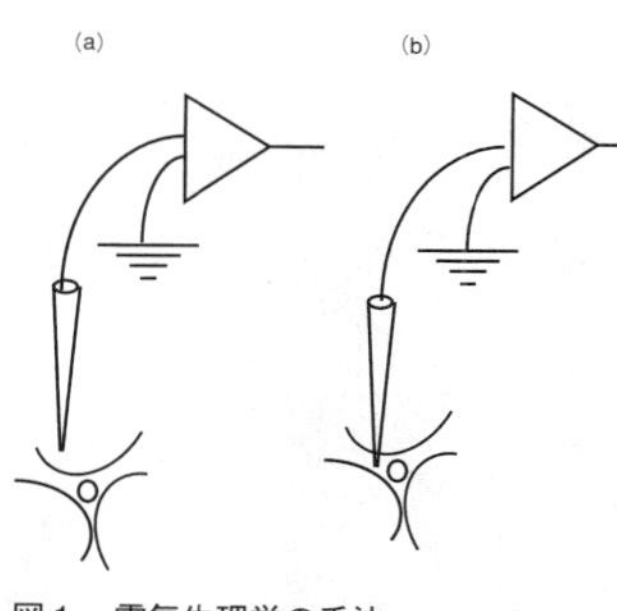

図1　電気生理学の手法

電気生理学は、一つのニューロンの発火の様子を細かく記録できるという意味で、極めてパワフルな計測法だ。だが一方で、同時に記録できるニューロンの数は、限られている。認識においては、個々のニューロンの発火が全体のニューロンの発火の中でどのような役割を果たしているかということが本質的だ。だから、電気生理学で同時計測できるニューロンの数が少ないことは、致命的な欠陥となる。

この、電気生理学の欠点を補うため、光計測法（optical recording）や、PET（陽電子断層撮像法）、fMRI（functional MRI、機能的磁気共鳴撮像法）などの新しい計測法が開発されてきた。これらの計測法は、極めて多くのニューロンの活動状態を、同時に計測できるという点が著しい特徴である。実際、あるタスク（作業課題）を与えた時に、脳のどの部位が特に活性化されるのかという情報は、光計測法やPET、fMRIが出現して初めて得られるようになった。それまでは、あるタスクに関連すると思われる脳の部位を一つ一つ壊してみて、そのタスクが阻害されるかどうか見る（損傷実験）しかなかったのだから、いかにこれらの計測法が画期的だったかわかる。

だが、光計測法などにも、欠点がある。それは、空間分解能、時間分解能が低いことだ。ニューロンの活動電位を検出するためには、1ミリ秒以下の時間分解能がなければならないが、このような時間分解能は新計測法では未だ実現していないし、原理的にも実現が難しい面がある（例えば、fMRIはニューロンの活動レベルを反映して局所的な血流量が変化する様子をモニターするので、そもそも計測している生理現象自体が一秒程度の時間スケールを持つ）。空間分解能については、10マイクロメートルくらいは欲しいのだろうが、この達成はなかなか難しい。

現状では、一個一個の細胞の発火の様子を詳しく調べられるという意味で、電気生理学よりも優れた計測手段はない。理想的には、私たちの脳の中のすべてのニューロンの活動を一つ一つ、同時にモニターしたいのである。10の11乗個のニューロンが、

ばりばりばりばり！

と発火しているところを、観測したいのだ。それはできないので、しばらくの間は、個々のニューロンの活動を電気生理学で計測し、同時に光計測法、PET、fMRIで広い範囲のニューロンの活動の概要を見るという二つの異なる計測法を併用していくしかないだろう。（ここで、「ばりばりばり！」というのは、もちろんニューロンの発火の様子を表現するための比喩である。実際に、ニューロンが音をたてて発火するわけではない！　だが、電気生理の実験室では、研究者がニューロンの発火状態をモニターしやすいように、電気信号を音に変換するようにしているのが普通だ。これを、サウンド・モニターという。もちろん、実験データの解析に必要なのではなく、その方が研究者に発火情報が伝わりやすいのだ。視覚はノートをとったり、スイッチをひねったり、コンピュータにコマンドを打ち込んだりと常に使われているが、聴覚は「暇」で常に「空いている」ので、聴覚を通してニューロンの発火状態を研究者がリアル・タイムでモニターするというのは大変良いアイデアなのだ。このような実験室では、実際ニューロンの発火が「ばりばりばり！」と聞こえることになる）。

ところで、ここで私が論じたいのは、異なる実験技術の比較検討ではもちろんない！　私たちに関心があるのは、個々のニューロンの発火が、やがて一つのシステムとなって、どのように私たちの認識を支えているのかということである。それでは、そのメカニズムを探究する驚くべき旅を始めよう。この旅は、電気生理学において最も重要な役割を果たしているある概念を批判的に検討することから始まる……。

## 2 「反応選択性」とは？

電気生理学において、あるニューロンの発火の特性を説明する概念として中心的に用いられてきたのが、「反応選択性」(response selectivity) である。反応選択性は、電気生理学の実験データを解析する上で、欠かせない概念だ。一方、電気生理学の知見と、認識のメカニズムの間の橋渡しをする概念としても、反応選択性は援用されてきた。反応選択性は、認識のニューロン原理の下で、個々のニューロンの発火がどのようにして認識を引き起こすのかを説明するための概念として重要な役割を果たしてきたのである。

では、反応選択性とは、どのような概念なのか？

世界の中には、様々なもの＝森羅万象が存在する。これら森羅万象の一つ一つを区別して認識するためには、どのような方法があるだろうか？　一つの考え方は、森羅万象の中の特定のものだけに反応するニューロンを用意するというものである。これはまあ自然な発想だ。例えば、森羅万象のうち、「薔薇」を他のすべてのものから区別して認識するためには、薔薇を見た時だけ反応するニューロンがあればよいというわけである。これが、反応選択性という概念の背景にある考え方だ。薔薇を認識するためには、薔薇にだけ選択的に反応するニューロンがあればよい。このようなニューロンは、「薔薇に対して反応選択性を持つ」という。

歴史的に見ると、反応選択性の概念が感覚野のニューロンの反応特性を理解する上で有効であることを初めて示したのは、ヒューベルとウィーゼルだった。彼らは、一九五〇年代末、猫の第一次視覚野で、ある特定の特徴を持った図形にだけ反応するニューロンが存在することを発見したのである。このようなニューロンの中で、最も単純な図形特徴に反応するニューロン（単純型細胞と呼ばれる）は、ある特定の方向を向いたバーにだけ反応する（図2）。このようなニューロンは、方位選択性（orientation selectivity）を持つという。この発見は、一個のニューロンがそのような認識に直接結び付くような反応特性を持つとは予想されていなかった当時としては画期的なものであった。ヒューベルとウィーゼルは、この業績で、後にノーベル生理学医学賞を受賞する。

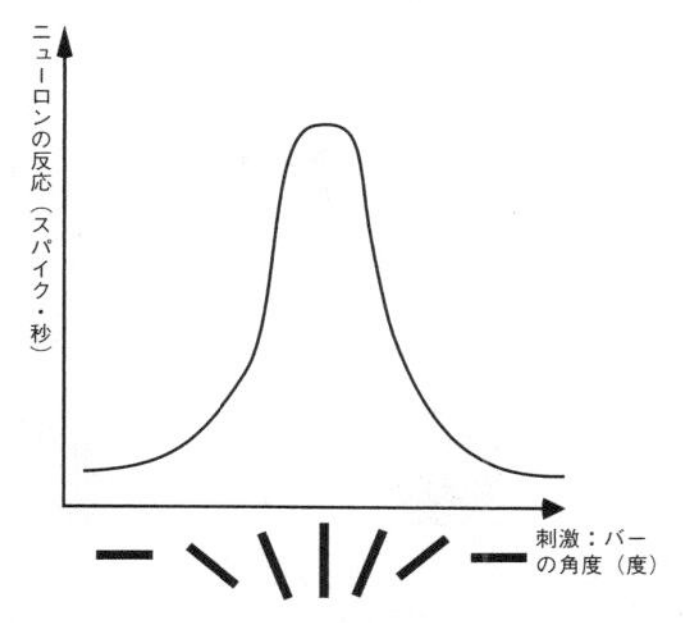

図2　単純型細胞の反応選択性

どの分野でもそうだが、ノーベル賞をもらうような業績は、その分野にとって死活的に重要な結果だ。反応選択性という概念は、実際、電気生理学にとって欠かせない概念となったのである。

ヒューベルとウィーゼルの実験が先駆けとなって、次第に、様々な反応選択性を持つニューロンが発見されていった。

例えば、第一次視覚野では、先に挙げた方位選択性

(a)

(b)

図３　錯視図形の例

を持つニューロンの他に、ある特定の方向に明と暗の境界（エッジ）がある場合などにのみ反応する「複雑型細胞」と呼ばれるニューロンが見出される。

高次視覚野に行くに従って、次第に、複雑な反応選択性を持つニューロンが見出されるようになる。興味深い例としては、いわゆる錯視図形に反応するニューロンが、マカク属猿のＶ２で発見されている（図３）。このような図形特徴を検出するためには、ある一定の処理が必要であり、Ｖ２に至る視覚経路の中で、必要な処理がされていると考えられる。ニューロンの間の特定の結合パターンを通して、このような高次の図形特徴に対して反応選択性を持つニューロンが出現するわけだ。

「色の恒常性」（color constancy）は、私たちが朝や夕方、あるいは室内の照明といった波長構成のまったく異なる様々な条件下である表面を見た時に、反射される光の波長がまったく異なるにもかかわらず、ある一定の色として認識するという現象を指す概念である。色の恒常性を満たす反応選択性を持つニューロンは、V４で初めて見出されることがわかっている。

また、下側側頭野＝ＩＴ野は、形態視（物体視）の経路の最終的な部位であると考えられる。ここでは、中程度に複雑な図形（例えば、ダルマのように、二つの丸を積み重ねたような図形）に反応選択性を持つと思われるニューロンが見出されている。

以上、視覚野について述べたが、電気生理学のデータが一貫して示していることは、高次野になればなるほど、複雑な反応選択性を持ったニューロンが見出されるようになるということだ。そして、それに伴って、受容野は大きくなる。極言すれば、

《高次感覚野に至る情報処理のプロセスの目的は、より複雑な反応選択性を持ち、より広い受容野をもったニューロンを構成することである》

といってもよいくらいなのである（例えば巻末の参考文献 Zeki 1993 を参照）。

このように、反応選択性は、感覚野のニューロンの反応特性を理解する上で、有効な概念のように思われる。実際、電気生理学のデータの解析は、その多くが「このニューロンは、どのような刺激に対して反応選択性を持つのか？」という質問に答えることを目的にして行われることが多い。つまり、電気生理学とは、次の疑問を埋める作業だというわけだ。

《注目しているニューロンの反応選択性＝？？？》

## 3　反応選択性と認識

前節では、反応選択性の概念が、ニューロンの反応特性に関する実験データを解析する上で中心的な役割を担っていることを見た。

反応選択性の高いニューロンを持つことは、脳を外界からの様々な刺激に対して適切な反応をするための装置として見た場合、極めて有効である。例えば、「カエル」に対してのみ反応するニューロンを持つことは、「カエル」に対して特定の行動をする必要がある時に、役に立つ。「あっ、カエルだ！」と思って、逃げ出す女性もいるだろうし、「あっ、カエルだ！」と思って、摑まえて食べようとするゲテモノ喰いの人もいるだろう。いずれにせよ、カエルに対してある特定の行動をするためには、カエルに対してのみ特に反応するニューロンを持つ必要がある。すなわち、カエルに対して反応選択性を持つニューロンを持つ必要がある。

したがって、「反応選択性」の概念は、脳を出入力装置としてみて、いかに様々な入力に対して適切に反応できるようにするかという問題を考える時には、極めて有効なのである。

では、反応選択性と、認識の間の関係はどうか？　私たちの認識の構造は、脳を出入力装置と見た場合の計算のプロセスを反映していると考えられる。したがって、カエルをカエルとして認識できるという私たちの能力が、カエルに対してのみ選択的に反応するニューロンの存在によって裏付けられていると考えるのは、自然な発想だ。カエルに対して反応選択性を持つニューロンが発火することは、カエルに対して特別な反応を準備する上で役に立つばかりでなく、そのまま、「あっ、カエルだ！」という認識を引き起こすと考えても、それほど不自然ではないだろう。

右のような考えに基づくと、ある反応選択性を持つニューロンの発火と認識の間の関係は、次のような仮説として述べることができる。

《ある特徴Aに対して反応選択性を持つニューロンが発火した時に、特徴Aの認識が生じる》

この仮説こそ、常には明示的に示されていないものの、現在認識について行われている多くの実験的、理論的研究が前提としている仮説である。反応選択性が、認識の基礎になっているという思想は、確立してはいないものの、まずは妥当なパラダイムとして認められていると言ってよいだろう。

ここで、一つ注意しておくべきことがある。厳密に言うと、ある視覚特徴をコードしている単位が、単一のニューロンではなく、ある一群のニューロンである可能性もある。実際、情報が脳の中でどのようにコードされているかという問題は、理論的にも実験的にも極めて重要な問題であり、活発な研究が行われている。しかし、この問題を考慮すると議論がいたずらに複雑になるので、ここではコーディングの問題は無視する。また、もし、コーディングが単一のニューロンで行われていない場合でも、右の仮説を、

《ある特徴Aに対して反応選択性を持つ一群のニューロンが発火した時に、特徴Aの認識が生じる》

と修正すれば、議論の本質には影響を与えない。

## 4　反応選択性では、認識を説明できない！

以上、私は電気生理学の実験データの解析において、そしてあるニューロンの反応特性と認識の間の関係を考える上で、「反応選択性」の概念がいかに重要な役割を果たしているかを説明してきた。

これで、やっと、認識の問題の本質を議論する準備が整ったことになる。

さて、本題に入るわけであるが、私たちの最初の仕事は、反応選択性では、認識の本質を説明できないことを理解することである！　実は、反応選択性という概念には、認識の説明

原理としては致命的な欠陥がいくつかある。そして、その致命的な欠陥の数々が、反応選択性を認識、とりわけ意識の下での認識（conscious perception）の説明原理としては救済不可能なほど、無力な概念としてしまう。

これは、神経科学が学問的に、たとえば物理学のように洗練されたものになっていない事情と関係する。意識の下での認識を説明するには反応選択性は概念的に稚拙すぎる。その稚拙な概念が、長らく実験データの解析に用いられてきた。

当分、実験データを解析する作業仮説としては、私たちは、反応選択性を使い続けざるを得ない。しかし、そのようなかたちで認識の問題にアプローチすることは、意識の中でなぜあるものがあるクオリアとして立ち上がっているのかという根本的な問題から人々の注意を逸らせてしまう。

反応選択性を実験データの解析の際に使い続けることは、あるいは、認識に関する理論的な分析で援用することは、暗い場所で鍵を落としたのに、明るい街灯の下で探しているようなものである。

意識の謎を解くには、現時点では暗闇でしかない場所を模索するしかない。しかし、概念的には簡素でトリヴィアル（取るに足らない）とさえ言える反応選択性が、長きにわたって実験的、理論的研究を支配してきている。これが、意識の科学の危機、沈滞の本質である。

## 5　認識を説明する原理としての「反応選択性」の欠陥その①

反応選択性が、なぜ認識を説明する原理としては役にたたないのかを理解するためには、まず第一章の議論にさかのぼる必要がある。

私たちは、第一章で、

《認識のニューロン原理＝私たちの認識は、脳の中のニューロンの発火によって直接生じる。認識に関する限り、発火していないニューロンは、存在していないのと同じである。私たちの認識の特性は、脳の中のニューロンの発火の特性によって、そしてそれによってのみ説明されなければならない》

という命題を認めた。「私」の認識のメカニズムがどのようなものであれ、「私」の認識にとって利用可能な情報は、私の脳の中の発火しているニューロンの性質のみであることを認めたのである。

実は、反応選択性という概念は、この要請に、正面から反しているのである。「反応選択性」という概念は、外界に一つ一つの個性の定まった物体が存在することを前提にした上で、それらの物体のうちどの範囲の物体に選択的にニューロンが発火するかを考える。したがって、反応選択性という概念には、その定義からすでに外界に関する知識が前提として含まれていることになるのである。

例えば、薔薇に対して反応選択性を持つニューロンを考えるということは、すでに、外界に、薔薇という一つの物体の自己同一性が確立していることを前提にしている。そのことを仮定した上で、薔薇という物体に選択的に反応するニューロンがあるかどうかを議論するわけである。つまり、この議論の中には、すでに、「外界に薔薇という物体の自己同一性が存在する」という、外界に関する知識が含まれてしまっているのである。だが、もちろん、「私」の認識は私の頭の中のニューロンの発火の様子だけから組み立てられているので、そのような外界に関する知識を、「私」の認識が利用できるはずがない！　したがって、反応選択性は、「私」が薔薇を薔薇として認識するメカニズムであるはずがないのである！

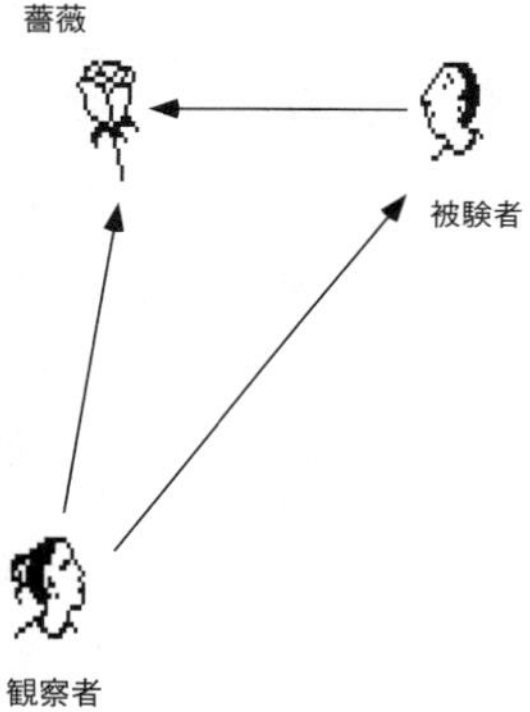

図４　反応選択性と認識

図４で、男性は認識に関する何らかの実験に参加している被験者である。一方、女性の方は、実験を行っている観察者だ。今、観察者は、被験者に薔薇を見せて、被験者のニューロンの応答を見ているとする。観察者は、被験者に薔薇を含む様々な物体を見せて、被験者の脳の中に、薔薇にだけ選択的に反応するニューロンを発見する。観察者は喜ぶ。「薔薇ニューロンを見つけた！」と

叫ぶ。そして、被験者が、薔薇を認識するメカニズムを発見したと思い込む。これが、今日の電気生理学のやっていることだ。

だが、このような議論は、観察者が、被験者の脳の外側に薔薇という物体があることを知っているからこそできるわけだ。観察者は、被験者の脳と、薔薇の両方を同時に見られるから、薔薇と被験者の脳の中のニューロンに関係がつけられるわけだ。そして、反応選択性とは、この、観察者の立場から見た、

《薔薇 ↕ 被験者のニューロン》

という関係に過ぎない。

一方、被験者の立場からすれば、彼にとってのすべては、自分の頭の中にあるニューロンである。被験者が外界を見ていると言っても、それは、ニューロンが発火して作り上げているイメージに過ぎない。だから、自分の外に薔薇があろうと、それが観察者から見てどんなに明白なことであろうと、そんなことは知ったことではないのである!

反応選択性は、薔薇と被験者のニューロンを両方見られる観察者(=電気生理学の実験をする研究者)にとってこそ意味のある概念であるが、残念ながら、被験者の認識のメカニズムとは関係がないのだ!

(ここの議論についていけないと感じる人は、もう一度第一章「認識は私の一部である」を

読んで下さい。）

ところで、以上の議論は、もちろん、「薔薇」や「被験者」を認識できる観察者の能力を前提としている。では、その観察者の認識は、どのようなメカニズムで成立しているのだろうか？　そもそも、あらゆる議論は、ある「種となる」認識者（スーパー認識者!?）の存在を前提にせざるを得ないのではないだろうか。これは、確かに重要な問題だが、ここでは論じない。たとえ、そのような方向で議論をすすめたとしても、「反応選択性」の概念が認識の問題を解決する上で有効であるということにはならないだろう。それだけ確認しておけば、ここでは十分だ。

## 6　認識を説明する原理としての「反応選択性」の欠陥その②

「反応選択性」の上に述べた限界は、どちらかと言えば概念的なものである。実際的な電気生理学者の中には、右の限界などどうでもよいという人もいるに違いない。

しかし、次に述べる「反応選択性」の概念としての限界は、より実際的に深刻なもので、この欠陥は、「反応選択性」を通して認識を説明しようとする試みにとって致命的なものであるように思われる。

その欠陥とは、高次視覚野においては、そもそも、「反応選択性」を実験的に検証することも、概念として操作的に定義することも、非常に困難であるということである。

この章の第2節で紹介した第一次視覚野における方位選択性のような場合には、刺激の特徴を表す空間が一次元（バーの角度、0〜180度）なので、反応選択性を実験的に検証することは比較的容易である。実際、低次視覚野のニューロンは、反応選択性の理想的な適用対象だ。低次視覚野のニューロンを対象としているかぎり、反応選択性の概念は安泰であると言ってもよい。

だが、問題を高次視覚野のニューロンに移すと、反応選択性にとっての悪夢が始まるのである！

第2節で、高次視覚野に行くほど、ニューロンはより複雑な図形特徴に対して反応選択性を持つと述べた。特に、下側側頭野は、物体の形の認識の経路の最終的な部位であるとみなされていると述べた。今、仮に、この部位のニューロンの発火が、私たちが自然界の物体を認識する時の基礎になっていると仮定しよう。この仮定のもとでは、下側側頭野のニューロンは、自然界に存在する物体のそれぞれに対する反応選択性をもっていると期待されるだろう。

では、下側側頭野のニューロンの反応選択性を、実験的に調べてみよう。

今、図5のように、パイナップル、カメ、カニ、カエル、アヒル、タカ、木を提示した時のあるニューロンの発火がカエルに対して特に強かったとしよう。提示する物体のリストをどんどん増やしていって、一〇〇〇個の物体を示しても、カエルに対して特に強く反応を示して、他の物体に対してはそれほど強い反応をしなかったとしよう。私たちは、この結果から、問題となっているニューロンは、カエルに対してのみ反応選択性を持つと結論できるだろうか？

答えはもちろん「否」である。図5程度に複雑な特徴をもつ図形になると、その特徴を表す空間は、仮にそれが多次元の空間として表現できたとしても、その次元数は極めて大きくなる。この特徴空間の中の、すべての可能な特徴を提示しつくすことは、現実にはとても無理だ。だが、反応選択性という概念は、厳密にいえば、特徴空間の中のすべての可能性を提示して、確かにその中のある一つの領域（例えば「カエル」）にだけニューロンが反応するということを確かめなければ、成立しないはずなのである。

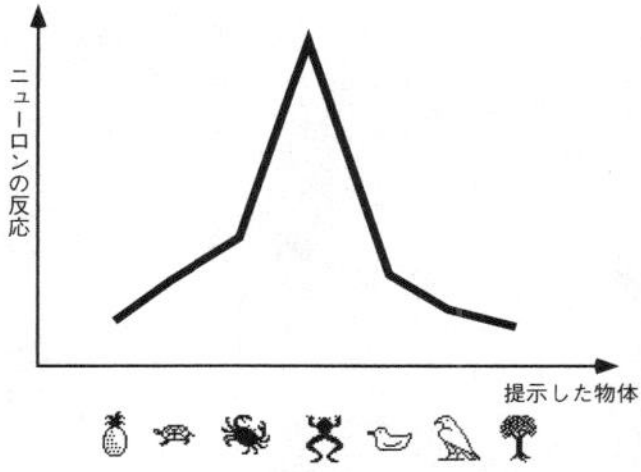

ニューロンの反応
提示した物体

図5　高次視覚野における反応選択性

結論を言えば、反応選択性を、高次視覚野のニューロンについて実験的に検証することは、ほとんど不可能であるということになる。そればかりか、概念の問題としても、反応選択性を操作的に定義することは難しい。なぜならば、そもそも、刺激の特徴空間がどのような構造をもっているのかが明らかではないからだ。

さらに、一つのパラドックスが生じる。

現在の通説的見解によれば、低次視覚野は、単なる視覚情報の中継点に過ぎず、高次視覚野に至って、はじめてそのニューロンの発火が直接的に認識にのぼるとされている。例えば、クリックとコッホが『ネイチャー』誌上で提案した説が、その代表だ。しかし、すでに見たように、反応選択性は、むしろ低次視覚野のニューロンにこそ操作的に定義され得る。高次野に行けば行くほど、反応選択性を操作的に定義するのは困難になる。それどころか、そもそも、高次野のニューロンの反応特性を反応選択性で理解しようとするアプローチそのものに無理がありそうだ。

もし、反応選択性が、認識の基礎だとしたら、これはずいぶん妙な話ではないか。認識に直接寄与すると考えられる高次視覚野に行けば行くほど、反応選択性を定義するのが難しくなるのだから！

ここまで議論すれば、読者の皆さんにも事態は明らかであろう。反応選択性という概念は、認識を説明する基本原理としては、救いようのないほどの欠陥を内包しているのである。反応選択性は、認識を説明する基本原理にはなりえないのだ。

## 7　ニューロンの識別問題

さて、以上で、反応選択性の概念の批判的検討を終える。次節では、反応選択性に代わる、認識を説明する原理を提案する。

反応選択性の暗黙の前提になっていることを問い直すことで、新しい概念を形成しなければならない。その前に、今まで議論してきた「反応選択性」の認識の説明原理としての欠陥を、次のような端的な形で表現しておこう。認識の問題のそもそもの最大の困難は何なのかをはっきりとつかんでおこう。

まず、そのニューロンが発火した時に、「私」の心の中にカエルの認識が生じるようなニューロンを、「カエル・ニューロン」と呼ぶことにしよう。注意すべきことは、カエル・ニューロンは、カエルに対して反応選択性を持つニューロンとは限らないということだ。つまり、認識の基礎を反応選択性に置く立場では、

《カエル・ニューロン＝カエルに反応選択性を持つニューロン》

という方程式を仮定するわけだが、必ずしも、これが唯一の可能性ではないということだ。カエル・ニューロンがカエルの認識を生じさせるようになるメカニズムは、反応選択性以外にもあるかもしれないからである。つまり、

《カエル・ニューロン≠カエルに反応選択性を持つニューロン》

である可能性もあるわけだ。

さて、カエル・ニューロンが発火した時に、私の心の中に「カエル」の認識が生じるためには、何らかの方法で、そのニューロンがカエル・ニューロンであると識別されなければならない。一般に、ある視覚特徴Aの認識を生じさせるA・ニューロンの発火が、私の「心」の中にAの認識を生じさせるためには、何らかの方法で、そのニューロンがA・ニューロンであると識別されなければならない。しかも、この識別は、ある瞬間に私の脳の中で発火しているニューロンの性質のみからなされなければならない。なぜならば、私は、時々刻々と変化する私の脳の中のニューロンの発火に支えられて、様々なものを認識している。ある瞬間に、私の認識が頼りにできるのは、その瞬間のニューロンの発火のみである。したがって、A・ニューロンが識別される際に利用できる情報は、その瞬間のニューロンの発火のみなのである。この条件の下に、A・ニューロンがいかにA・ニューロンとして認識されるのかという問題がニューロンの識別問題である。

《ニューロンの識別問題＝その発火が、ある視覚特徴Aを認識させるニューロン（A・ニューロン）は、ある瞬間の脳の中のニューロンの発火の性質によって、またそれによってのみ識別されなければならない》

この、ニューロンの識別問題こそ、認識とニューロンの発火の間の関係の基本である。

さて、今、仮に、カエル・ニューロンが実際に反応選択性によって決定しているとしよう。つまり、

《カエル・ニューロン＝カエルに反応選択性を持つニューロン》

であると仮定しよう。この図式は、ニューロンの識別問題に答えることができるだろうか？

この仮説は次に見るように、論理的に棄却されざるを得ない。

そもそも、反応選択性は、ある提示刺激の集合（アンサンブル）のうち、特定の刺激に対してニューロンが強く反応するという、統計的な概念である。そして、このような統計的な概念を確認するためには、実際に、カエル以外の様々な刺激を、脳に対して提示してみるしかない。ある瞬間に私の脳の中のニューロンがカエルに対して強く反応している事実だけでは、そのニューロンがカエルに対して反応選択性を持っていることを知りようがないのだ。

だから、

《カエル・ニューロン＝カエルに反応選択性を持つニューロン》

という図式は、そもそもイコールの下の内容がニューロンの識別問題の条件を満たす形では

成立しようがないので、崩壊せざるを得ないのである。

では、反応選択性の概念に基づいては、ニューロンの識別問題に答えることができないとして、他にどのようなアプローチが可能なのだろうか？　そのことを論じる準備として、ある物理学上の思想を紹介しなければならない。

## 8　マッハの原理

アルベルト・アインシュタインは、相対性理論の提唱者としてあまりにも有名である。彼は、当時の大多数の物理学者が当然のこととして暗黙のうちに前提としていた時間や空間といった概念の基礎を問い直した。その結果、質量とエネルギーの等価性などの、驚くべき結論に達した。結論は驚くべきものだったが、出発点となった疑問は、それこそ小学生でも理解できるような、素朴なものであった。

私たちは、今、心と脳の問題について考えている。第一章でも述べたように、最も大切なことは、私たちが常識と信じ、当たり前に前提としていることを疑い、その根拠を問い直すことである。その意味では、私たちが心と脳の関係を考える際に直面する困難は、アインシュタインが時間と空間の問題において直面した困難と似た性質を持っている（実は、心と脳の問題、特に、私たちの心の中の時間の流れを考える際には、アインシュタインが相対性理論を導出する際に用いたような考え方が有効である可能性がある。この点については、第四章で詳しく述べる）。

ところで、アインシュタインの理論に最も深い影響を与えたのは、物理学者であり哲学者でもあった、エルンスト・マッハ（一八三八〜一九一六）であるといわれている。マッハは、ある意味ではアインシュタインよりもより徹底した思想家だった。マッハは、きわめてラジカルな、そして今日においても正しいと思われるアイデアをいくつか提出している。そのうちの一つが、「マッハの原理」である。

《マッハの原理＝ある物体の質量は、その物体のまわりのすべての物体との関係で決まる。他に何もない空間の中では、ある物体の質量には、何の意味もない》

マッハは、ニュートン力学が前提にしているような、絶対空間、絶対時間の概念が我慢できなかった。今日の視点から見れば頷けるのだが、マッハにとっては、時間や空間というものは、個々の物質の間の関係のネットワークの中から抽出されていくべきもので、最初から枠組みとして確立しているものではなかった。それどころか、個々の物質の質量という、固有の属性と思われるものさえ、全体の関係性の中から決定されてくるとしたのである。それが、右に挙げたマッハの原理の思想だ。

これは、あまりに正しく、深遠な考え方だ。もし、究極の物理理論というものができるならば、それは、必ずマッハの原理を満足するものでなくてはならないだろう。だが、一方マッハの原理はそのままではあまりにもラジカルである。その前で、沈黙するしかないのだ。手も足も出なくなるのだ。実際のところ、マッハの原理を科学的理論に接続するには、さまざまな概念装置を整備することが必要だろう。

アインシュタインは、マッハの議論から重要なインスピレーションを得たことは疑いない（実際、マッハの「力学の原理」の中で述べられている考え方を「マッハの原理」と名付けたのは、アインシュタインである）。だが、アインシュタインは、マッハの原理の前に立ち止まらなかった。アインシュタインのとったのは、妥協というか、中庸の道であった。彼は、絶対空間や絶対時間の概念こそは否定したものの、議論の出発点となる空間や時間は仮定した。数学的にいえば、入れものになる（t, x）は仮定した。その上で、固有時τなど、実際の力学を記述するパラメータを構成した。その結果が相対性理論であり、結果として発想の元となったマッハの議論よりも、はるかにインパクトのある理論を生み出したのである。アインシュタインは、妥協したからこそ、成功したのである。

ちなみに、マッハは、アインシュタインの「妥協」が気に食わなかったらしい。マッハは、アインシュタインの一般相対性理論を賞賛するどころか、厳しく批判したという。どうやら、マッハにとっては、アインシュタインの成果は、ニュートンの仕事と同じように、最終的なものではなく、過渡的な理論のように思われたらしいのである（マッハは実際正しいかもしれないが！）。

## 9　認識におけるマッハの原理

もし、あなたが、

《マッハの原理＝ある物体の質量は、その物体のまわりのすべての物体との関係で決まる。他に何もない空間の中では、ある物体の質量には、何の意味もない》

を読んだ時に、「物体をニューロンと置き換えたとしたら……」と考えたとしたら、かなりの洞察力である。

そう、私たちは、ニューロンの識別問題を根本から解決するためには、マッハと同じ精神から出発しなければならないのだ。すなわち、出発点となるべき考え方は、次の、「認識におけるマッハの原理」である（図6）。

《認識におけるマッハの原理＝認識において、あるニューロンの発火が果たす役割は、そのニューロンと同じ瞬間に発火している他のすべてのニューロンとの関係によって、またそれによってのみ決定される》

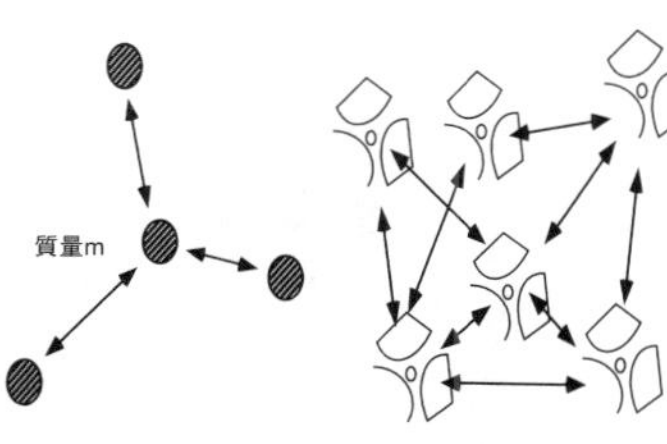


図6　認識におけるマッハの原理

さらに、マッハの原理の後半に対応して、次のことも「認識におけるマッハの原理」に含まれる。

《ニューロンは、他のニューロンとの関係においてのみある役割を持つのであって、単独で存在するニューロンには意味がない》

それでは、右の原理が、次のニューロンの識別問題に対してどのような意義を持つのかを見ていこう。

《ニューロンの識別問題＝その発火が、ある視覚特徴Aを認識させるニューロン（A・ニューロン）は、ある瞬間の脳の中のニューロンの発火の性質によって、またそれによってのみ識別されなければならない》

（後の第四章で詳しく述べるように、認識を考える際、あるニューロンと同じ瞬間に発火しているニューロンとは何かという問題には少々議論すべき点がある。ここでは、第四章で定義される意味で、「同じ瞬間」という言葉を用いているものとする。）

あるニューロンが、認識において特別な役割を果たしたとする。例えば、あるニューロンが発火した時に、「カエル」という認識が心の中で生じたとしよう。これが、カエル・ニューロンの定義であった。この時、このニューロンがカエルという特定の認識を心の中に引き起こすのは、そのニューロンが脳の中の他のすべてのニューロンとの関係において、そのような立場にあるからである。

ニューロンは、どのニューロンをとってみても、脳の中の他のニューロンに比べて、それ一つを取り出しても特に変わったところがあるわけではない。カエル・ニューロンの発火が「カエル」の認識という特別な役割を果たすのは、カエル・ニューロンが、頭の中の他のすべてのニューロンとの関係において、そのような役割を果たす特別な地位にいるからである。つまり、カエル・ニューロンと、他のニューロンのシナプス結合の関係を通して、そのような属性を与えられたのだ。

極端な話、カエル・ニューロンを一つだけ手術で取り出してきて、それをペトリ皿の上に置き、電極で刺激して発火させたら、カエルの認識が生じるだろうか？　答えは明らかに「否」であろう。

あるいは、実験者が、カエルがそのニューロンの近くに来た時だけ電気刺激を加え、人工的にカエルに対する反応選択性を作り出したら、カエルの認識が生じるのだろうか？　こちらも答えは「否」であろう。

カエル・ニューロンは、脳の中の他のニューロンとの関係性のネットワークの中に置かれているからこそカエル・ニューロンなのである。単独に切り離されたニューロンに、何の意味もない。

このことは、マッハの原理の中の、

《他に何もない空間の中では、ある物体の質量には、何の意味もない》

に見事に対応している。

まとめよう。

「認識におけるマッハの原理」は、カエル・ニューロンがなぜカエル・ニューロンなのかという問題、つまり、ニューロンの識別問題に対する答えを提供する。すなわち、図式的に書けば、

《カエル・ニューロン=そのニューロンと同じ瞬間に発火している他のすべてのニューロンとの関係によって「カエル・ニューロン」の属性を与えられているニューロン》

ということになる。この定義が、ニューロンの識別問題の要求している条件を満たしていることは明らかだろう。ただ、欠点は、定義の内容が抽象的なことだ。これは、「認識におけるマッハの原理」が、この時点では一般的で抽象的なレベルにとどまっているためである。

## 10　認識におけるマッハの原理からの結論

先に、「マッハの原理」自体からは、何らかの概念装置の付加がない限り、具体的なインパクトのある結果が出にくいと述べた。「認識におけるマッハの原理」も、このままではあまりにも抽象的で、実験にかかるような具体的な結論を出すのが難しいように思われるかもしれない。しかし、「認識におけるマッハの原理」は、ニューロンの発火と認識の間の関係について、いくつかのタイプの議論を排除できるというメリットがある。

その第一は、もちろん、認識の基礎理論として、様々な欠陥のある反応選択性の概念にかわる選択肢を提供できるということである。「認識におけるマッハの原理」は、外界の事物の自己同一性に依存しない形で、認識の理論を提供できるのだ。

第二に、認識においては、高次の視覚野ほど重要であり、低次の視覚野は単なる中継地点に過ぎないという考え方が間違っていることを示せるということである。

仮に、高次野のニューロンほど、複雑な視覚特徴に対応した反応特性を持っていたとしよう。しかし、高次野のニューロンがそのような特別な役割を持つのは、低次野のニューロンを含む、脳の中のすべてのニューロンとの関係に基づいてなのである。

特に、もし高次野のニューロンの発火が認識上ある効果をもたらすにしても、その役割は低次野を含む他のニューロンとの関係で初めて定まるのである。極端な話、低次野のニューロンが存在しなければ、高次野のニューロンは、ペトリ皿の中に分離された単一のニューロンと同じで、認識上特定の意味を持たないだろう。

このように、「認識におけるマッハの原理」は、高次野のニューロンほど認識にとって重要であるというよく見られる説（例えば先に述べたクリックとコッホの説）が間違いであることを示せるのである。

第三に、ニューロンの間のシナプス結合のパターンの持つ意味に、新たな光を当てることである。例えば、従来、視覚野において、高次視覚野から低次視覚野への逆方向の結合が、しばしば低次野から高次野への順方向への結合よりも密であることの機能的な意味が謎とされてきた。「認識におけるマッハの原理」は、ニューロンの間の関係性という点から、この問題に光を当てられるはずだ。特に、反応選択性という、基本的に低次野から高次野への順方向の結合のみに焦点を当てた概念よりは、より普遍的な枠組みを提供できるはずである。

このように、「認識におけるマッハの原理」は、その抽象的な形態においても、認識の問題についていくつかの示唆を与えるのだ。

## 11　認識におけるマッハの原理と反応選択性との関係

以上の議論をまとめよう。

私たちは、認識の問題を根本的に説明しようとする時、反応選択性の概念は採用できないことをみた。反応選択性には、いくつかの致命的な欠点があるからである。反応選択性は、せいぜい、過渡的な説明の道具として使うことができるに過ぎない。私たちは、もし認識がニューロンの集団の発火からどのように導かれるかを理解しようとしたら、「認識におけるマッハの原理」にまで遡って考え始めなければならない。

それにもかかわらず、今日、電気生理学では反応選択性の概念を実験データを解析する際の最も有力な枠組みとして採用しており、また、それが実際ある程度の有効性を持つことも事実である。これは、どういうことだろうか？　なぜ、反応選択性の概念は、感覚野のニューロンの反応特性を理解する上で、ある程度有効な概念なのだろう？　認識の問題の最終的な解決は、「認識におけるマッハの原理」に基づくはずだ。反応選択性の概念がある程度機能するということは、「認識におけるマッハの原理」と「反応選択性」の間に何か深いつながりがあることを示唆するのだろうか？

実は、この点は、認識の問題を考える上で、今日、最も重要な論点の一つである。「認識におけるマッハの原理」は、正しいことは疑いないが、反証可能な予言に導くには工夫がいる。一方、反応選択性の概念は、最終的には正しくないが、実験データの解析にはある程度役に立つ。実験データの解析という面においては、「認識におけるマッハの原理」は、まったく無力だ。実際、電気生理学者に「主張は論理的にはわかった。それでは、反応選択性以外に、ニューロンの反応特性のデータを解析する有力な概念があるとしたら何なのか、提案して欲しい」と言われたら、現時点では具体的なモデルは存在しない。現在のところ、反応選択性以外に、観測可能な量はないのだ。だが、何か道があるはずだ。反応選択性の概念と、「認識におけるマッハの原理」が、握手をしてつながる場所がどこかにあるはずだ。この世紀の握手が成立した時、その時こそ、認識の問題におけるブレイクスルーが起こる時だろう。

だいぶ複雑な議論をしてきたので、最後にこの章の議論の論理構造を図式化してみる。

反応選択性は、実験上も理論上も重要な概念だ。

↓

だが、反応選択性には、認識を説明する原理としては、致命的な欠陥がある。

↓

「認識におけるマッハの原理」が健全な出発点だ。

↓

だが、「認識におけるマッハの原理」は、現状では観測可能な量を定義できない。

↓

結局、反応選択性を実験データの解析上使い続けるしかない。

誠に遺憾ながら、以上が、認識をニューロンの反応特性から説明しようという努力の現状である。

「マッハの原理」は、正しいし、深遠なのだが、それだけでは科学的理論に結びつかず、何らかの概念装置が必要である。インパクトのある理論をつくるためには、アインシュタインが採用したような、妥協と中庸の道をいくしかない。

「認識におけるマッハの原理」についても、同じことが言える。この原理は、あまりにも正しく、そしてあまりにも深遠だ。だが、そのままでは、あまりにもラジカルで、実験データとの接続ができない。欠陥だらけと知りながら、「反応選択性」の概念を使い続けざるを得ないのだ。

本当に難しいステップ、それは、アインシュタインがやったように、「認識におけるマッハの原理」から、何らかの妥協を経て、インパクトのある理論をつくることだ。今、認識の理論は、一人のアインシュタインを必要としているのである。

# 第三章　認識の要素

「例えば、君の目の前のコップからも、哲学を論じることができるのだよ。」

それを聞いたサルトルの顔は、感動で青ざめた。

――シモーヌ・ボーボワールの証言より

## 1　構築的議論を始めよう

私は、第一章、二章で、私たちの心の中で起こる認識が、脳の中のニューロンの活動とどのように結びついているのかについて、基本原則を打ち立てることを目的として議論を積み重ねてきた。その結果、現時点で信ずるに足ると思われる原理として、「認識のニューロン原理」、および「認識におけるマッハの原理」の二つが浮上してきたのであった。いよいよ、認識とニューロンの発火の間の関係について、具体的な仮説を構築する時がきた。

ここで、私たちの出発点となる二つの原理を再び示しておこう。今後の議論は、これらの二つの原理を中心に展開されるからである。

《認識のニューロン原理＝私たちの認識は、脳の中のニューロンの発火によって直接生じる。認識に関する限り、発火していないニューロンは、存在していないのと同じである。私たちの認識の特性は、脳の中のニューロンの発火の特性によって、そしてそれによってのみ説明されなければならない》

《認識におけるマッハの原理＝認識において、あるニューロンの発火が果たす役割は、そのニューロンと同じ瞬間に発火している他のすべてのニューロンとの関係によって、またそれによってのみ決定される。ニューロンは、他のニューロンとの関係においてのみある役割を持つのであって、単独で存在するニューロンには意味がない》

本章では、これらの原理に基づき、私たちの認識を構成する要素と、その認識が行われる時空間の構造が、どのようにつくられてくるかを論じる。

## 2　「認識におけるマッハの原理」を具体化する

前節に挙げた二つの基本原理のうち、「認識におけるマッハの原理」は、いわば、「認識のニューロン原理」の子供のようなものである。前者は、後者がその定式化の中に内包しているものを、具体化し、あからさまに表現したものと言える。したがって、科学的仮説を導く原理としては、「認識におけるマッハの原理」の方が価値がある。とは言っても、「認識におけるマッハの原理」は、実際に実験データと比べられるような予言をもたらすような具体的な法則にはなっていない。そこで、私たちは、「認識におけるマッハの原理」を具体化する必要がある。

「認識におけるマッハの原理」の核心的なメッセージは、脳の中のあるニューロンの発火が認識においてある特定の役割を果たす時、それを決めるのは、脳の中のニューロンの相互関係において、そのニューロンが置かれた位置づけだということである。しかも、その相互関係は、その瞬間の相互関係に限られる。なぜならば、私たちの心の中で、ある「心理的現在」に浮かぶ認識は、その瞬間の脳の中のニューロンの発火によってのみ決定されると考えるのが妥当だからである（心理的瞬間、つまり、認識における「瞬間」が何を意味するのかということは、神経心理学における中心的な問題の一つになる。この点については、本章の第9節で論じるほか、次の第四章「相互作用同時性の原理」で詳しく論じる）。

理論的に、この命題が意味する最も重大な帰結は、認識とニューロンの発火の間の関係を論じる際に、統計的考え方を用いてはならないということである。

統計的な考えは、基本的にあるアンサンブル（集合）を考えることを要求する。例えば、あるニューロンが「薔薇」に対して反応選択性を持つということは、すべての可能な形のアンサンブルの中で、そのニューロンが「薔薇」に対してのみ特に強く発火するということを意味するのであった。

もし、反応選択性が私たちの、

「薔薇だ！」

という認識の基礎になっているのだとすると、私たちの脳は、薔薇が提示された時に、その時のニューロンの発火だけに基づいて、そのニューロンが薔薇に対して反応選択性を持つということを知らなければならないことになる。

ということは、脳は、何らかの方法で、その瞬間に、すべての可能な形に対するそのニューロンの反応のアンサンブルを参照する方法を持っているということになる。イメージで言うと、「薔薇」を見た瞬間に、脳は一瞬のうちに、すべての可能な形の空間（薔薇、とかげ、傘、帽子、蝶、……）を「サーチ」し、「これは確かに薔薇だ」と確認するというわけである。これは、あのパラドックスに満ちた量子力学にさえ現れない極論である。このような超越的能力を私たちの脳が持っていると仮定するよりも、そのような議論は間違っていると結論する方が穏当である。

では、認識とニューロンの発火の間の関係が、統計的アプローチによっては説明され得ないのだとしたら、他にどのようなアプローチが可能なのだろうか？

私たちは、「認識におけるマッハの原理」が示唆しているように、ある心理的瞬間におけるニューロンの発火の間の相互関係に基づいて議論を進めなければならない。第一章でも論じたように、「認識」は私たちの心の一部である。私たちの心の中で、どのような表象が生じるかは、あくまでも、私たちの脳の中のニューロンの発火の間の相互作用によってのみ説明されなければならないのである。

ここに、ニューロンの間の相互作用とは、すなわち、アクション・ポテンシャルの伝播、シナプスにおける神経伝達物質の放出、その神経伝達物質とレセプターの結合、そしてその結果としてのシナプス後側ニューロンにおけるEPSP（excitatory postsynaptic potential、興奮性シナプス後側膜電位）あるいはIPSP（inhibitory postsynaptic potential、抑制性シナプス後側膜電位）の発生である。認識は、私たちの脳の中のニューロンの発火が、このような相互作用に基づいてどのようなパターンをとるかを、その相互関係性のみに基づいて説明されなければならないのである。しかも、このような相互作用から導かれる統計的量ではなく、まさにその瞬間（心理的瞬間）の、特定の相互作用に基づいて議論がなされなければならないのだ。

以下では、このような認識の基礎に関する描像を、「反応選択性」の概念が依拠しているような統計的描像に対して、「相互作用描像」（interaction picture）と呼ぶことにしよう（図1）。

《相互作用描像＝ある心理的瞬間における認識の内容を、その瞬間の脳の中のニューロン

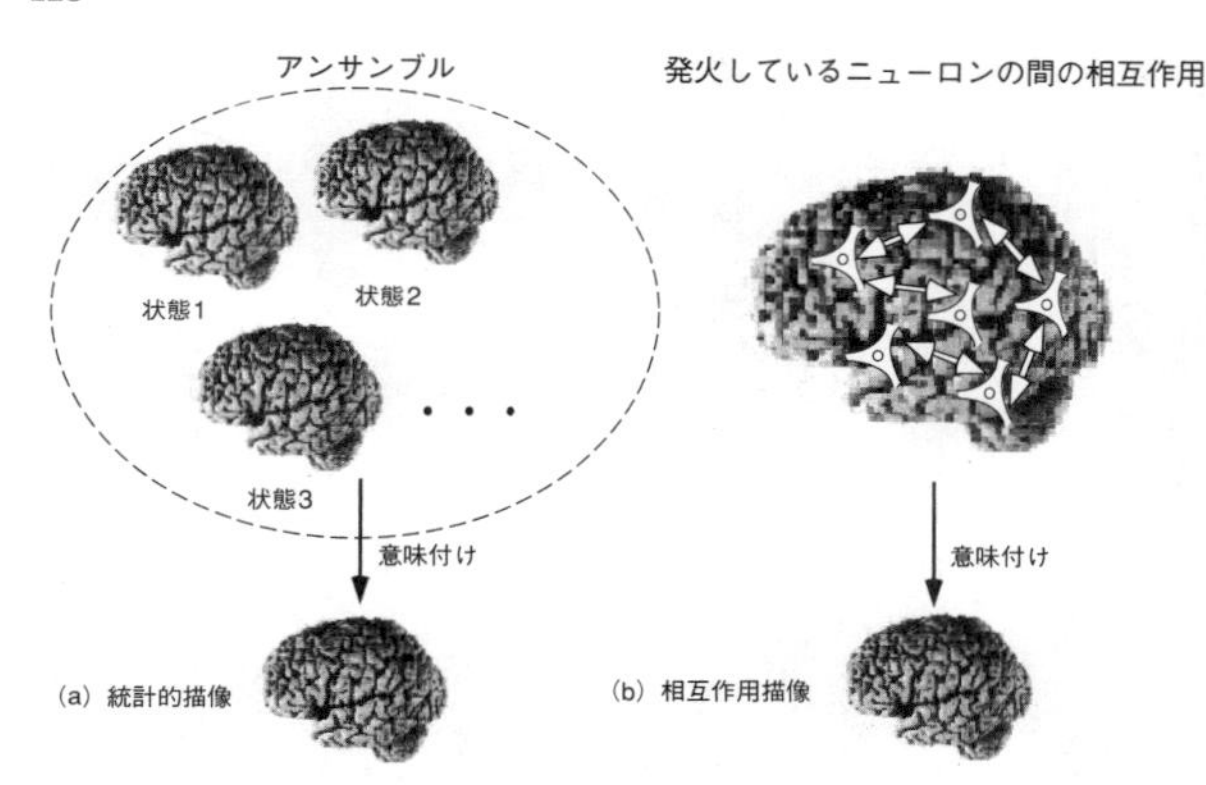


図1　統計的描像と相互作用描像

の発火と、その間の相互作用にのみ基づいてつくりだすアプローチ》

統計的描像が、ある瞬間の脳の状態（そして、すなわちその瞬間の認識の内容）を、抽象的なアンサンブルの中のその状態の位置づけによって特徴づけようとするのに対して、相互作用描像の下では、ある心理的瞬間の脳の状態（そして、すなわちその瞬間の認識の内容）を、その時の脳の中のニューロンの相互作用に基づいて、そしてそれによってのみ特徴づける。したがって、そこには、反応選択性の概念が、基本的な要素として入る余地はない。

以下では、相互作用描像に基づいて、認識の理論を構築していくことにしよう。

## 3　ニューロンは発火している時にだけ存在する

認識の問題において、相互作用を考えるということは、相互作用によって結びつけられる、何らかの存在ないしはイベント（事象）を前提にしているということになる。では、私たちの心を支える物質的イベントは何か？

私たちは、認識のニューロン原理の一部として、次のような命題をたてた。

《認識に関する限り、発火していないニューロンは、存在していないのと同じである》

右の命題が意味していることは次のようなことだ。認識のメカニズムを考える上で意味があるのは、ニューロンの発火というイベントであって（その実態については序章の第4節を参照）、物質的存在としてのニューロンではない。ニューロンが発火しようとしまいと、物質的存在としてのニューロンは存在する。しかし、こと認識に関して言えば、ニューロンは、発火した時に初めて存在する。発火しないニューロンは、何もない状態、いわば、「真空」と同じだ。

ニューロンが発火するということは、ちょうど、素粒子物理学で、真空から粒子が創成されるプロセスのようなものだ。ニューロンが発火した時に、「無」から「有」が生まれると言ってもよい。

私たちは、脳の中にニューロンがいっぱい詰まっているところを想像し、そのようなイメージを認識について考える時の出発点にしがちだ。だが、認識にとって（そして、私たちの「心」にとって）意味があるのは、ニューロンの発火のみなのである。極端にいうと、物質的としての「ニューロン」が存在することは忘れてしまえばよい。まず、「虚空」を用意する。ニューロンが発火しない限り、頭は「空っぽ」なわけだ。そして、ニューロンが発火した時にだけ、そこに「発火」というイベントが「置かれる」。ニューロンが発火するたびに、「空っぽ」な頭の中に、

ぽっぽっぽ

とイベントが現れるのだ。このようなイベントの集合に、私たちの心は支えられている。

ニューラル・ネットワークを記述する数学的枠組みとして、しばしば「スピン」とのアナロジーが用いられる。だが、これは誤解を招きやすい。

スピンは、素粒子の持つ基本的な性質であり、アップ（上向き）かダウン（下向き）かのどちらかの状態をとる。スピン系として記述される以上、例えば発火している状態をプラス1、発火していない状態をマイナス1としても、あるいは発火している状態をプラス1、発火していない状態を0としても、本質は変わりがない。重要なことは、スピン系のモデルでは、ニューロンは、発火していようといなかろうと、とにかく存在するということだ（図2・a）。だが、私たちの「心」にとっては、

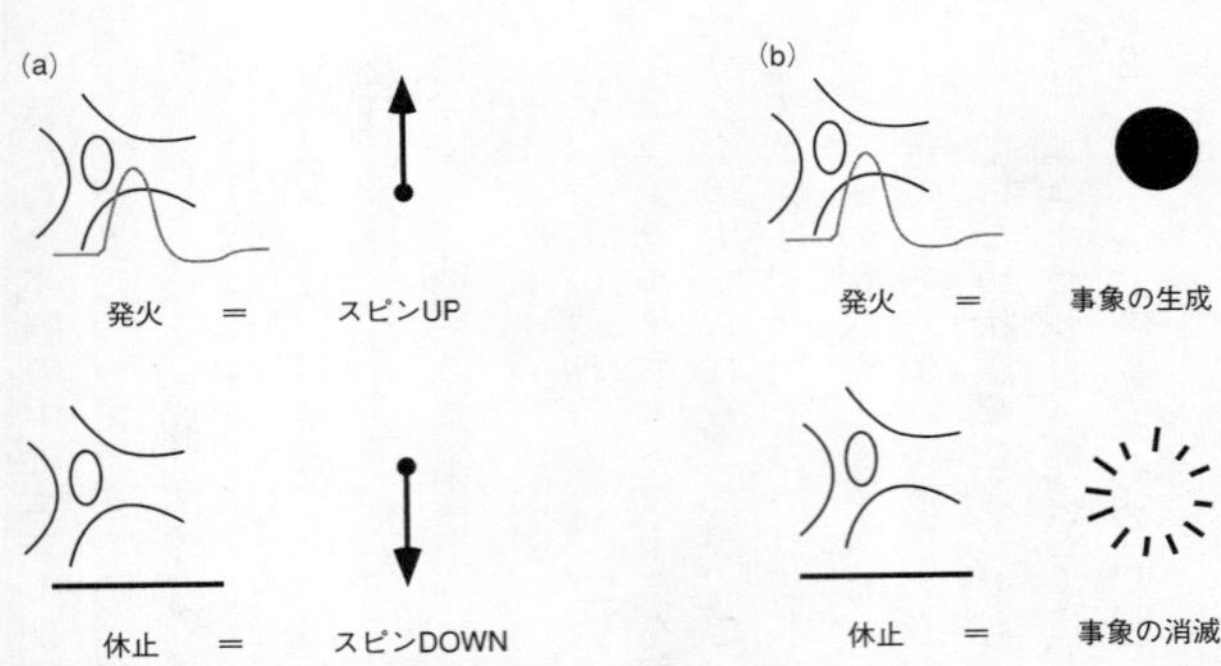


図２　事象の生成、消滅としてのニューロンの発火

《発火していない状態＝マイナス１》

の方は、存在していないのと同じなのである！

より、認識の本質に近い数学的記述方法は、例えば、素粒子物理学における生成、消滅演算子のような記述法をとることだ。すなわち、ニューロンが発火した時に、時空のその場所に発火というイベントが「生成」され、ニューロンの発火が終わった時に、イベントが「消滅する」というようなイメージだ（図２・b）。

プラス１、マイナス１というスピン系のモデルと生成、消滅演算子のモデルの違いは、その結果生じる時空の幾何学的構造の違いとして表れる。すなわち、スピン系としてのモデル化では、ニューロンは発火しようとしなかろうと、とにかく存在するのだから、ニューラル・ネットワークの幾何学的構造は何も変わらない。一方、生成、消滅演算子のモデルでは、ニューロンは発火して初めて時空を構成する要素としての資格を得る。したがって、ニューラル・ネットワーク内のニューロンの発火パターンが変わるに従って、それに付随する時空構造も変わるだろう。

残念ながら、今のところ、スピン系のモデルと顕著な違いが出るような、生成、消滅演算子（ないしは、それに類似の数学的構造）のモデルを私はまだ知らない。ニューラル・ネットワークの状態分布を、エネルギー関数で記述するというアプローチをとる限り、どのようなモデル化をしても結果に違いはないように思われる。認識が生じる時空構造（認識の時空）の問題を問い始めた時に初めて、二つのモデルに違いが出てくるのだろう。だが、その詳細な数学的構造はいまだ闇の中だ。

## 4　相互作用連結性

心の問題を考える限り、ニューロンは発火した時にのみ存在する。

では、二つのニューロンの発火が、相互作用によって結び付けられているということは、何を意味するか？

ニューロンの細胞体で生じるアクション・ポテンシャルがお互いに影響し合って時間発展していく様子を表したのが、図3である。

あるニューロンが他のニューロンにシナプス結合しているとしよう。シナプス結合をして

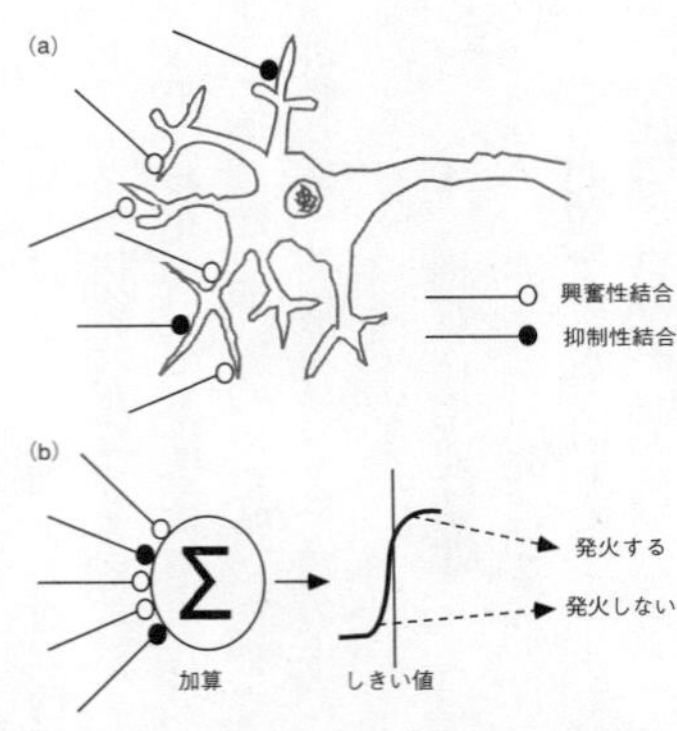


図３　シナプス結合と、加算、しきい値処理

いるニューロンがシナプス前側ニューロン、結合を受けているニューロンがシナプス後側ニューロンだ。シナプス前側のニューロンの細胞体でアクション・ポテンシャルが生じ、それが軸索を伝わってシナプス前側に達すると、そこで神経伝達物質の開口放出が起こる。神経伝達物質は、シナプス後側の受容体（レセプター）と結合する。その結果、シナプス後側ニューロンの膜電位が脱分極する場合（興奮性結合）と、過分極する場合（抑制性結合）がある（図3・a）。

シナプス後側のニューロンに結合している多くのニューロンからの膜電位に対する影響は、樹状突起を通して細胞体に伝わり、加算される。こうして、最終的にシナプス後側のニューロンでアクション・ポテンシャルが生じるか（細胞体における膜電位がしきい値よりも高い場合）、あるいは生じないか（細胞体における膜電位がしきい値よりも低い場合）が決まる（図3・b）。シナプス前側のニューロンが発火した時、もしシナプスが興奮性の結合ならば、シナプス後側のニューロンは発火しやすくなるし、シナプスが抑制性の結合ならば、シナプス後側のニューロンは、発火しにくくなる。

認識の問題を考える限り、ニューロンは発火した時に初めて存在したと言えるのであって、発火していないニューロンは、存在していないのと同じだ。したがって、シナプス前側のニューロンと、シナプス後側のニューロンがともに発火した時に、初めて、

《相互作用連結性＝要素と要素が相互作用を通して結びつく》

が成立する可能性が出てくる。シナプス前側のニューロンか、シナプス後側のニューロンのどちらか一方でも発火していなければ、相互作用連結性は、そこで断絶してしまう。なぜならば、そのような場合、そもそも相互作用によって結び付けられるべき要素（＝ニューロンの発火）が存在しないからだ。すなわち、相互作用連結性を考える際には、ニューロンの発火は、シナプス前側とシナプス後側のニューロンの発火をペアにして考えて初めて意味が出てくるのである。

それでは、ニューロンの発火の間の相互作用連結性を、興奮性結合と、抑制性結合の場合に分けて考えてみよう。

図4のa～dは、興奮性結合の場合について、四つの異なる場合を示したものである。このうち、aとbの場合は、シナプス前側のニューロンか、あるいはシナプス後側のニューロンのどちらかしか発火していないので、相互作用連結性は断絶している。シナプス前側のニューロンと、シナプス後側のニューロンがともに発火している場合は、さらに二つの場合（c、d）に分けられる。

第一の場合は、シナプス前側のニューロンが発火して、それに影響されたシナプス後側のニューロンの細胞体における興奮性シナプス後側膜電位（EPSP）が0のレベルまで減衰してしまった後に、シナプス後側のニューロンが発火した場合である。この場合、シナプス後側のニューロンが発火したことと、シナプス前側のニューロンが発火したことは、因果的に無関係である。シナプス後側のニューロンの発火は、シナプス前側のニューロンの発火とは無関係に、他のニューロンの発火の影響によって、生じたのである。したがって、二つのニューロンの発火が相互作用連結であるとは言えない。

（右で、「興奮性シナプス後側膜電位（EPSP）が0になる」ということの意味については、少し問題がある。EPSPが減衰していくといっても、例えばそれが指数関数的に減衰していくとすると、そのレベルが数学的な「0」にまでなるには、「無限」の時間がかかってしまうからである。したがって、EPSPがどこまで減衰した時にそれを「0」と見なすべきかという問題が生じる。もともと、休止膜電位は厳密にある一定の値をとっているわけではなく、熱的ノイズによる「ゆらぎ」がある。したがって、一つの考え方は、EPSP

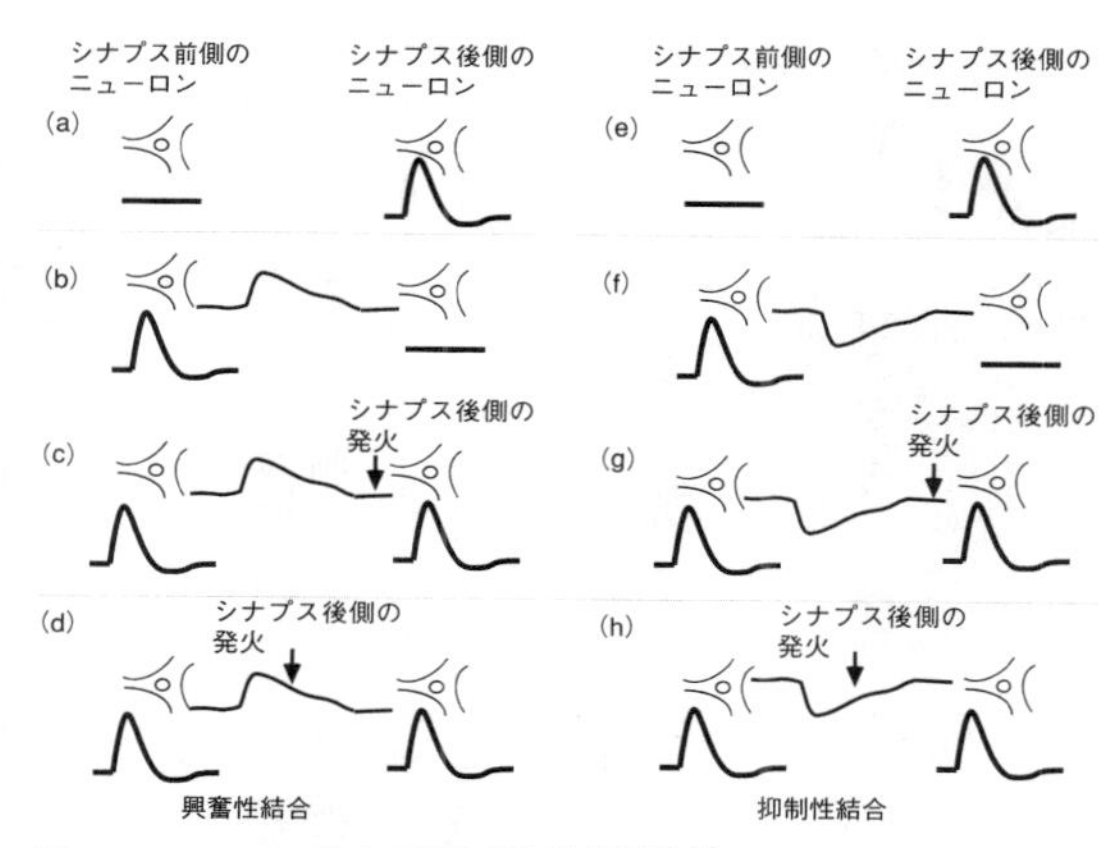


図４　ニューロン発火の間の相互作用連結性

が、減衰していって、膜電位にもともと存在する「ゆらぎ」の大きさまで小さくなった時に、そのレベルは0であると見なすということである。例えば、ゆらぎの標準偏差を「カットオフ」のレベルと見なし、それよりもEPSPの影響が小さくなった時にレベルが0になったとすることができるだろう。）

結局、相互作用連結性が成立するのは、dの場合のみである。すなわち、シナプス前側のニューロンが発火し、その影響としてのEPSPが0のレベルまで減衰しないうちにシナプス後側のニューロンが発火した場合である。この場合にのみ、二つのニューロンの発火は、相互作用を通して結びついたと言える。

一方、二つのニューロンが抑制性のシナプス結合をしている場合はどうだろうか？

興奮性のシナプス結合を介したニューロン

のペアの場合と同じ理由で、相互作用連結性が成立する可能性があるのは、シナプス前側のニューロンが発火し、その影響としての抑制性シナプス後側膜電位（IPSP）が0のレベルまで減衰しないうちに、シナプス後側のニューロンが発火した場合に限られる（図4・h）。

しかし、興奮性のシナプス結合の場合と異なり、この場合の二つのニューロンの発火の間の因果関係はいささか奇妙なものだ。興奮性のシナプスの場合、シナプス前側ニューロンの発火と、シナプス後側ニューロンの発火の間には、「正」の因果関係がある。すなわち、シナプス前側ニューロンが発火したからこそ、シナプス後側のニューロンも発火できたのである。一方、抑制性のシナプス結合の場合、シナプス前側ニューロンの発火と、シナプス後側ニューロンの発火の間の因果関係は、「負」である。すなわち、シナプス後側のニューロンは、シナプス前側のニューロンが発火したにもかかわらず発火したのである。

このような、「負」の因果関係に基づく相互作用連結性は、どのように考えればよいのだろうか？

私たちが普通考える因果関係は、「正」の因果関係だ。例えば、Aという事象が生じたから、Bという事象が生じた場合、その間には、因果的なつながりがあると見てよい。

A　→　B

だが、Aという事象が生じた時には、Bという事象は生じない、すなわち、

A　→　not B

である場合にはどう考えればよいのか？　もし、Aが生じたために、Bが生じなかったとし

たら、そもそも因果関係を論じるべき、事象のペアがない。一方、Aという事象が生じたにもかかわらず、Bという事象が生じたという場合、その間に因果関係があるとは言いにくい。Aが生じた場合、Bは生じないというのが「本来の」因果関係で、Bが生じたのは、A以外の要素の作用の結果だからだ。

もし、抑制性シナプス前側のニューロンが発火し、抑制が「成功した」場合には、シナプス後側のニューロンは発火しない。これが本来の因果関係だ。だが、発火しない時には、そのニューロンは「不存在」だ。心の問題を考える上では、そのようなニューロンは、たとえ物理的に存在していたとしても、無視してよい。このような因果関係は、「存在」（＝シナプス前側のニューロンの発火）と「不存在」（＝シナプス後側のニューロンの発火）の間の関係となる。だが、「関係」は、「存在」するものどうしの間にこそ成り立つのであって、「存在」と「不存在」の間の「関係」を考えるのはおかしい。

このように、抑制性結合の場合の相互作用連結性は、興奮性結合の場合の相互作用連結性と、まったく性質が異なる。そこで、以下では、興奮性結合における相互作用連結性を正（プラス）の相互作用連結性、抑制性結合における相互作用連結性を負（マイナス）の相互作用連結性と呼んで、区別することにしよう。

図４で言うと、ｄの場合には正の相互作用連結が成立し、ｈの場合には負の相互作用連結が成立することになる。

例えば、五つのニューロンが図５・ａのように結合していたとする。もし、ある時間の範

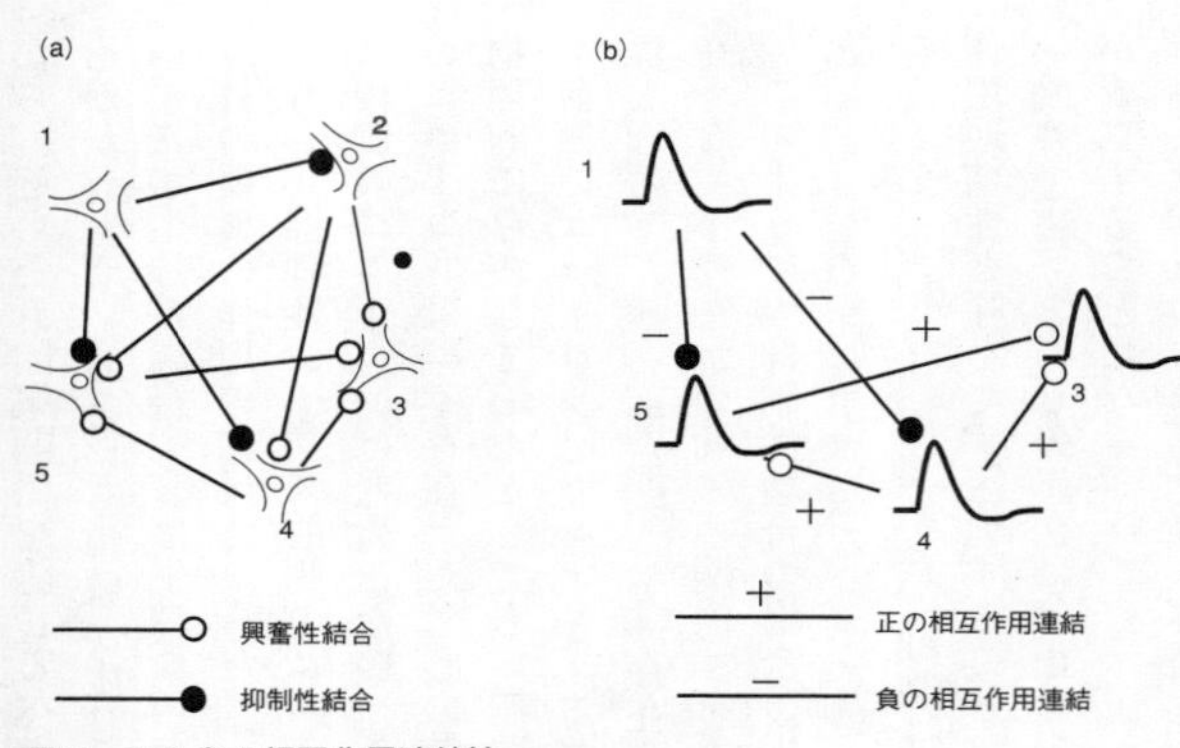


図5　正と負の相互作用連結性

囲内に、1、3、4、5のニューロンが、お互いに相互作用連結になるように発火したとすると、図5・bのような相互作用連結性が成立することになる。例えば、ニューロン1の発火とニューロン4の発火の間の相互作用連結性は、負になり、ニューロン4の発火とニューロン3の発火の間の相互作用連結性は、正となる。

もっとも、図5は、極めて概念的な図であることに注意しよう。実際には、ニューロンの発火は、時間、空間的なパターンとして現れる。また、ニューロンの間のアクション・ポテンシャルの伝播にかかる有限の時間も考慮しなければならない（第四章参照）。さらに、相互作用連結性は、ニューロンaからニューロンbという、方向性を持った概念である。

## 5　相互作用連結性は、システムが成立するための条件である

前節で定義した相互作用連結性は、脳と心の間の関係を考える際に、最も重要な概念の一つとなる。なぜならば、相互作用連結性は、私たちの脳の中のニューロンの発火から、心という一つの「システム」ができあがっていく際の、必要条件を与えるからである。

私たちの心の重要な特徴の一つは、それが、一つのまとまったシステムとして存在するということだ。私は、「私」の中に起こっていることは、すべて「私」の心の中の表象として統合することができる。例えば、こうして文章をタイプしている時の、指に感じる圧迫感、お尻に感じる木の温もり、シャツと胸の間の接触感、ラジオから流れてくる音楽、窓から入ってくる風が頰をなでる感触……これらすべてを、私は、一つの統合されたシステムの中に把握している。

相互作用連結性は、このような、システムとして統合された私たちの「心」を支えるニューロンの発火の集合に要求される性質だ。なぜならば、そもそも、相互作用によって一つにつながっていなければ、ニューロンの発火の集合は、システムとはなり得ないからだ。

相互作用連結性という観点から、例えば、脳の中に意識が生じるのに必要なニューロンの発火頻度を予言することができる。意識が生じるためには、脳の中のすべてのニューロン発火が、相互作用連結になる必要はない。だが、意識を支えるために必要な数のニューロンの発火が、相互作用連結にならなければ、システムとしての心は成立しない。ニューロンの発火頻度が増すほど、発火の間に相互作用連結が成立する確率が上がると考えられる。このこ

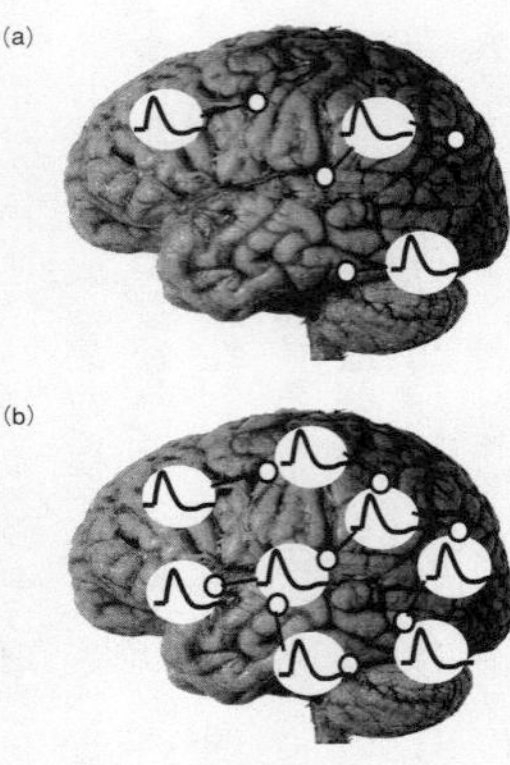


図6　意識と相互作用連結性

とから、十分な数のニューロンが相互作用連結になるための、発火頻度のしきい値が存在すると考えられる。

この、発火のしきい値は、図4で述べた、興奮性シナプス後側膜電位（EPSP）の減衰の時定数を$t_m$によって概算することができる。すなわち、しきい値は、

$$1/t_m$$

程度の値をとることになる。$t_m = 10$ミリ秒とすれば、発火のしきい値は、100ヘルツとなる。

覚醒時には、このしきい値以上の頻度で十分な数のニューロンが発火しているから、「心」というシステムが成立する。一方、眠っている時（特に長波睡眠と呼ばれる深い眠りの状態）にも、低い頻度での自発的な発火は見られる。しかし、この時の発火頻度は、しきい値に達していないので、ある確率でローカルに相互作用連結なニューロンの発火は見られても、意識を支えるのに十分な数の相互作用連結なニューロンの発火は見られない。したがって、睡眠中には、システムとしての「心」が成立しないと考えられるのである。これらの点については、第六章の「「意識」を定義する」で再び論じる。

図6は、このことを表した概念図である。図6・aは、深い睡眠中のニューロンの自発発火を、そして図6・bでは、覚醒時のニューロンの発火を表している。睡眠中には、脳を横断するような規模の相互作用連結なニューロンの発火は成立しない。一方、覚醒時には、脳と同じ程度のサイズの相互作用連結なニューロンの発火が成立するものと考えられる。

## 6　認識の時空と認識の要素

第一章でも議論したように、クオリアと、そのクオリアが表象される空間という観点からみて、私たちの視覚、聴覚、味覚、触覚、嗅覚といった感覚のモダリティ（様相）の間に、これほど顕著な差があるということは、心の脳の関係における最も深遠なミステリーの一つだ。

触覚については、非常に原始的な意味での空間的マッピングがあるように思われる。例えば、右足の中指で小石を踏んだのと、左肘でクッションを踏んだのとは、「場所」と「質感」の違いとして明らかに認識できる。とはいうものの、このような体性感覚のマッピングは、視覚における圧倒的に並列的な空間の広がりとは比べものにならないほど不完全なものである。

聴覚における空間的マッピングの性質は、視覚とはまったく異なる。内耳において、聴覚系の末端のニューロンは、一次元に配列し、それぞれが特定の周波数の音に強く反応するようになっている。だが、私たちは、音のピッチを空間的な配列として認識するわけではない。視覚系では末端のニューロンの配列がそのまま認識が行われる空間になるのに、なぜ聴覚系ではそうならないのか？

聴覚系では、(物理的空間という意味での) 空間的定位は、むしろ末端においてではなく、中枢における情報処理の結果として初めて表れてくるようである (最もよく知られた例は、カリフォルニア工科大学の小西正一らが明らかにしたフクロウによる音源定位だ)。こ

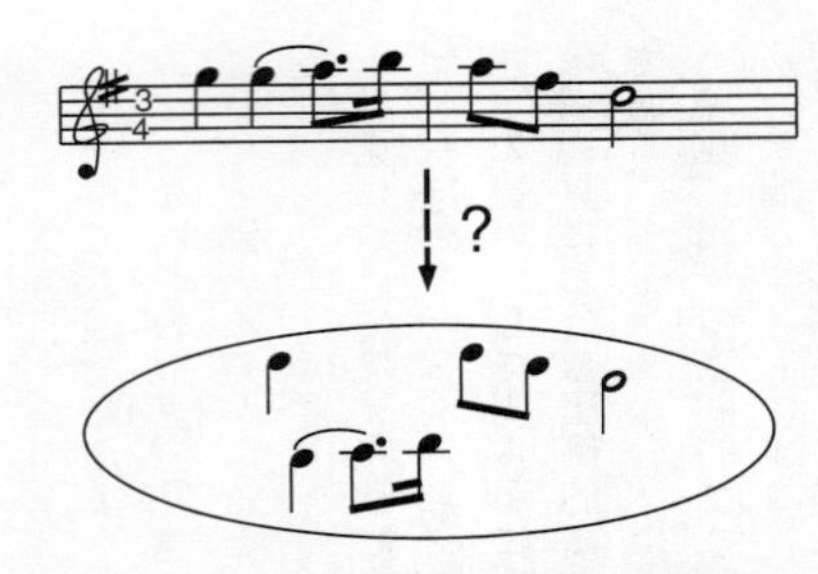


図7　なぜ、音の認識は視覚空間のような構造を持たないのか？

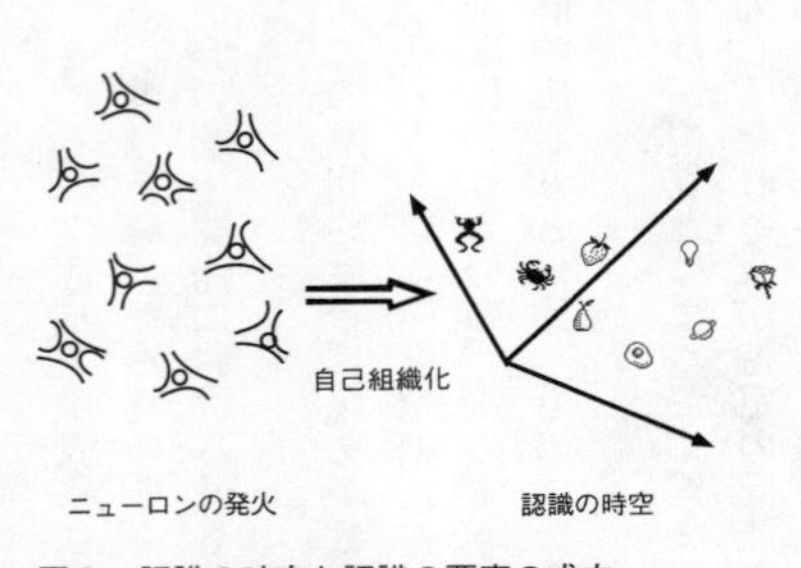


図8　認識の時空と認識の要素の成立

のようなモダリティ間の差は、明らかに、視覚系、聴覚系のそれぞれのニューロンの発火パターンと、その相互依存関係から説明されなければならないのである。

日常生活の中では、私たちの感覚のモダリティの間のこのような違いは、当たり前のことと思いがちだ。だが、私たちは、モダリティの差を、究極的には各感覚野のニューロンの発火の特性だけから説明しようと決意したのだった（第一章）。そうでなければ、心と脳の間の関係を求める私たちのミッションは前に進まない。

視覚と聴覚の例を見てもわかるように、私たちの認識がその中で起こる時間や空間の構造（つまり、私たちの心の中の時間や空間）は、脳の中のニューロンが埋め込まれている物理的時間や空間の構造とは必ずしも一致しない。すなわち、

《認識の時間・空間≠ニューロンのある物理的時間・空間》

なのである。

認識が行われる時間と空間の構造を、「認識の時空」と呼ぶことにしよう。脳の中のニューロンの発火の特性から認識の時空の構造を導き出す原理がどのようなものであれ、それは、例えば、右に述べたような視覚と聴覚それぞれの認識が行われる時空の構造の差を説明できるものでなければならない。

一方、認識の時空の構成の問題と、ちょうど表と裏の関係にあるもう一つの問題がある。それは、認識を構成する要素、すなわち「認識の要素」は、どのように構築されるのかという問題である。ここに、認識の要素とは、認識を構成する様々な属性を指す。例えば、色、テクスチャー、端、形などは、すべて認識の要素である。また、視野の中における位置も、認識の要素の一つである。後に見るように（第五章）、これらの認識の要素はすべて一般的な意味での「クオリア」であると見なすことができる。

認識の要素は、認識の時空の中の「点」の持つ性質であると見なすことができる。ここに、「点」とは、「それ以上分割して区別できない」とでもいうような意味だ。例えば「薔薇」という認識が生じた時、視野の中の「薔薇」というイメージ自体には広がりがあるが、「薔薇」が「薔薇」であるということ自体は、それ以上分割しようがない。認識の時空との関係で言えば、認識の要素は、「点」なのである。

重要なことは、認識の要素の構成を司る原理と、認識の時空の構成を司る原理は、同じものでなければならないということだ（図8）。つまり、まず認識の時空が「用意されて」、その中に認識の要素が「埋め込まれていく」のではなく、認識の要素と認識の時空は、「同時に」、「自己組織的に」できあがっていくのでなければならないのだ。認識の要素は、認識の時空の構造があって初めて、その自己同一性（identity）が決定される。認識の要素は、一方、認識の時空は、認識の要素の相互関係の中から生成されてくる。いうなれば、「点」は、時空が定まって初めて「点」となるわけであり、また、「時空」は、「点」の間の関係から生まれてくるわけだ。

私たちは、このような、認識の時空と認識の要素の成立の過程を、脳の中のニューロンの発火の性質から説明したいのである。これこそが、脳から心への橋渡しの本質的な部分だ。第一章の図2のようなニューロンの発火と私たちの認識の間の対応づけは、

《ニューロンの発火 ↓ 認識の要素　in　認識の時空》

が起こるプロセスを理解することによって初めて実現できる。

このような説明をする遠大な道（その到着点はまだ地平線の向こうで、まったく見えていないが！）の出発点になるのが、この章の第4節で定義した相互作用連結性なのである。

それでは、認識の要素がどのように成立するか、そのシナリオを見ていこう。

## 7　末端ニューロンから高次野のニューロンに至る一連の発火の連鎖が、認識の要素となる

私たちの立場では、ある瞬間（心理的瞬間）における認識は、その瞬間におけるニューロンの発火、およびその間の相互作用のみから決まる。したがって、もしあるニューロンが「薔薇」ニューロンであるとすれば、それは、そのニューロンが「薔薇」に対して反応選択

性を持つからではなく、脳の中の他のニューロンとの相互関係において、そのニューロンが「薔薇」ニューロンとしての役割を果たしているからである。

では、「薔薇」ニューロンが「薔薇」ニューロンとなることを決定する、ニューロンの間の相互関係とは何か？　これこそ、まさに、この章の第4節で定義した、相互作用連結性に他ならない。「薔薇」ニューロンが「薔薇」ニューロンになるのは、「薔薇」ニューロンの発火と、相互作用連結な他のニューロンの発火の関係が、私たちの心の中で「薔薇」という認識を引き起こす役割を果たしているからである。

以下では、相互作用連結なニューロンの発火のつながりを「クラスター」と呼ぶことにしよう。

「薔薇」の像が網膜上に投影された時、網膜神経節細胞から、LGN（外側膝状体）、V1、V2、V4を経て、ITに至る、一連の相互作用連結なニューロンの発火のクラスターが生じる。この、ITのニューロンの発火に至る、相互作用連結なニューロンの発火のクラスター全体こそが、「薔薇」という認識を支えている。このような因果関係の連鎖がとぎれずにつながるからこそ、「薔薇」という表象が、私たちの心の中に生じる。最も高次な、ITの中にある、「薔薇」に対して反応選択性を持つニューロンの発火が、それ単独で「薔薇」という認識を支えるわけではないのである。

私たちは、第二章で、「薔薇」という認識を引き起こす「薔薇」ニューロンは何かという問いを発した。そこでの結論は、ある反応選択性を持つニューロンの発火が、それ単独で

「薔薇」という認識を支えることはできないというものであった。私たちは、今や、反応選択性に代わる、新しい認識を支える単位＝「認識の要素」の描像を手に入れたように思われる。それは、網膜からIT野に至る、相互作用連結なニューロンの発火のクラスターが、「薔薇」なら「薔薇」という認識を支える、認識の要素であるという描像である。

すなわち、私たちは、認識の要素を、次のように定義することができる（図9）。

《認識の要素とは、末端のニューロンから高次野のニューロンに至る、相互作用連結なニューロンの発火のクラスターである》

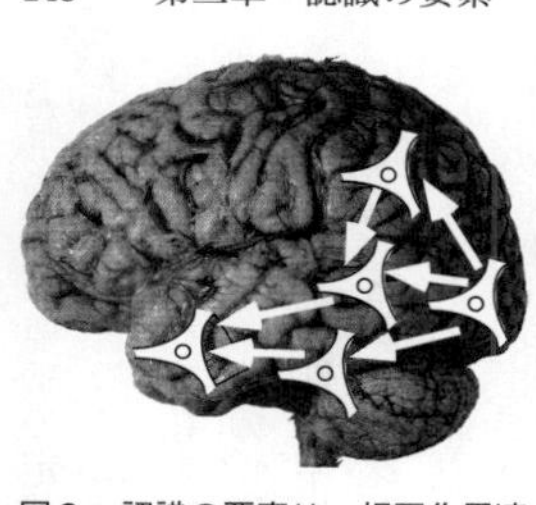

図9　認識の要素は、相互作用連結なニューロンの発火のクラスターとして定義される

右の定義で、非常に重要な点がある。私たちは、相互作用連結性には、正（興奮性結合）と負（抑制性結合）の二種類があるとした。次の節で議論するような理由により、認識の要素を構成するのは、正の相互作用連結性によってつながったニューロンの発火のクラスターのみであると考えられるのである。したがって、図9においてニューロンの発火の間をつなげているのは、興奮性結合＝正の相互作用連結性のみであるとする。図9では、相互作用連結性が方向性のある概念であることを明示するために、矢印が用いられている。

右の認識の要素の定義は、認識におけるマッハの原理を満足するものであることに注意しよう。実際、認識におけるマッハの原理を満足する、ほとんど唯一の定義だと言える。なぜならば、もし認識においてあるニューロン（あるいはニューロン群）の発火が特別な意味を持つとすると、その特別な意味の起源は、そのニューロンの発火が他のニューロンの発火との間に持つ関係性の中にしかあり得ないからである。そして、この関係性を決定するためには、末端のニューロンから高次野のニューロンに至る、すべての相互作用の軌跡を追うしかないからである。相互作用連結なニューロンの発火のクラスターは、まさにそのような相互作用の軌跡を表しているのだ。

## 8　認識の要素と、興奮性、抑制性結合の役割

認識の要素の定義を考える時に、直ちに導かれる興味深い結論の一つは、認識における興奮性、抑制性の結合の意味である。

私たちは、この章の第4節で、

《興奮性結合＝正の相互作用連結性》
《抑制性結合＝負の相互作用連結性》

と定義した。

脳の中では、興奮性結合と抑制性結合が、非常にバランスよく配置されている。例えば、大脳皮質においては、興奮性シナプスを出す代表的なニューロンである錐体細胞(pyramidal cell)と、その間を結んでいる抑制性のインターニューロンが、回路形成において重要な役割を果たしている。

例えば、興奮性＝○、抑制性＝●だとすると、脳は、○と●がバランスよく配置されて、初めてうまく機能するのだ。ちょうど、碁盤の上の碁石のように、あるパターンで興奮性と抑制性の結合が配置されているところをイメージしてほしい。この配置のパターンが、脳の機能を考える上で極めて重要なのである。

では、認識の要素の形成過程における、興奮性シナプスと抑制性シナプスの意味は何か？最も本質的なことは、抑制性の結合がある場合、それは、たとえある認識の要素の特徴を決定する上で貢献したとしても、その認識の要素の一部とはならないということである。

抽象的に言ってもわかりにくいので、ある傾きをもったバーにだけ反応する細胞ができる過程を見てみよう(図10)。

ある傾きをもったバーにだけ反応する特性は、V1の単純型細胞に見られる(第二章参照)。このような反応選択性を構成するためには、その受容野の中のある傾きをもったスリットの中にあるニューロンからは興奮性で、その両側のニューロンからは抑制性の投射を受ければよい。図10では、白いバーで終わる線が興奮性結合を、黒い円で終わる線が抑制性結

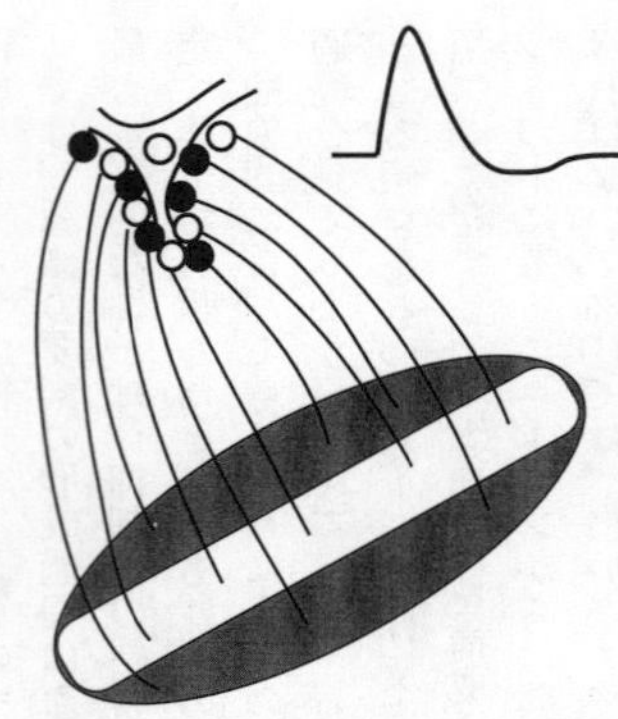
図10　ある傾きをもったバーに対応する認識の要素

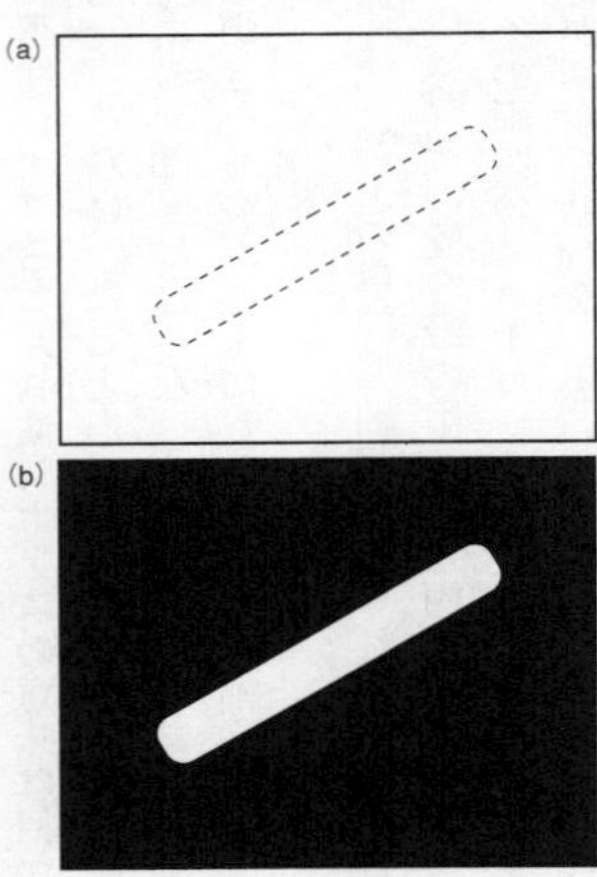

図11　黒地に白のバー

合を表している。

では、抑制性結合に伴う負の相互作用連結性は、「ある傾きをもったバー」という認識の要素に含まれないと考えられる理由を追って行こう。

まず、図8のような単純型細胞の受容野の中で、抑制性の投射をしているニューロンの発火頻度が高かったら、そもそもこの単純型細胞は発火しないだろう。この場合には、「ある傾きをもったバー」という認識の要素はそもそも成立しない。

一方、単純型細胞の受容野の中で、抑制性の投射をしているニューロンの発火頻度が低く、単純型細胞が発火したとしよう。この時、単純型細胞は、抑制性の投射をしているニューロンが発火したにもかかわらず発火したのである。つまり、この場合の因果的関係は、「負」の関係である。この時、抑制性の投射をしているニューロンは、あまり発火しないという形で、いわば消極的に単純型細胞の発火に貢献したことになる。しかし、抑制性の投射をしているニューロンの発火は、単純型細胞を頂点とする、「ある傾きをもったバー」という認識の要素の一部にはならないのである。

このような取り扱いは、私たちの認識の性質とも一致している。たとえば、私たちが黒地に白で書かれた「ある傾きをもったバー」を見ている時、それが「バー」であるためには、白い線の両側が「黒のまま」で、「白くならない」ことが必要である（図11）。つまり、白い線の両側の黒地は、「白くならない」ことで、消極的に「ある傾きをもったバー」という認識に貢献しているわけだ（図11・b）。もし、周囲も白くなると、それは単なる白い平面で、バーではなくなってしまう（図11・a）。しかし、いくら白い線の両側の黒地がこのような形で「消極的」に貢献したからといって、白い線の両側の黒地が、「ある傾きをもったバー」という認識の一部になるわけではない。

ちょうど、このことが、ニューラル・ネットワークにおける興奮性結合と抑制性結合の幾何学的な構造として実現されているのである。

少し哲学的に言えば、「不存在は存在しないことを通して存在に貢献するけれども、存在の一部にはならない」というわけである。私たちは、認識の要素を、相互作用連結なニューロンの発火のクラスターとして定義する。さらに、認識の要素を構成するクラスターには、抑制性＝負の相互作用連結性は、認識の要素の構成には参加しないとする。この定義は、認識について私たちが直観的にもっている理解や、右のような「存在と不存在の間の関係」についての哲学的考察と一致するのである。

## 9 相互作用同時性の原理

ところで、第6節で指摘したように、脳が埋め込まれている物理的時空と、私たちの認識がその中に組織化されている認識の時空が同じものである必要性はまったくない。認識の時空の性質は、認識の物理的な基盤であるニューロンの発火の性質から、何らかの原理によって導かれるのである。では、その原理とは何か？ 実は、

《認識の要素＝ある心理的瞬間において、相互作用連結なニューロンの発火のクラスター》

という定義から、私たちの認識の準拠枠となっている時間の性質は、自動的に決まってしまうのである！

ここで、認識の準拠枠となる時間を、「固有時」と呼ぶことにしよう。さらに、通常の意味での物理的時間を$t$で表し、固有時は、ギリシャ文字の$\tau$（タウ）で表すことにする。

認識の要素の定義から、直ちに、固有時は、次の原理によって構成されなければならない

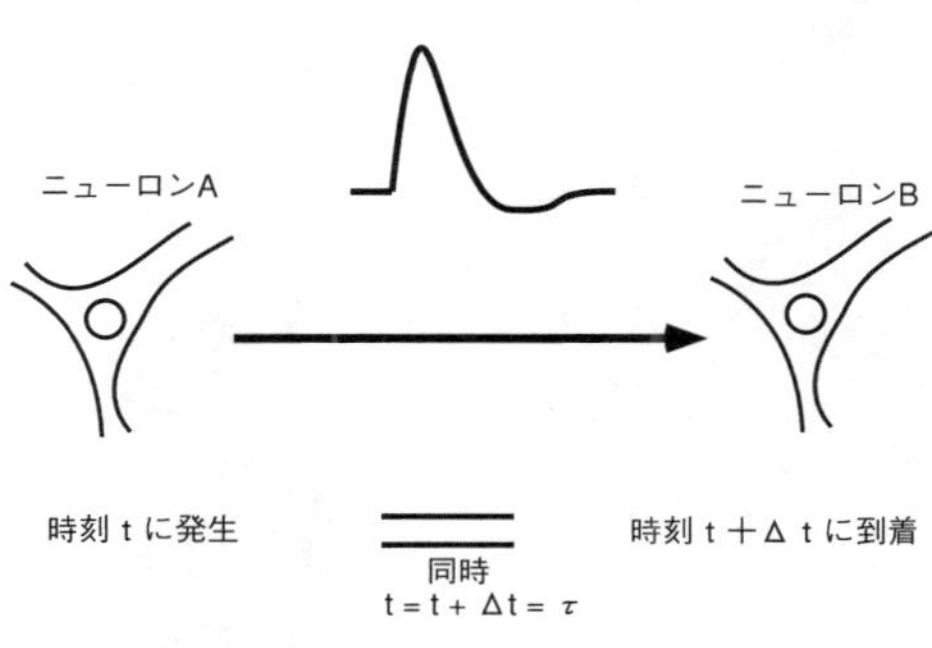


図12　相互作用同時性

ことが示せる。

《相互作用同時性の原理＝ある二つのニューロンの発火が相互作用連結な時、相互作用の伝播の間、固有時は経過しない。すなわち、相互作用連結なニューロンの発火は、（固有時τにおいて）同時である》

右の原理をわかりやすく言い直そう（図12）。例えば、ニューロンAがニューロンBにシナプス結合しているとする。時刻t＝0秒において、ニューロンAが発火したものとする。アクション・ポテンシャルは、ニューロンの細胞体の軸索丘で生成されることが多いので（軸索丘における発火のしきい値が低いから）、仮に軸索丘で生成されたものと仮定する。アクション・ポテンシャルがシナプス前側に達し、その結果神経伝達物質が放出され、ニューロンB側のレセプターに結合し、その結果EPSP（興奮性シナプス後側膜電位）が発生し、樹状突起を伝わって、ニューロンBの軸索丘に達したとする。そして、このEPSPの影響が、他の因子（その中には、ニューロンA以外のニューロンの発火や、ニューロンAがt＝0以外の時刻に発火した影響も含む）と相乗して、ニューロンBを発火させたとする。すなわち、ニューロンBが、ニューロンAの時刻t＝0における発火によって、正の影響を受けて、その結果発火したとする。その時刻が、例えばt＝10ミリ秒であったとしよう。

この時、ニューロンAの時刻t＝0における発火と、ニューロンBの時刻t＝10ミリ秒における発火は、固有時τとしては同時なのである。すなわち、

「t＝0」（ニューロンA）＝

「t＝10ミリ秒」（ニューロンB）＝

「τ＝0」（ニューロンA、ニューロンBに共通な固有時）

ということになるのである。すなわち、「時間」（t）が経過しているのに、「時間」（τ）が経過していない。

右の結論は、常識に反するように思われるだろう。だが、私たちが認識の要素を「ある心理的瞬間における相互作用連結なニューロンの発火のクラスター」と定義した以上、この結

論は必然なのである。

例えば、私たちの脳の高次視覚野で、「薔薇」ニューロンが発火したとしよう（図13）。私たちの採用している相互作用描像の下では、「薔薇」ニューロンが「薔薇」ニューロンたるゆえんは、それが「薔薇」に対して反応選択性を持っているからではなく、網膜上の末端のニューロンからLGNを経て、今問題にしているITの「薔薇」ニューロンへ至る相互作用連結なニューロンの発火のクラスター全体が、「薔薇」という認識の要素となるからであった。ところで、私たちの心の中で、「薔薇」という認識は、ある心理的な瞬間に成立する。末端のニューロンから、ITのニューロンまで信号が伝達するのに有限の時間がかかるからといって、私たちの「薔薇」という認識が、「じわじわ」と時間をかけて成立するわけではない。すなわち、「薔薇」という認識を構成する一連のニューロンの発火は、心理的時間においては、「同時」であると見なされなければならない。これこそが、「相互作用同時性の原理」が主張していることなのである。

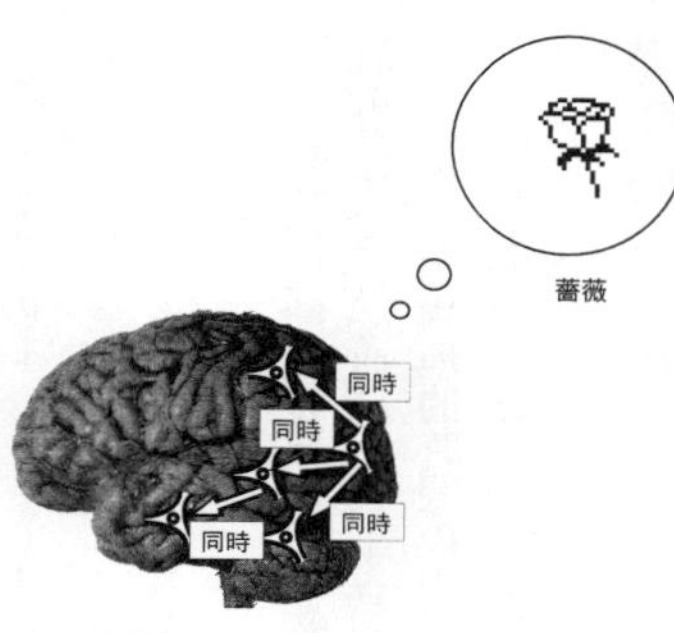

図13　「薔薇」ニューロンと相互作用同時性

「薔薇」という認識が「高次」すぎるというのならば、色の認識でもよい。色の恒常性を満たす色覚が成立するには、V4のニューロンまで待たなければならない。だが、私たちがある景色を見る時、視野内の各点における「色」は、その瞬間に認識として成立している。網膜からV4までの信号伝達に時間がかかるからといって、「じわじわ」と「色」の認識がわき上がってくるのではない。

相互作用同時性の原理は、物理的時間の中では有限の時間をかけて伝わっていく末端から高次野に至る一連のニューロンの発火を、認識の要素として、ある心理的瞬間に割り当てる。つまり、物理的時間の中ではじわじわと伝わっていく因果の連鎖を、心理的な時間の中では、「瞬間」へと圧縮して写像してしまうということになる。どんなに奇妙に思えても、このことは、右に見たように、私たちが相互作用描像で認識要素を定義したことの必然的な結果なのである。

## 10　認識は、非局所的なプロセスである

認識の要素を相互作用連結性に基づいて定義することにより、直ちに導き出されるもう一つの帰結は、認識のプロセスが、必然的に脳の中の非局所的なプロセスとなるということである。

ここで、私たちは、「非局所的」という言葉の意味を、きちんとより厳密に検証する必要があるだろう（図14）。すなわち、私たちが「非局所的」という時には、それは、あくまで

も、ニューロンの発火が埋め込まれている物理的な空間の中で、離れた点に存在するニューロンの発火がお互いに関わりあって、認識の内容が決まってくるという意味である。つまり、「非局所的」という意味は、物理的空間の中では非局所的だということなのである。

一方、認識の時空の中ではどうだろうか？　私たちの描像の下では、物理的な空間の中ではお互いに離れたところにあるニューロンの発火が、相互作用連結性によって一つに結びつきあって、その結果一つの認識の要素を構成する。そして、認識の要素は、認識の時空の中では、一つの点を占めている（それが、認識の要素のそもそもの定義であった）。つまり、相互作用連結性によって結びつきあったニューロンの発火は、認識の時空の中では、局所的に表現されているわけである。認識が非局所的なのは、あくまでも物理的時空の中でのことであって、認識の時空の中では、認識はあくまでも局所的なプロセスなのである。

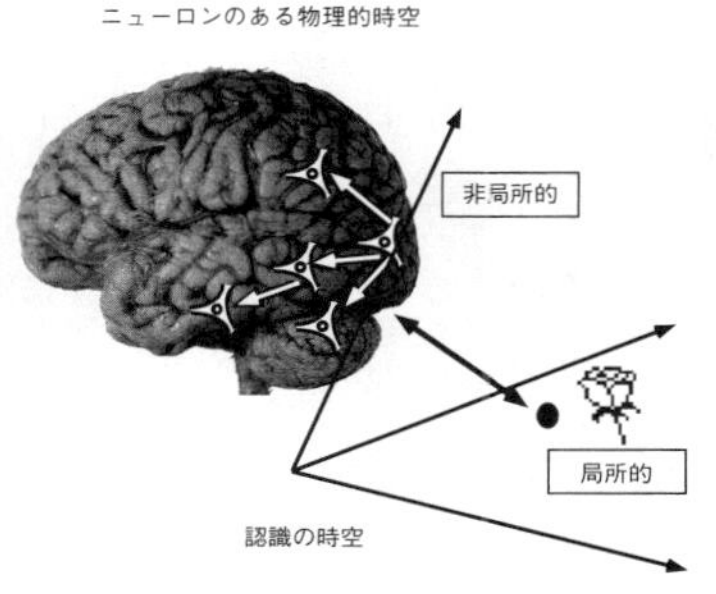

図14　非局所的なプロセスとしての認識

つまり、

認識を構成しているプロセス
＝物理的時空において非局所的なプロセス
＝認識の時空において局所的なプロセス

だということになる。

ここで重要なことは、「認識の時空において局所的なプロセス」というのは、単なるお話ではないということだ！　認識に関するどのような理論も、もしそれが現実の脳の中のニューラル・ネットワークのダイナミックスを反映したものでなければ、単なる絵に描いた餅に過ぎない。私たちが、世界をあるやり方で認識しているということは、私たちの脳の中のニューロンが、実際に、そのような認識に対応するダイナミックスで動いているということなのである。そのような、ダイナミックスを理解してこそ、初めて現実に、「人間のように考えるコンピュータ」（第七章参照）も実現できる。

私たちの認識を構成する要素が、先に議論したような、相互作用連結なニューロンの発火のクラスターとして、物理的な空間では非局所的に表現されるということは、「認識におけるマッハの原理」から出発する限り、ほとんど論理的必然である。もしこの結論を認めるのならば、脳の中のニューラル・ネットワークのダイナミックスは、（意識の中の認識という現象学的次元に言及することなく、純粋に技術的な、数学的観点から）このようなクラスターを単位として書けるはずなのである。脳の中の情報処理は、このようなクラスターを単位としたダイナミックスで実現されているはずなのだ。

いまのところ、このようなダイナミックスを実現している数学的構造としては、ロジャー・ペンローズが発案した「ツイスター」がある。ツイスターは、因果性の本質に則ってそれにふさわしい自然な時空構造を記述する。意識の非局所性は因果性と深く関係している可能性があるのだ。

## 11　再び結びつけ問題

　さて、右に見たように、相互作用連結性に基づく認識の要素の定義は、必然的に非局所的な認識のメカニズムへと結びつく。このことは、第一章で触れた、現在視覚において最大の問題とされている、いわゆる「結びつけ問題」を思い起こさせる。

「結びつけ問題」は、皮質のばらばらの領野において表現された視覚特徴が、統合され、私たちが見ているような一つの世界像になるメカニズムを問うものだった。皮質の（物理的空間という意味で）お互いに離れた場所にある視覚特徴が統合されるということは、そこに、何らかの（物理的空間という意味で）「非局所的」なメカニズムが働いていることを予感させる。

　もっとも、私たちの議論の中で、結びつけ問題はすでにその様相を変えていることに留意しなければならない。

　そもそも、結びつけ問題は、現在の神経心理学の通説的枠組みの中で定式化されたものである。そして、そのバックボーンとなるパラダイムとは、要するに反応選択性の概念であった（第二章参照）。すなわち、結びつけ問題は、それぞれの視覚特徴に対して反応選択性を持つニューロンの発火が、どのようにして統合されて一つの視覚像になるのかという問題だったわけである。例えば「赤いなめらかな花」という視覚像の場合、「赤い」、「なめらかな」、「花」というそれぞれの視覚特徴に対して反応選択性を持つニューロンの発火が、どのように統合されるかが問題だったわけである。この描像の下では、それぞれの視覚特徴は、「局所的」に表現されている。だからこそ、それを統合するメカニズムとして、(局所的な)ニューロンの発火どうしが同期によって統合されるという「同期発火説」のような説が出てきたわけである。

しかし、認識の要素を、相互作用連結な一連のニューロンの発火として表現しようという私たちのパラダイムの下では、そもそも、すでに視覚特徴は非局所的に表現されている。例えば、「赤いなめらかな花」という視覚像の場合、「赤い」、「なめらかな」、「花」というそれぞれの視覚特徴は、それぞれ末端の網膜の神経節細胞から始まる、一連の相互作用連結なニューロンの発火として表現されているわけである。したがって、これらの視覚特徴を「統合」すると言っても、その意味は、「反応選択性」に基づく描像の場合と、まったく異なるものになってくる。

ここで、「結びつけ問題」を解決する上で、私たちの視覚が、網膜位相保存的な枠組みにおいて行われていることが重要であるという考えを思い起こそう(第一章第8節)。すなわち、「赤いなめらかな花」という視覚像は、「赤い」、「なめらかな」、「花」というそれぞれの視覚特徴が、網膜位相保存的な視野の中で、同一の場所を割り当てられているからこそ、統合されているのであった。つまり、視覚特徴に、自動的にある網膜位相保存的な視野の中でのアドレスが与えられているわけである。

　このことは、この章での認識の要素の定義と一致する。すなわち、「赤い」、「なめらかな」、「花」というそれぞれの視覚特徴は、網膜上の末端ニューロンの発火から、それぞれの特徴に特有な視覚領野のニューロンの発火に至る、一連の相互作用連結なニューロンの発火として実現されている。そもそも、視覚特徴には、網膜上のアドレスが付随しているわけである。したがって、この描像の下では、視覚特徴が、網膜位相保存的な視野上のアドレスに基づいて整理され、統合されることは、当然であるということになる（図15）。

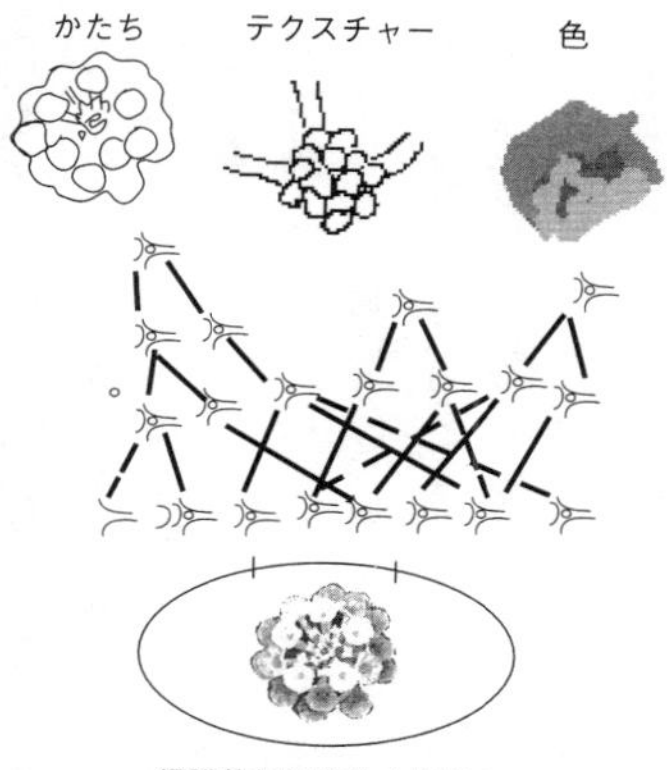

　つまり、この章で議論してきたような、

《認識の要素＝相互作用連結なニューロンの発火》

という描像の下では、そもそも「結びつけ問題」は、「問題」ではなくなるのである。結びつけ問題は、「反応選択性」という誤った概念に基づいて視覚特徴を考えるからこそ生じる、一種の見かけ上の人為的効果（artifact）なのだ。



図15　結びつけ問題における、網膜位相保存的なアドレスの役割

もちろん、右の話は、あくまでもスケッチ程度のものだ。結びつけ問題が解かれたと見なされるためには、まだまだ問題点が残っていることを認めなければならない。

例えば、このような議論は、網膜の位相が視覚特徴にとってのアドレスとして機能していることを前提としている。この点については、第四章で触れるが、認識の時空がどのように形成されるのかについては、本質的な点で、まだまだわからないことがたくさんある。

もう一つの問題点は、視覚系においては、一般に高次視覚野から低次視覚野への逆方向結合（recurrent connections）がかなり見られることである。例えば、V1からLGNへの逆方向結合は、LGNからV1への順方向結合のほぼ一〇倍あると言われている。このような逆方向結合が視覚においてどのような役割を果たしているのかは、視覚研究における残された謎の一つである。

さらに、最も重要な課題として、結びつけ問題を解決しているニューラル・ネットワークのダイナミックスを、きちんと数学的に記述するという問題がある。この定式化が成功して、初めて、結びつけ問題は、客観的な科学の対象になることになる。この数学の基礎となるのが、認識の要素＝相互作用連結なニューロンの発火のクラスターが、ダイナミックスの要素となるという描像なのである。

## 12　この章までの議論は論理的必然である

最後に、この章の議論の流れを振り返ろう。この章の議論の流れを示すと次のようになる。

あるニューロンの発火が認識の中で果たす役割は、反応選択性によっては決まらない（統計的議論は一般に使えない）。

←

あるニューロンの発火が認識の中で果たす役割は、他のニューロンの発火との相互関係によってのみ決まる（認識におけるマッハの原理）。

←

認識の要素は、「相互作用連結なニューロンの発火のクラスターである」と定義すると、認識におけるマッハの原理を満たすように認識とニューロンの発火の間の関係を定式化できる。

←

反応選択性のパラダイムの下では深刻な問題だった結びつけ問題は、新しい認識の要素の定義の下では、自然に解決される（ただし、まだ残された問題がある）。

私が強調したいのは、このような議論の流れは、ほとんど論理的に必然的な流れであるということである。私たちの認識が、もしニューロンの発火によって支えられているとすれば（認識のニューロン原理）、認識の要素は、必然的に、単独のニューロンではなく、相互作用によって結びつけられたニューロンの発火のクラスターでなければならないのである。このような描像を数学的にきちんと表現するのが現時点でどんなに困難であれ、認識とニューロンの発火の関係、ひいては心と脳の間の関係を解明する道は、この方向以外にないのである。

第一章から第三章までの議論で、私は、そのことを示したかったのである。

本章で、認識の要素の定式化に比べて、それと表と裏の関係のはずの認識の時空についての記述が少なかったのは、偶然ではなく、いまだ本質的な点でわからないことがたくさんあるからである。特に、ニューロンの発火のパターンから、認識の空間がどのように構成されるかということについては、まだほとんどわからない。ただ一つ確かなことは、第4節で定式化した相互作用連結性にも見られるように、興奮性結合と抑制性結合の差が、重要な意味を持つであろうということだ。イメージとしては、抑制性結合＝負の相互作用連結性によって、認識の空間の中における「点」の分裂が起こる。抑制性結合によって結ばれた二つのニューロンの発火のクラスターは別の点と見なされるわけだ。こうして、抑制性結合の存在が、認識の行われる空間の「広がり」を与えている。このようなシナリオになると思われるが、まだまだ詳細はわからない。

一方、認識の行われる枠組みとしての時間については、かなり確かなことが一つある。すなわち、第9節で導入した「相互作用同時性」である。「相互作用同時性」の考え方がかなり確からしいということは、相互作用連結性に基づく認識の要素の定義からそれが必然化されるからというだけでなく、もう一つ強力な理由がある。すなわち、相互作用同時性は、より根源的な「因果性」（causality）の要請から導かれるということである。さらに、心と脳の関係の問題とは直接関係はないが、相互作用同時性は、相対性理論の公理的構成について、新しい見方を示唆する。

そして、相互作用同時性は、私たちの心の中の「時間の流れ」の起源が何なのかについて、ある程度の見通しを与えてくれるのだ。

それでは、次章では、「相互作用同時性」についてより詳しく見ていこう。

# 第四章　相互作用同時性の原理

ここで一つ注意すべきことがある。それは、このような数学上の記述は、「時間」をどのように考えるかを明確にしない限り、物理的には無意味だということである。時間が関係する我々のすべての判断は、常に同時に起こる事件についての判断なのである。

——アルベルト・アインシュタイン
一九〇五年の相対性理論の最初の論文より

## 1　私たちの心の中の時間

「時間」とは何かという問題は、すべての哲学的な問いの中でも最も深遠なものの一つだ。私たち人間は、いつかは死ななければならない。人間の一生は、死に向かっての準備の過程であるといってもよい。「死」は、時間の流れとともに森羅万象に訪れる避けられない変化の一つである。「死」の謎が、時間の流れの謎と切り離せないものであることは確かだ。

例えば、私は、「死後の生」についての、よく見られる安易な議論が理解できない。死んだ「後」の生だって？　その「後」というのは、どういう意味なのだろう？　私が生きている時に流れている時間と、同じような時間が私が死んだ「後」にも流れていて、その「後」の時間に私の「生命」があるという意味なのだろうか？　あるいは、そのような時間の流れとは無関係に、この宇宙とは無関係に、「虚空のどこか」に、私の「死後の生」があるという意味なのだろうか？　「死後の生」があるにせよないにせよ、その議論を、「時間」についての通常の理解を前提に行うのは、あまり私の興味を引かない。いずれにせよ、「私」や、「生」や「死」と、「時間」の間には、未解決の深い謎が残されている（第九章「生と死と私」を参照）。

私たちの「心」の中の時間が持つ性質がどのようなメカニズムで生じるのかということは、脳と心の問題を考える上で最大の問題の一つだ。例えば、私は、なぜ、過去は覚えているが、未来は覚えていないのだろうか？　未来は自分の自由意志である程度自由に変えられるように思えるのに、なぜ、過去は変えられないように思われるのだろうか？（第十章「私は「自由」なのか？」を参照）。私の心の中で、「今」は、どれくらいの長さを持っているのだろうか？　時間が、「少し前の過去」から、「現在」、「少し後の未来」へと、なめらかに継ぎ目なく流れるように思えるのはなぜだろうか……。

私たちは、前章で、認識の要素が相互作用連結なニューロンの発火から構成されるという「相互作用描像」を議論する中で、「相互作用同時性」の原理に到達した。記憶を新たにするためにその内容をもう一度記せば、

《相互作用同時性の原理＝ある二つのニューロンの発火が相互作用連結な時、相互作用の伝播の間、固有時は経過しない。すなわち、相互作用連結なニューロンの発火は、（固有時τにおいて）同時である》

というものであった。

私は、この章で、まず、この原理がより一般的な「因果性」という要請から導き出されることを示す。そして、この原理は、第三章でニューラル・ネットワークについて定式化されたものが、より広く、一般的なシステムについて成立するための原理であることを示す。続いて、相互作用同時性の原理が、私たちの心の中の時間の流れ、すなわち、心理的な「現在」がある程度の時間幅を持つことや、時間が過去から未来に向かってスムースに流れるといった基本的な性質をいかに説明するかを見る。

相互作用同時性の原理は、相対性理論との関連性を持つ。とりわけ、相対性理論の公理的構成について、新しい洞察をもたらす。さらに、相対論的な時空の描像は、最終的なものだとは見なされず、特に量子力学的な非局所性との関係で、いまだ暗闇に潜んだままの未知の数学的構造があるだろうという見通しを述べる。このことは、特に、意識が、非局所的な計算のプロセスを持つように見えることと関連するので、重要である。

それでは、まず、因果性から考察を始めよう。

## 2　因果性とは？

二〇世紀は、物理学の世紀だったと言ってもよい。いくつかの発展が行き詰まったかに見える分野においては、物理学者たちはやることがなくなって困っているが、依然として、究極の自然法則のモデルは、物理学に求められる。例えば、分子生物学について言えば、その圧倒的な発達にもかかわらず、いまだに、それが深遠な自然についての理解を構成するのかどうかについて、疑問を持つ人は多い（私もその一人である）。それは、断片的な知識の寄せ集めではないかというわけである（実際、『ネイチャー』の編集長を長くつとめたジョン・マドックスは、「分子生物学はいったい科学と言えるのか？」という記事を書いているほどである）。

では、なぜ物理学は、自然科学の中でも理想的なモデルとみなされるのだろうか？

それは、私たちが世界を理解する時に、最も重要で基本的とみなす批評基準（criteria）を、物理学が満たしているからに他ならない。その批評基準のうち、最も重要なものの一つが、「因果性」（causality）である。ある自然法則が、因果性を満たすものかどうかということは、その自然法則の価値を判断する重要な材料となる。というよりも、因果性を満たさない自然法則は、自然法則ではないということになるだろう。

では、それほど大切な、因果性とは何か？

自然法則において、記述の対象になるのは、一つのシステムである。例えば、一個の自由粒子もシステムだし、箱に閉じ込められた気体分子もシステムだし、また、一つの細胞もシステムである。システムの中には要素があり、要素の間の相互作用が、システムの時間的な発展の様子を決める。システムの中には要素があり、さて、因果性とは、現在のシステムの状態が与えられた場合、それから少し時間が経過した時のシステムの状態は、現在におけるシステム内の要素、およびその間の相互作用によって記述されなければならないという要請である。言い換えれば、現在のシステムの状態が、「原因」となって、少し時間が経過した後のシステムの状態が「結果」として実現されるというイメージだ。このような形でシステムの時間発展が記述できた時、私たちは、その自然法則を「因果的」だと呼ぶ。

このような意味での一般的な因果性は、およそ私たちが自然法則と呼ぶすべてのモデルによって満たされているといってよいだろう。

注意すべきことは、因果性は、自然法則が決定論的か、非決定論的かにかかわらず成立するということである。例えば、ニュートン力学は決定論的であり、ある時刻のシステムの状態がわかれば、未来永劫に至るまで（システムの外部からの影響によってシステムが擾乱されない限り）、システムの状態を予言することができる。一方、量子力学は非決定論的であり、現在のシステムの状態がわかっても、未来におけるシステムの状態は、確率としてしかわからない。しかし、ニュートン力学においても、量子力学においても、少し時間が経過した時のシステムの状態が、現在のシステムの状態によって、またそれだけによって決定されることには変わりがない。その意味では、ニュートン力学も量子力学も因果性を満たしているのである。

（量子力学の非決定性については、誤解が生まれやすい。特に、「自由意志」の究極の起源を、量子力学に求める議論がしばしば見られるが、これは間違いである。量子力学は、むしろアンサンブルのレベルでの決定論的法則であると考えた方が、適切である。このことは、第十章「私は「自由」なのか？」の中で詳しく論じる。）

## 3　因果性の要請

さて、今後の議論のために、因果性の概念をもう少しきちんと定式化しておこう。

右にも述べたように、あらゆる自然法則において記述の対象となるのは、一つのシステムだ。ここでシステムとは、全宇宙のことであったり、前章で導入した相互作用連結なニューロンの発火のクラスターであったり、あるいは一つの社会であったりする。その時の必要に応じて、適当なシステムを選ぶわけである。

さて、システムには、枠組みとしての時間、空間、そして、その中の要素、および要素の間の相互作用が存在する。この、（時間、空間、要素、相互作用）の四点セットを決めないと、システムの時間的な発展を記述することはできない。つまり、この四点セットが、自然法則における記述の枠組みとなるわけである。

では、記述の枠組み（時間、空間、要素、相互作用）は、どのようにして決定されるのであろうか？　この、記述の枠組みを決定する原理こそが、因果性なのである。

《因果性＝そのシステムのある時刻$\tau$における状態が与えられた時、その状態によって、またその状態のみから、その系の$\tau+d\tau$（微小時間後）における状態を導出できるという原理である》

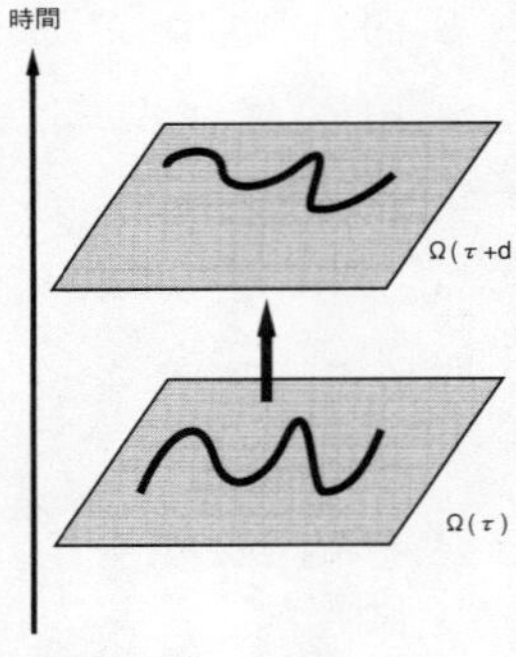

図１　因果性

ここで、時刻$\tau$におけるシステムの状態を$\Omega(\tau)$と表すことにすれば、因果性は、シンボリックに、

$$\Omega(\tau) \rightarrow \Omega(\tau+d\tau)$$

と表すことができる（図1）。

あるいは、

《$\tau$における系の状態（原因）→$\tau+d\tau$における系の状態（結果）》

と表してもよい。

## 4　相互作用同時性の原理は、因果性から導かれる

右のように因果性を定式化しておくことのメリットの一つは、それによって、システムを構成する「四点セット」、すなわち（時間、空間、要素、相互作用）が、どのように構成されなければならないかが指定されることである。

私たちは、（時間、空間、要素、相互作用）という自然法則における記述の枠組みは、そもそも法則を立てる時の前提であって、あらかじめ与えられるものであると考えがちである。例えば、時間や空間の性質はあらかじめ決まっていて、自然法則はそれを前提に出発すると考えがちだ。

しかし、第一章からの議論の中で論じてきたように、認識においては、見る、聞く、触れる、味わう、嗅ぐという各感覚のモダリティにおいて認識が成立する空間や時間の枠組みがどのように作り上げられるかということこそ、本質的なのである。このような問題意識の下では、（時間、空間、要素、相互作用）という記述の枠組み自体が、どのように構成されるかということが決定的な問題になってくる。

因果性の要請は、このような、記述の枠組みの構成に際して、本質的な拘束条件を与え

る。時間や空間の枠組み、そしてその中に埋め込まれている要素、および、要素がお互いにどのようなモードで相互作用し合うかという枠組みは、前節で定義した因果性を満たすようなものでなければならない。もし、時空構造が因果性を満たさないとすると、それは、私たちが直観的に持っている時間や空間とは似て非なるものになってしまう。そのような時空に「世界」や「意識」を託すことはできない。

相互作用同時性は、(時間、空間、要素、相互作用)の枠組みのうち、時間の構成法を与える原理である。そして、実は、相互作用同時性は、因果性からただちに導かれるのである。

なぜか?

ニュートンは、重力の相互作用は、無限の空間を瞬間に伝わると考えていた。だが、実際には、相互作用の伝播には、有限の時間がかかる。例えば、電磁相互作用の媒体である光子(photon)は、毎秒2億9979万2458メートルの速さで伝播する。一方、ニューラル・ネットワークでは、アクション・ポテンシャルは、最大毎秒約100メートルの速さで伝播する(アクション・ポテンシャルの伝播速度は、軸索がミエリンでおおわれているかどうかによって異なる。ミエリンでおおわれている有鞘神経の方が、伝播速度は速い。また、軸索の直径によっても異なり、直径が太い軸索の方が、伝播速度は速い)。このように、相互作用の伝播に有限の時間がかかることは、記述の枠組みとしての時間の構成に、重大な影響を与えるのである。その影響を表したのが、相互作用同時性の原理なのだ。

以下では、因果性を満たすように構成された時間を、第三章と同じように固有時と呼び、それ以前の、座標としての時間を座標時と呼ぶことにしよう。そして、固有時はτ、座標時はｔで表すものとする。

もう一つ、技術的な用語を定義しなければならない。私たちは、空間の三次元と、時間の一次元を足した四次元の時空を考え、要素の時間発展や、相互作用が伝播していく様子を、この四次元の時空の中で考えるものとする。この時、要素や相互作用が四次元の時空の中で描く軌跡を、世界線（world line）と呼ぶことにする。

さて、相互作用の伝播に、座標時ｔから見て、有限の時間がかかったとしよう。つまり、相互作用は、瞬間のうちに無限遠まで伝わるのではなく、座標時ｔから見て、ある時間が経過しないと（もちろん、必要な時間は、要素と要素の間の距離によって変わる）伝播されないとしよう。この時、この相互作用の世界線は、固有時τから見ると、同一の時刻の中に含まれなければならない。別の言い方をすれば、相互作用の世界線に沿っては、固有時間が経過してはならない。これが、相互作用同時性の原理の別の表現である。

《相互作用同時性の原理＝相互作用の世界線に沿っては、固有時は経過しない》

このように固有時を構成しないと、因果性が満たされないのである。

相互作用同時性の原理を仮定しないと、因果性の見地からどのような困ったことが起こってくるかを考えてみよう（図2）。

今、二つの要素A、Bからなるシステムを考えよう。このシステムの時間発展について考える。

まず、座標時tで考えるとどうなるか？　もし、相互作用の伝播に有限の時間Δtがかかるとすると、時刻tにおけるAの状態、A(t)に達する相互作用の世界線はB(t−Δt)から出ることになる。一方、B(t)に達する相互作用の世界線は、A(t−Δt)から出ることになる。したがって、微小時間∂t後のシステムの状態、(A(t+∂t), B(t+∂t))を導き出すには、時刻tにおけるシステムの状態、(A(t), B(t))のみならず、時刻t−Δtにおけるシステムの状態、(A(t−Δt), B(t−Δt))をも考慮しなければならない。すなわち、時刻t+∂tにおけるシステムの状態を導出するためには、時刻tにおけるシステムの情報のみならず、時刻t−Δtにおけるシステムの情報も必要になるわけである。

別にそれで困らないじゃないかと思うかもしれないが、この状況下では、

《時刻tにおける系の状態によって、また、それのみから、時刻t+∂tにおける系の状態が導き出される》

という命題が成立しない。すなわち、因果性の要請が満たされないわけである。

一方、相互作用同時性に基づき、固有時τを構成してみよう（図3）。

この時には、B(t−Δt) からA(t) に達する相互作用の世界線に沿っては、固有時は経過しない。すなわち、

《B(t−Δt) とA(t) は (固有時において) 同時》

である。また、逆に、A(t−Δt) からB(t) に達する相互作用の世界線に沿っても、固有時は経過しない。すなわち、

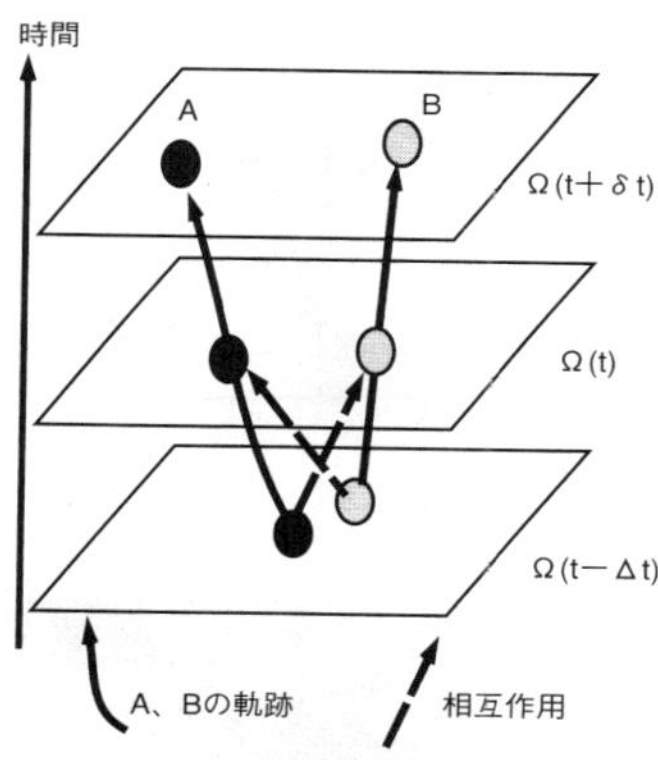


図2　因果性が満たされない場合

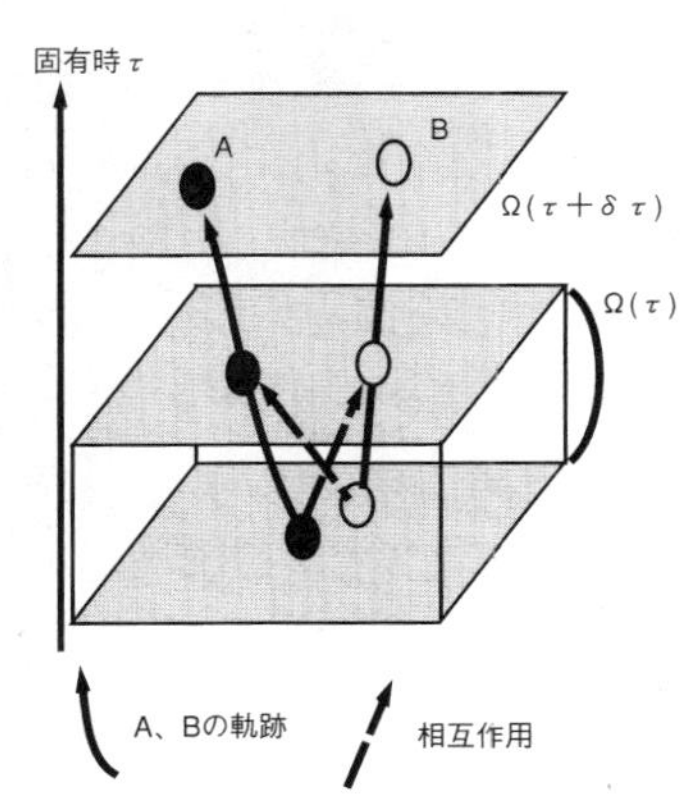


図3　相互作用同時性により、因果性が満たされる

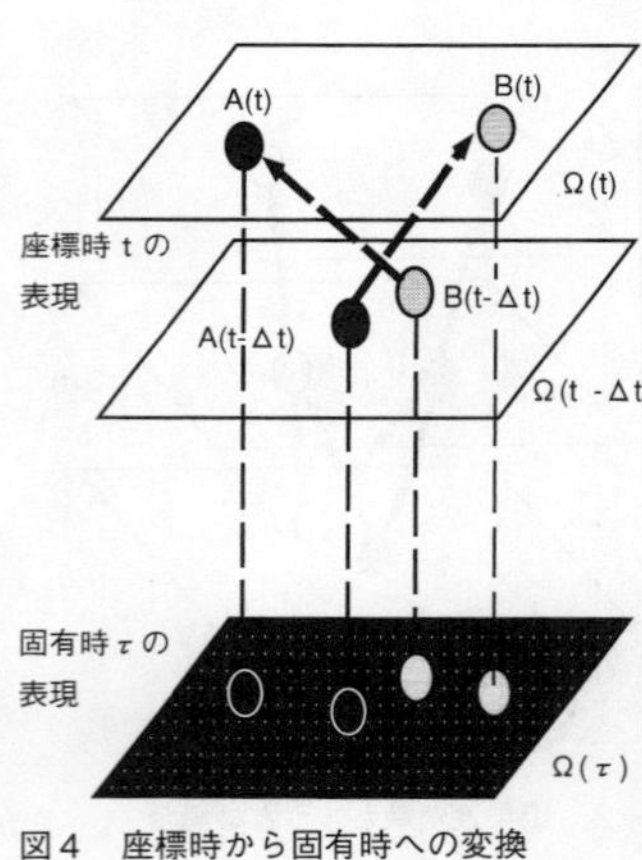


図４　座標時から固有時への変換

《A(t−Δt) とB(t) は（固有時において）
同時》

である。

こうして、B(t−Δt) とA(t)、A(t−Δt) とB(t) には、同じ固有時が割り当てられることになる。

問題は、A(t) とB(t) の間の関係をどう考えるかだ。A(t) とB(t) は、座標時でいうと「同時」の、時刻tが割り当てられている。しかし、両者の間には、相互作用は存在しない。もし、A(t) とB(t) の間に相互作用が存在するとすると、その相互作用は瞬間的に伝播しなければならないことになるからだ。A(t) とB(t) は、相対論の枠組みでいうと、「空間的に離れた」関係にある。このような関係にある要素にどのように固有時を割り当てたらよいかということについては、いくつか微妙な問題点がある。

とりあえず、A(t) とB(t) に、同じ固有時τを割り当てるとしよう。すると、結局、A(t−Δt)、B(t−Δt)、A(t)、B(t) のすべてに、固有時τが割り当てられることになる。

こうして、座標時から固有時への変換は、

$$(A(t-\Delta t), B(t-\Delta t), A(t), B(t)) \rightarrow (A^*(\tau), B^*(\tau), A(\tau), B(\tau))$$

となる（図4）。

ここに、$A^*(\tau)$、$B^*(\tau)$ の右肩についた＊マークは、それぞれ$A(t-\Delta t)$、$B(t-\Delta t)$ が固有時τに割り当てられた時に、$A(t)$、$B(t)$ が変換された$A(\tau)$、$B(\tau)$ と区別するために付けられている。すなわち、$A^*(\tau)$、$B^*(\tau)$ は、「相互作用を出す側」であり、$A(\tau)$、$B(\tau)$ は、「相互作用を受け取る側」である。こうして、相互作用同時性の枠組みの下では、同じ固有時に割り当てられた要素は、「相互作用を出す側」と「相互作用を受け取る側」の二つの側面をもつことになる。このような曖昧さは、相互作用同時性に基づく時空の構築の下では、避けられない性質の一つである。

このように固有時τを構成しておけば、因果性の要請、

$$\Omega(\tau) \rightarrow \Omega(\tau+d\tau)$$

が満たされることは、明白だろう。

## 5 世界の外側には、記憶装置はない

私たちは、前節で、相互作用同時性の原理が、因果性からの直接の帰結として導かれることをみた。すなわち、因果性の要求を満たすように時空構造を構築しようとすると、座標時tでは不適当で、相互作用同時性の原理に基づいて構築された固有時$\tau$を用いなければならないのである。この、

《因果性 ↓ 相互作用同時性》

という流れは、理屈としてはわかっても、なかなかぴんとこないかもしれない。そこで、相互作用同時性の原理の意味を直観的に理解するために、次のような議論をしてみよう。

座標時tを用いたとする。この時、ある時刻tにおけるシステムの状態$\Omega(t)$から、微小時間後$t+\delta t$におけるシステムの状態$\Omega(t+\delta t)$を求めようとすると、$\Omega(t)$のみではなく、$\Omega(t)$の中の要素へ相互作用を及ぼしている$\Omega(t-\Delta t)$の状態をも参照しなければならない。つまり、

$$\Omega(t-\Delta t),\ \Omega(t) \rightarrow \Omega(t+\delta t)$$

となるのであって、因果性を満たす固有時$\tau$の下での、

$$\Omega(\tau) \rightarrow \Omega(\tau+d\tau)$$

のようにはいかない。

それで、困らないじゃないかという人もいるかもしれない。$\Omega(t)$ から$\Omega(t+\delta t)$ を出す時に$\Omega(t-\Delta t)$ も必要ならば、$\Omega(t-\Delta t)$ の状態を「メモリー」の中に蓄えておけばよいじゃないかと。

確かに、例えばニューラル・ネットワークのシミュレーションにおいて、ニューロンからニューロンへの相互作用伝達（アクション・ポテンシャルの伝播）の遅れを考慮する時に、誰も相互作用同時性や、固有時など用いない。この時、行われることは、右の反論のように、少し前の系の状態を、「メモリー」に蓄えておくことだ。

しかし、このようなことができるのは、シミュレーションにおいては、コンピュータにメモリーが用意されているからだ。つまり、時刻$t$における状態から、時刻$t+\delta t$における状態を出す時に、時刻$t$の状態だけでなく、時刻$t-\Delta t$の状態もメモリーに記憶されているからである（多くの場合、簡単のため、$\delta t = \Delta t$とされる）。したがって、記憶スペースさえあれば、相互作用伝達の間に時間が経過しても困らないように思われる。しかし、ここで注意しなければならないのは、世界には、外部記憶装置はないということである。禅問答のようであるが、ある時刻の世界にとって、存在するのは、その世界だけであって、それ以外の「記憶スペース」などないのだ（図5）。

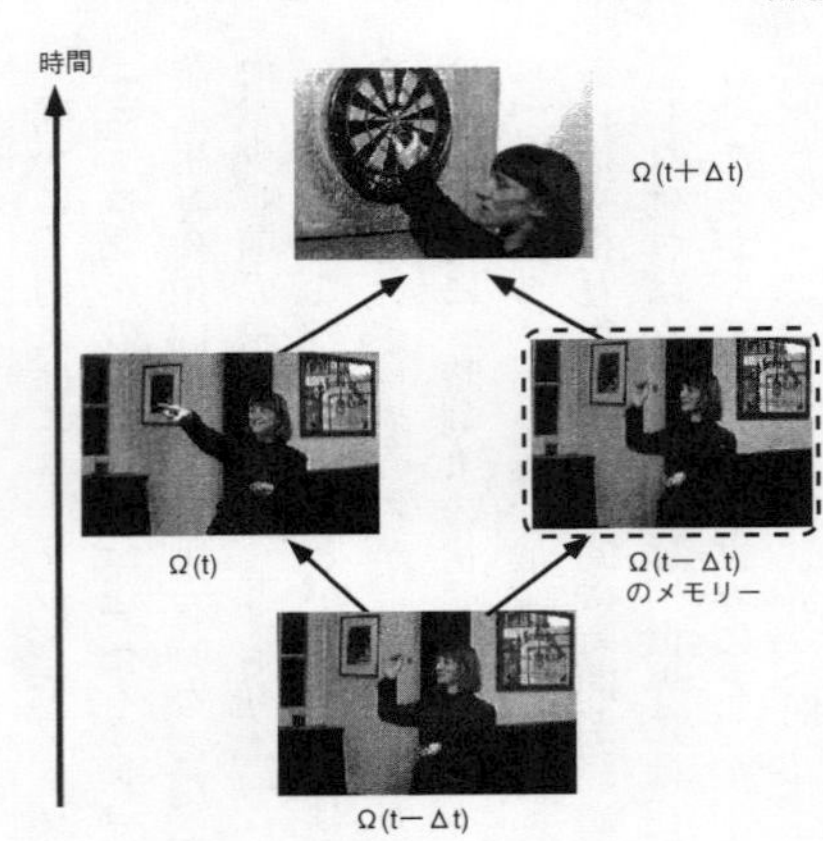


図5　世界の「外」に、記憶装置はない

世界が因果的に時間発展しているとすれば、ある時刻における世界は、その状態だけで、「少し後」の時刻における世界を、導き出さなければならないのである。なぜならば、誰も、「少し前」の時刻の世界の様子を覚えておいて、こっそり教えてくれたりはしないからだ。世界は、自分自身だけで、過去から未来へと発展していかなければならないのだ。これが、因果性ということの内容だ。世界は、そういうふうにできている。そして、右のような意味での因果性が満たされるためには、相互作用が伝播する間に時間が経過してはならないのだ。

このように、相互作用同時性の原理は、因果性の要請から直ちに導かれて来るのである。つまり、相互作用同時性の原理は、我々が思い描いているような、世界のあり方（世界はあくまでもそれ自体で世界であって、その外に「記憶装置」などないということ）を保証するために、どうしても必要なのである。

相対性理論において、光の伝播する世界線に沿って固有時が経過しないという結果はよく知られている。例えば、一〇億光年先の銀河からの光を私が見ているとしよう。私は、その時、固有時τで言えば、「同時」の現象を見ているわけである。よく、「一〇億年前に銀河が消えたとしても、そのことにやっと今気がつく」などと言われることがあるが、それは、あくまでも座標時tでの話である。しかし、自然法則にとって本質的な時間は、固有時τなのだ。なぜならば、それは、因果性を満たす唯一の時間だから。したがって、私が見ている一〇億光年先の銀河は、あくまでも、「今」の銀河なのである。

宇宙から降り注ぐ中間子の寿命を決めているのは、固有時τだ。もし、私が光速に近い速度で移動したとすると、その時私の寿命を決めるのは、固有時τだ。私の脳の中のニューロン、体の細胞、細胞の中の生体分子の動きを支配しているのも、固有時τだ。もちろん、時計の進み方を決めるのも、固有時τだ。固有時は、座標時よりも、自然法則においてははるかに本質的なのである。したがって、「一〇億光年先」の銀河から届いた光を見ている私は、「今」の銀河を見ているのであって、「一〇億年前」の銀河を見ているのではない。そう考えた方が、よほど合理的なのだ。

（この例で示されるように、相互作用同時性の下で構築された時空は、興味深い一つの特徴を持っている。すなわち、すべての相互作用が、固有時から見ると、瞬間的に、すなわち、無限の伝播速度で伝わるということである。相互作用の世界線に沿っては固有時は経過しないのだから、当然このようなことになるのである。こうして、いったんは否定されたはずの瞬間的な遠隔相互作用が見かけ上復活することになるのである。)

このように、世界は、座標時 t ではなく、固有時 τ によって支配されている。そして、その根源的な理由は、世界は、世界が因果的にできていることなのである。座標時 t をどうしても用いようと思ったら、世界のために、外部に記憶装置を用意しなければならない。しかし、そんな巨大なメモリーなど、宇宙のどこにもないのだ。

## 6　私は、私の脳を外部からは観察できない

相互作用同時性の原理について、混乱しやすい点の一つは、相対性理論との関係である（この点については、後の第11節でさらに詳しく論じる）。

よく見られる反論は、相対性理論における光の速度は「光速度一定」に見られるように絶対的な意味を持っているが、ニューロンの間の相互作用を媒介するアクション・ポテンシャルの伝播速度には、絶対的な意味はないではないかというものである。そもそも、アクション・ポテンシャルの伝播速度は、一定の値をとらないではないかというわけだ。

確かにアクション・ポテンシャルの伝播速度は、一定ではなく、軸索がミエリンにおおわれているかどうか、軸索の直径がどれくらいかによって異なる（第4節を参照）。しかし、相互作用同時性の原理は、あくまでも、因果性の要請から導かれるのであって、相互作用の伝播速度が一定であるという公理から導かれるのではないのだ。アクション・ポテンシャル

の伝播速度が一定ではないことは、単に、相互作用同時性に基づいて構築される時空構造の性質に影響を与えるだけであって、相互作用同時性の原理そのものの妥当性とは、関係がないのである。

さらに言えば、もちろん、ニューロンの発火の集合から形成されるシステムには、ローレンツ不変性のような性質はない。しかし、そのことと、相互作用同時性の原理の妥当性とは、無関係だ。相互作用同時性の原理は、ローレンツ不変性とは独立に成立するのである。

相互作用同時性は、相対性理論の単なる再解釈ではなく、より一般的なシステムについて成り立つ原理なのである。相互作用同時性は、あるシステムの時間発展を、因果性を満たすように記述する時、どのような時間（固有時）のパラメータを用いなければならないかという拘束条件を与える原理なのだ。

相互作用同時性の性質については以上の通りであるが、私たちの目的は、あくまでも心と脳の関係を理解することである。相互作用同時性がどんなに一般的な原理でも、それが、心と脳の間の関係について何らかの洞察をもたらさなければ意味がない。

相互作用同時性の原理が、心の問題に関連して持つ深い意味は、次のような反論を考えてみるとわかる（図６）。

ニューロンの発火からなるシステムに相互作用同時性を適用することの意味は、物理的時間とは異なるニューラル・ネットワークの固有時が構成されることであった。この点について、こう反論することができるだろう。

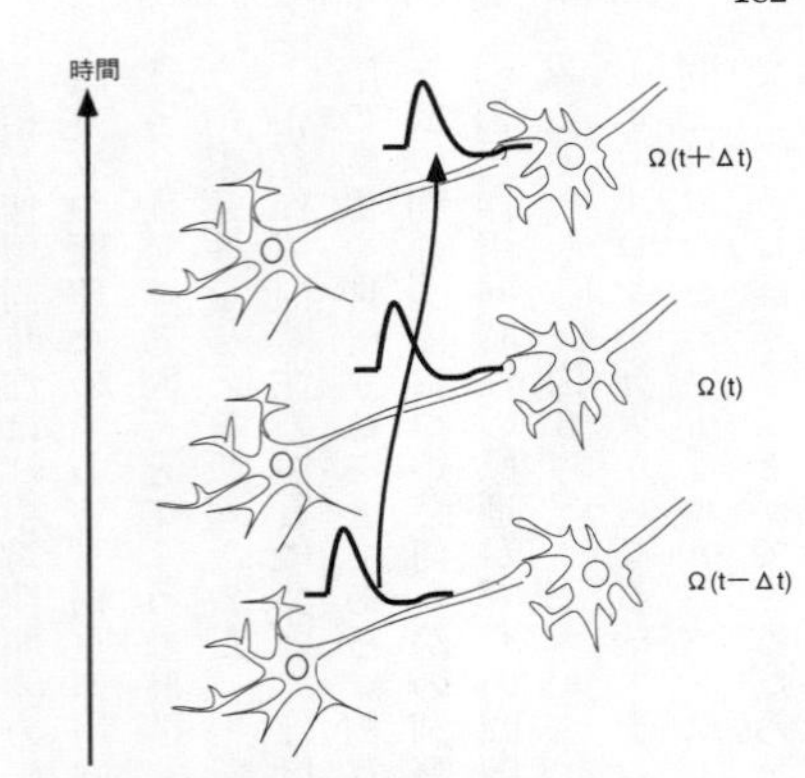


図６　相互作用同時性に対する反論

《相互作用同時性の原理に対する反論》

ニューラル・ネットワークを因果的に記述しようとしたら、物理的時間で十分である！

確かに、ニューロンの発火の時間的発展の様子を、ニューロンの発火だけを変数として、因果的に記述しようと思ったら、相互作用同時性に基づく固有時を用いなければならない。だが、私たちは、脳の中の様子を観察して、ニューラル・ネットワークが変化していく様子を、細かく記述することができる。例えば、シナプスで神経伝達物質が放出され、それがシナプス間隙の空間をブラウン運動して、やがて受容体に結合する様子だって記述することができる。樹状突起の膜電位の変化が細胞体に伝わっていく様子だって、時々刻々と記述することができる。このような記述は、因果性の要求を満たす。しかも、このような記述をしようと思ったら、物理的時間で十分だ。ニューラル・ネットワークの「固有時」を問題にする要請は、必ずしもないのではないか？

確かに、もし、脳の中のニューロンの様子を、脳の外から、時々刻々と観察して、その分子的メカニズムの詳細を把握することができたら、別にニューラル・ネットワークの固有時などを構成しなくても、物理的時間で十分だということになるだろう。たとえ実際的にはとても不可能だとしても原理的には可能なのだから、このような反論は、十分可能である。

しかし、右の反論は、私たちが、脳の外から、脳の中のニューロンの様子を観察することができるということを前提にしている。

私の「心」と脳の中のニューロンの発火の間の関係を考えるとどうか？　私の心は、私の脳の中のニューロンの発火に基づいて生み出されている。私の心は、あくまでも、

《認識のニューロン原理＝私たちの認識の特性は、脳の中のニューロンの発火の特性によって、そしてそれによってのみ説明されなければならない》

によって決定されている。私の心は、私の脳を、外から観察することによって決定されるのではないのである。したがって、脳を外から観察することを前提にしている右の反論は、妥当でないことになる。

しかも、ニューロン原理は、脳の中のすべてのプロセスの中で、ニューロンの発火のみが、「心」に寄与するとしている。この仮定は、現在知られている神経生理学的知見に基づいて、合理的な疑いを入れる余地のないものである。したがって、神経伝達物質がブラウン

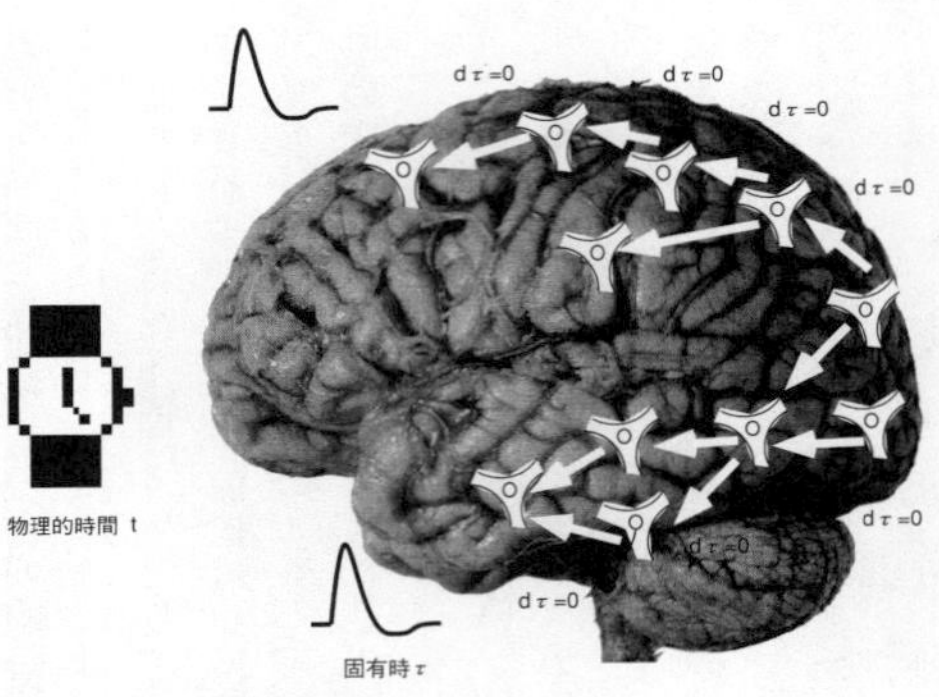


図７　心脳問題と固有時

運動したり、それが受容体に結合したりといった詳細な過程は、細胞生理学的には興味があるかもしれないが、心と脳の関係を論じる上では直接関係ないのである。

さて、私たちの脳の中で、百数十億という数のニューロンが発火しているところを想像してみよう（図７）。

私たちの心は、このようなニューロンの発火がつくるシステムから、自己組織的に生まれてくる。そして、私たちの心は、時間とともに変化していく。心は、脳の外からニューロンの振る舞いを観察することによって起こるのではなく、あくまでも脳の中のニューロンの発火が、それ自体として持つ属性なのだ。

相互作用同時性に基づいて構築される固有時τが、単にニューラル・ネットワークの時間発展を因果的に記述する時間パラメータとして意味を持つだけでなく、同時に私たちの心の中の「時間」の流れの性質を決定する原理であることの理由は、まさにここにある。相互作用同時性は、脳の中のニューロンの発火を、脳の外から物理的時間に基づいて観察するのではなく、まさにニューロンの発火の内部から、それだけに基づいて記述しようとする時に適切な時間パラメータを与えてくれるのだ。相互作用同時性に基づく固有時こそ、私たちの心の中に流れている時間なのである。

（もちろん、物理的時間自体が、本来、光の速度で伝播する相互作用の系〈すなわち、相対性理論に従う系〉における固有時である。したがって、ニューラル・ネットワークは、そもそも物理系を支配する固有時の中に埋め込まれていて、その上で、ニューロンの発火の時間発展を記述する固有時が形成されることになる。つまり、固有時が固有時の中にはいる、入れ子構造になっているわけだ。）

## 7　ニューラル・ネットワークにおける相互作用同時性のパラメータ

さて、それでは、私たちの脳の中のニューロンの発火からなるシステムがどのような固有時に従うのか、具体的に見ていこう。

ニューラル・ネットワークにおける相互作用同時性を考察する上では、ニューラル・ネットワークのダイナミックスを記述するいくつかの異なる時間パラメータを考慮しなければならない。

ニューロンの細胞体におけるアクション・ポテンシャルの生成からの一連のプロセスを追いながら、それらの時間パラメータを考察していこう。以下では、興奮性のシナプス結合の場合について説明する（抑制性の結合において固有時がどう振る舞うかは難しい問題だ。抑制性の結合においては、第三章第5節で見たように、負の相互作用連結性が生じる。一つの考え方は、負の相互作用連結性の両側では、共通の固有時が成立しないというものだ）。

まず、ニューラル・ネットワークにおける相互作用同時性を、簡略化した形で復習しておこう（図8）。

今、ニューロンAの軸索丘でアクション・ポテンシャルが時刻tにおいて生成されたとする。このアクション・ポテンシャルが、ニューロンBに時刻 $t+L_{BA}/C_{BA}$ に到着したとしよう。ここに、$L_{BA}$ はニューロンAからニューロンBへ向かう軸索の長さであり、$C_{BA}$ はこの軸索上のアクション・ポテンシャルの伝播速度である。この時、時刻tと時刻 $t+L_{BA}/C_{BA}$ は、相互作用同時性により、同時であると考えられる。すなわち、

$$t=t+(L_{BA}/C_{BA})=\tau$$

となるのであった。

もちろん、右のようなシンプルな描像では、多くのパラメータが無視されている。以下で、その一つ一つを検討していこう。

まず、軸索をアクション・ポテンシャルが伝播するのに要する時間がある。この長さは、

軸索の長さを$L_{BA}$、アクション・ポテンシャルの伝播速度を$C_{BA}$とすれば、$L_{BA}/C_{BA}$である。このパラメータは、右の描像の中でも考慮されている。

さらに、シナプスにおいて、アクション・ポテンシャルの到達後、神経伝達物質が放出され、シナプス間隙を経てシナプス後側のニューロンに達するまでに要する時間、シナプス遅延$t_s$がある。シナプス後側に達した神経伝達物質は、受容体と結合する。その結果膜電位が脱分極し、後シナプス膜電位が、樹状突起の上を伝わっていく。これが、細胞体にまで達す

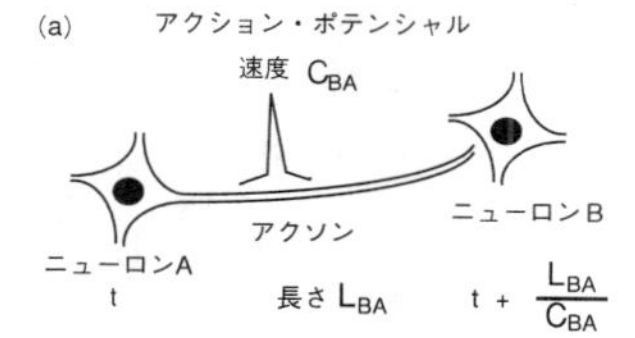


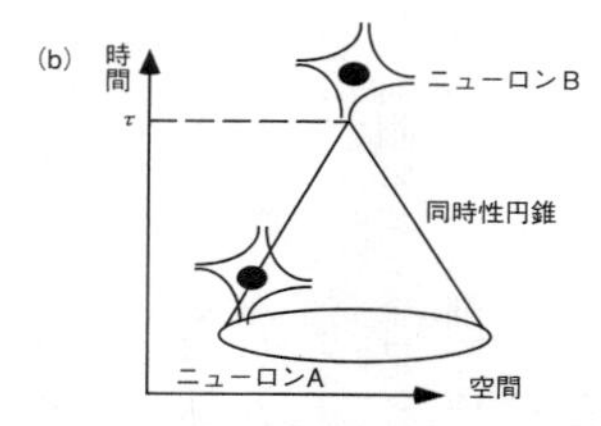


図８　相互作用同時性の簡略化された描像

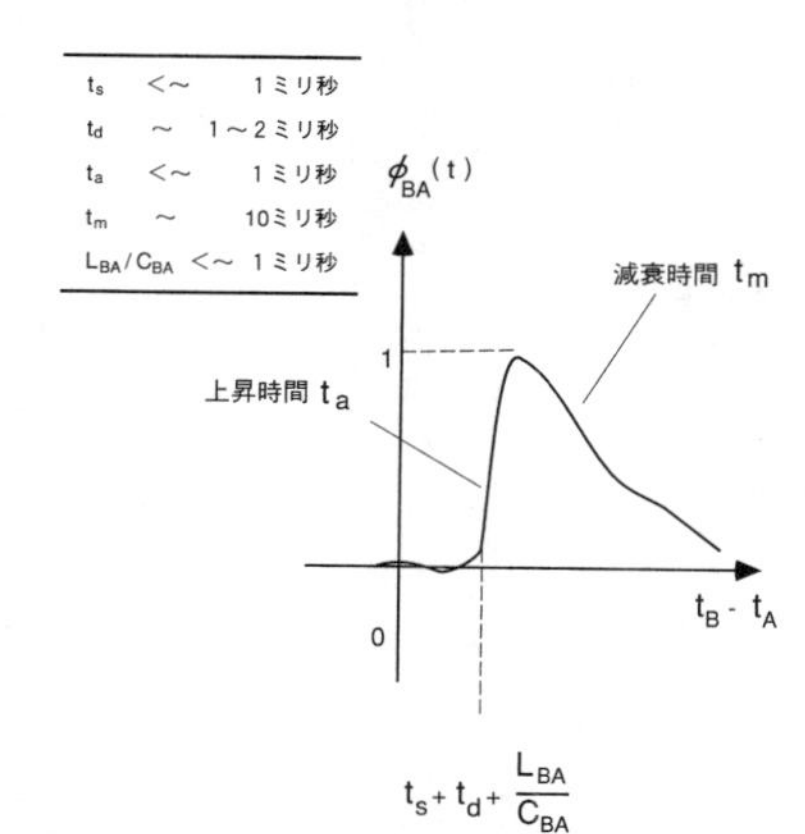


図９　相互作用同時性に関わる時間定数

るのに要する時間が、樹状突起遅延$t_d$である。

細胞体に達した膜電位の変化は、アクション・ポテンシャルを生成する部位である軸索丘において脱分極として現れる。この様子を記述する時間定数としては、脱分極が成立するまでの時間（上昇時間$t_a$）と、脱分極が生じた後に、それが減衰していくのに要する時間（減衰時間$t_m$）がある（図9）。

こうして、シナプス前側のニューロンの細胞体で生じたアクション・ポテンシャルの影響が、シナプス後側のニューロンの細胞体にまで達して、ニューロン間の相互作用の連鎖がつながったことになる。

右に挙げた時間パラメータの典型的な値は表の通りである。

これらの値を比較すると、相互作用同時性を決める時間パラメータとしては、膜電位の脱分極が減衰する時間$t_m$が大きな意味を持っていることがわかる。もっとも、右の値は様々な条件によって異なるので、あくまでも目安と考えなければならない。

## 8　意識における時間の流れ

それでは、いよいよ、相互作用同時性の原理に基づき、私たちの心の中の時間の流れについて、どのような結論が導き出されるのかを見ていこう。

私たちは、相互作用同時性の原理から、「心理的時間」が次のような基本的な性質を持つことを結論することができる（図10）。

①認識における「瞬間」、すなわち最小の時間の単位は、物理的時間で言えば、ある有限の幅（h）をもつ。この最小の時間単位の大きさは、ニューラル・ネットワークの大きさをアクション・ポテンシャルの伝達速度で割ることによって推定することができる。すなわち、「脳」内の軸索の最大の長さを20センチメートル程度とし、さらにアクション・ポテンシャルの伝達速度として律速の毎秒2メートルを採用すれば、最小単位は100ミリ秒程度となる。

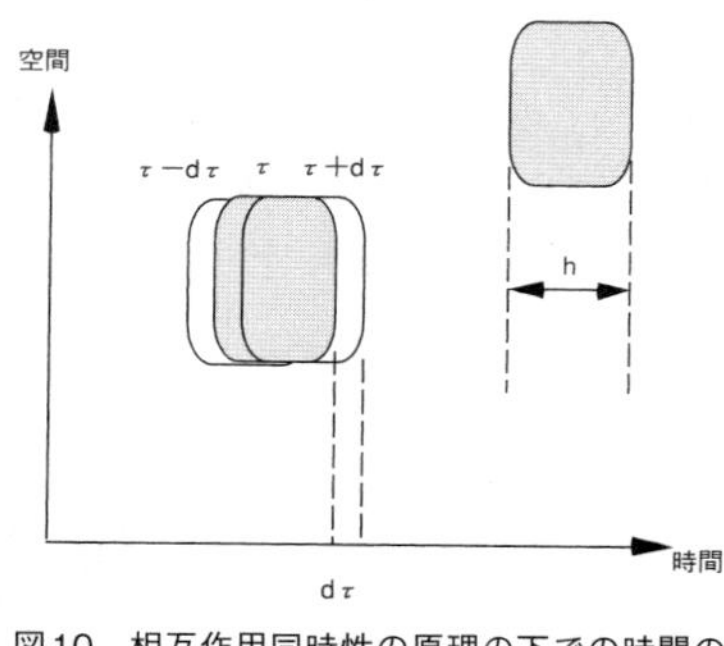


図10　相互作用同時性の原理の下での時間の流れ

②時間の最小単位の存在にもかかわらず、その時間のずれは、任意に小さくすることができる。すなわち、ある認識におけるある「瞬間」τという場合には、必然的にそれは100ミリ秒程度の広がりを持たなければならないが、このような「瞬間」をどれくらいずらして重ね合わせられるかということになると、その「ずれ」dτの大きさは、任意に小さくすることができる。

③隣り合う心理的な「瞬間」の間には、重なりがある。すなわち、$\tau_1$と$\tau_2$が隣接する心理的瞬間であるとすると、$\tau_1$と$\tau_2$の間の差が時間の最小単位（h）より小さい時、

$$|\tau_1-\tau_2|<h$$

それぞれの心理的瞬間におけるシステムの状態$\Omega(\tau_1)$、$\Omega(\tau_2)$の間には、重なりがある。

$$\Omega(\tau_1)\cap\Omega(\tau_2)\neq\emptyset$$

では、右のような心理的時間の性質は、相互作用同時性からどのように導かれるのだろうか？

私たちは、この章の第6節で、相互作用同時性に基づいて構築される固有時が、私たちの心の中に流れている時間の性質を決めているということを見た。したがって、心理的時間の性質を知るためには、固有時の性質を調べればよい。

説明を簡単にするために、第4節で用いた、二つの要素A、BからなるシステムΩを考えよう。便宜上、AからB、BからAに相互作用が伝播するのに必要な座標時間をΔtとする。また、以下の議論の中では、システムの時間発展もΔtごとに見るものとする。

要素A(t)、B(t)に固有時τを割り当てるとする。また、固有時の時間間隔として、$\Delta\tau=\Delta t$を採用する。すると、固有時τ、$\tau+\Delta\tau$におけるシステム$\Omega(\tau)$、$\Omega(\tau+\Delta\tau)$を構成す

る要素は、それぞれ、座標時の下での要素から、

$$\Omega(\tau) : (A(t-\Delta t),\ B(t-\Delta t),\ A(t),\ B(t))$$
$$\to (A^*(\tau),\ B^*(\tau),\ A(\tau),\ B(\tau))$$

$$\Omega(\tau+\Delta\tau) : A(t),\ B(t),\ A(\tau+\Delta\tau),\ B(\tau+\Delta\tau))$$
$$\to (A^*(\tau+\Delta\tau),\ B^*(\tau+\Delta\tau),\ A(\tau+\Delta\tau),\ B(\tau+\Delta\tau))$$

と構成されることになる。ここに、＊は、固有時$\tau$に属する要素のうち、座標時でいうと$t-\Delta t$における要素（相互作用を及ぼす要素）を、座標時でいうと$t$における要素（相互作用を受ける要素）から区別するための記号である（第4節参照）。

　さて、右の定式化から、直ちに次のことがわかる。

　まず、ある固有時の時刻$\tau$におけるシステム$\Omega(t)$は、$\Delta t$だけの幅を持っている。なぜならば、$A(t)$、$B(t)$だけでなく、$A(t-\Delta t)$、$B(t-\Delta t)$も$\Omega(t)$に属しているからである。ここに、$\Delta t$は、一般にはシステムの中を相互作用が伝播するのに必要とする座標時の最大値だとすればよい。固有時の性質は、それによってシステムがどのようにパラメータ化されるかによって決まる（というか、それ以外の基準はない）。したがって、ある固有時の時刻$\tau$におけるシステムが座標時で言うと$\Delta t$の広がりを持つということは、固有時$\tau$の「瞬間」が、

座標時で言うとΔtの広がりを持つことを意味する。こうして、性質①が導き出される。

次に、右の場合には、便宜上システムの更新の時間間隔をΔtとしたが、一般には相互作用伝播にかかる時間Δtと異なる$\delta\tau$としてよい。そして、$\delta\tau$は、任意に小さくすることができる。したがって、固有時τには最小単位Δtがあるにもかかわらず、隣り合う「瞬間」の間の間隔は、任意に小さくすることができる。こうして、性質の②が導き出される。

さらに、システムΩ(τ)とΩ(τ+Δτ)の間には、重なりがある。すなわち、二つの要素、A(t)、B(t)が共有されている。これらの要素は、Ω(τ)においてはA(τ)、B(τ)、またΩ(τ+Δτ)においてはA*(τ)、B*(τ)としてシステムの中に含まれている。このような重なりは、ここで考察している離散的な時間ではなくて、連続にパラメータτを変化させた時には、ある四次元時空内の「領域」として現れる。また、重なりは、固有時の差が、その最小単位よりも小さい時にのみあることは明らかだろう。固有時τによってパラメータ化されたシステムΩ(τ)が右のような重なりを持つということは、固有時τの隣り合う「瞬間」に重なりがあることと同じである。こうして、性質③が導かれる。

## 9　心理的時間の性質

前節で述べたような心理的時間の性質、すなわち、

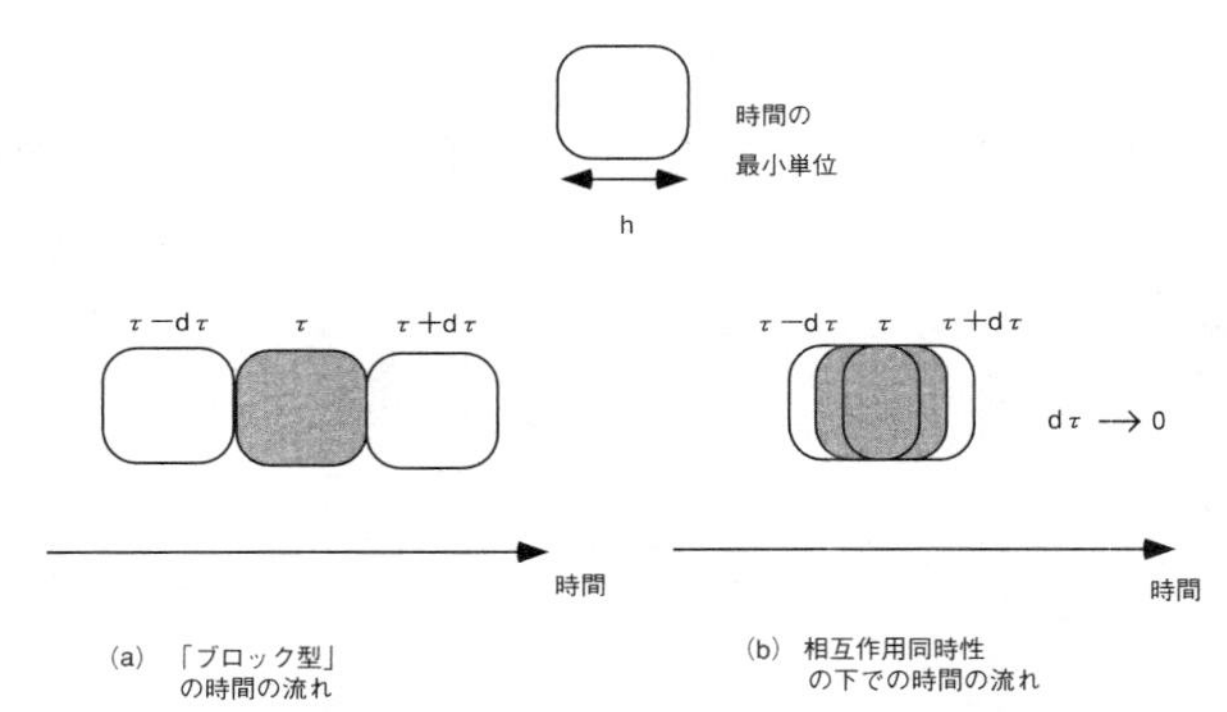


図11　時間の最小単位と時間の流れ

①最小単位があること
②それにもかかわらず時間の流れ自体は連続的であること

は、私たちが直観的に感じている心理的時間の性質と一致している。さらに、時間の感覚について行われている心理学的な実験の結果（参考文献‥例えば、Libetや、Efronによる実験結果）とも一致する。

この結果は、極めてノン・トリヴィアルなものである。決して自明なことではないのだ。普通、私たちは、時間に最小単位があるというと、図11・aのような時間の流れを想像する。つまり、有限の長さをもったブロックを一列に並べたような時間の流れである。このような時間の流れでは、ある瞬間から隣の瞬間への移動が、とびとびのものになってしまう。瞬間から瞬間へうつる移動が、不連続なのである。それに対して、相互作用同時性に基づく固有時の流れは、時間の最小単位の存在にもかかわらずスムースである。隣り合う瞬間どうしのずれがいくらでも小さくなるので、ある瞬間から次の瞬間への移動において不連続はないからである。

相互作用同時性の原理が示唆する心理的時間のもう一つの重要な性質は、隣り合う心理的「現在」の間に、重なりがあることである（性質③）。すなわち、固有時τにおける「今」と、固有時τ+dτにおける「今」はお互いに独立ではなく、重なり合っているわけである。この、意識における時間の流れのモデルは、M・ロックウッドの、「重なりのある時間モデル」と似ている（参考文献：Lockwood, 1989）。

この描像の下では、時間の流れというものは、そもそも、一つ一つの瞬間がばらばらの離散的な点としての「今」の集合ではなく、心理的な「今」を鎖の一つの輪だとすれば、一つの連続な連なりであるということになる。もし心理的な「今」を鎖の一つの輪だとすれば、時間の流れは、一つに連なった一連の輪からできた鎖のようなものである（図12）。隣り合う鎖の輪の間には、重なりがある。そして、この重なりがあるからこそ、一連の輪が、鎖という一つの連続体としてつながっているのである。

考えてみれば、このような隣どうしがつながった連続体としての時間のイメージは、お互いに重なりのない「瞬間」からできている時間のイメージよりも、よほど現実的である。そもそも、隣り合う瞬間と瞬間の間に重なりがないのならば、何がその間の「関係」を与えるのか？　そのような、離散的な時間では、瞬間の集まりはばらばらのお互いに関係のない点の集合になってしまうのではないか？　このように考えると、瞬間と瞬間の間に重なりがあるという、相互作用同時性からもたらされる時間像は、瞬間＝点の集まりからなる古典的な時間像よりも、むしろ真実味を帯びてくる。

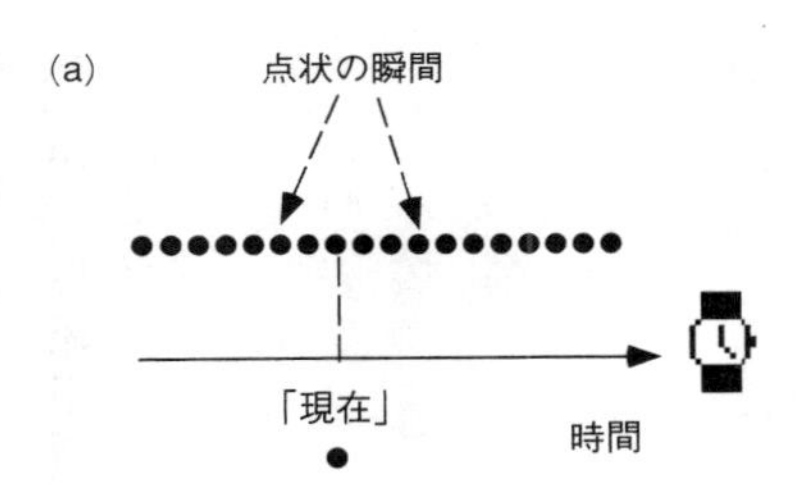


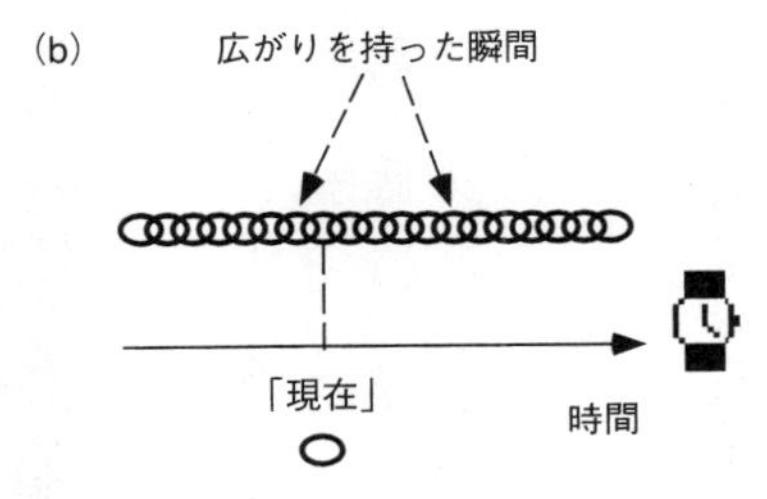


図12　つながった鎖（瞬間）としての時間の流れ

## 10 相互作用同時性は、意識における時間の流れが絶対に逃れられない制約条件である

私たちは、前2節で、相互作用同時性に基づく時間の流れの性質が、私たちが直観的に持っている心理的な時間の流れの性質と一致していることをみた。

しかし、注意すべきことは、心理的な時間が、具体的にどのような性質を持つかということは、より詳細な神経生理学的なメカニズムに依存することが予想されることだ。つまり、ニューラル・ネットワークの上で、時間についてどのような「ソフトウェア」が実現されているかということによって、私たちの心理的な時間の性質は、当然のことながら変わってきてしまう。

例えば、心理的時間は、脳が一時的に記憶を蓄えておく働き、いわゆるワーキング・メモリーのメカニズムによってかなりの程度決定されていると思われる。また、私たちがどのように計画をたて、行動を決定しているか（このような機能は、主に前頭前野で行われていると考えられている）や、リズム感覚の持つ属性によっても心理的時間の性質は影響を受けるに違いない。実際、ほとんどの神経生理学者は、このような詳細な脳のメカニズム（すなわちソフトウェア）こそが重要なのであって、心理的時間の性質について単純に割り切った議論などできないと主張するだろう。

では、相互作用同時性に基づく前節のような議論は、心理的時間の性質を決める上で、どのような役割を果たしているのか？

相互作用同時性が、心理的時間の性質を決める上で決定的に重要な役割を果たしているのは、それが、時間についてどのようなメカニズム（＝ソフトウェア）が脳の中に実現されていたとしても、絶対に逃れることのできない拘束条件を表現しているからだ。心理的時間を支える脳のメカニズムがどのようなものであれ、それがニューロンの発火によって実現されている以上、前節で述べたような、相互作用同時性から導かれる時間の性質には、絶対に従わなければならないのである。もし、脳の中における時間を支配するメカニズムが、何らかの性質を心理的時間に与えるとすると、その性質は、相互作用同時性によってすでに付与されている性質の上に付け加わることになるのである。

例えば、相互作用同時性から導かれる時間の最小単位よりも小さな時間は、どのようなメカニズムを用意したとしても、心理的時間においては絶対に扱えない。

相互作用同時性に基づいて心理的時間を議論することのメリットは、時間感覚を制御するメカニズムの詳細が知られていなくとも、その心理的時間の性質について強力な拘束条件を課すことができるということだ。相互作用同時性に基づく時間の構造は、意識に基づく時間の流れが絶対に逃れることのできない制約条件なのである。

## 11　相互作用同時性の原理と相対性理論との関係

さて、ここで、相互作用同時性と相対性理論の関係を議論しておく必要がある。第6節でも触れたように、相互作用同時性は、相対性理論の再解釈ではなく、「因果性」という概念に基づいて、システムを記述する時間をどのように構成すればよいかの指針を与える原理である。強いて関係を言えば、相互作用同時性を、相互作用が電磁相互作用の場合に適用したものが相対性理論であると言えるのである。

よく知られているように、相対性理論においては、二つの原理から、システムの発展を記述する固有時が得られる。ここで、二つの原理とは、

《ローレンツ不変性＝互いに等速度運動している慣性系においては、物理法則は、同じ形で成立する》

《光速度一定の原理＝すべての慣性系において、光の伝播速度は一定である》

である。相対性理論の様々な帰結は、固有時の構成も含めて、この二つの原理から得られるのである（相対性理論の解説については、例えば砂川重信『相対性理論の考え方』などを参照のこと）。

この二つの原理から得られる重要な帰結の一つは、光の伝播する世界線に沿って、固有時$\tau$の変化が0であるということである（図13）。この、固有時の変化が0である世界線が描く軌跡を、光円錐という。光円錐は、固有時から見て同時の世界点（四次元時空の中で、ある事象の位置を表す点）の集合を表すのだから、同時性円錐とも言う。ここで、光とは、すなわち、電磁相互作用の媒体に他ならないから、光円錐に沿って固有時が経過しないことを、相互作用同時性と言い換えてもよい。

すなわち、シンボリックに表せば、相対性理論における論理構成は、図14のようなものになる。

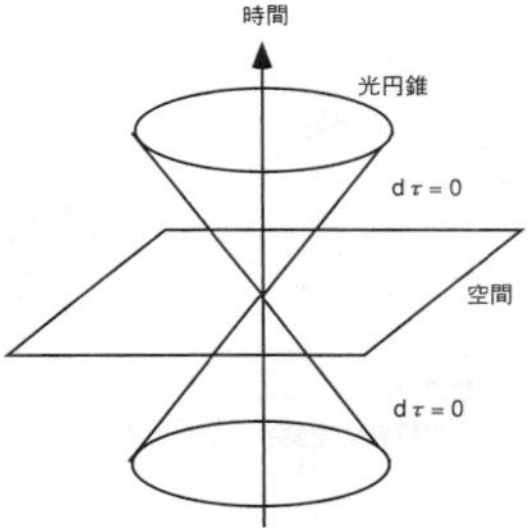

時間
光円錐
$d\tau=0$
空間
$d\tau=0$

図13　同時性円錐

相対性理論においては、相互作用同時性は、理論の出発点となる原理ではなく、ローレンツ不変性と光速度一定という二つの原理から導かれる帰結の一つに過ぎないということになる。

ところで、光速度一定の原理というのは、その深い物理的意味が今一つはっきりしない。もちろん、光の速度がすべての慣性系において一定であるというのは、マイケルソンとモーリーによる古典的な実験によって示された事実であるから、それ自体を疑うことはできない。しかし、ローレンツ不変性が、「絶対運動という概念には意味がなく、運動はすべて相対的なものだ」という深遠な物理的思想を表現したものなのに対して、光速度一定の原理というのは、その意味が明確でない。強いて言うならば、「光の速度というものは基本的な自然法則の一部だから、それはすべての慣性系において一定なのだ」と意味づけることができるだろうが、それならば、それはローレンツ不変性の一部だということになってしまう。

むしろ、ローレンツ不変性、および、相互作用同時性を出発点とし、その上で、相対性理論を構成した方がすっきりする（図15）。もちろん、このような構成をしたからといって直ちに新しい物理的な結果が得られるわけではない（ただし第13節を参照）。しかし、上に議論してきたように、相互作用同時性は、「因果性」という非常に深い物理的原則から出るのだから、こちらの方が、出発点となる原理がパワフルである。

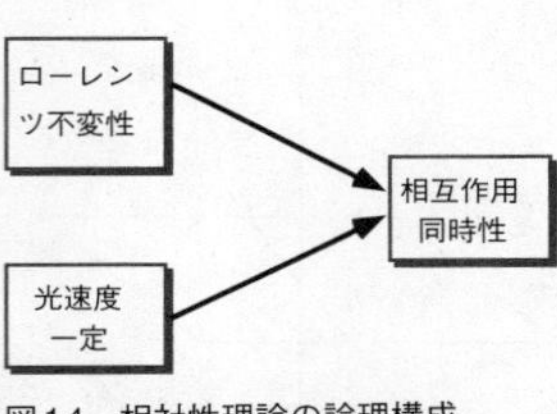

図14　相対性理論の論理構成

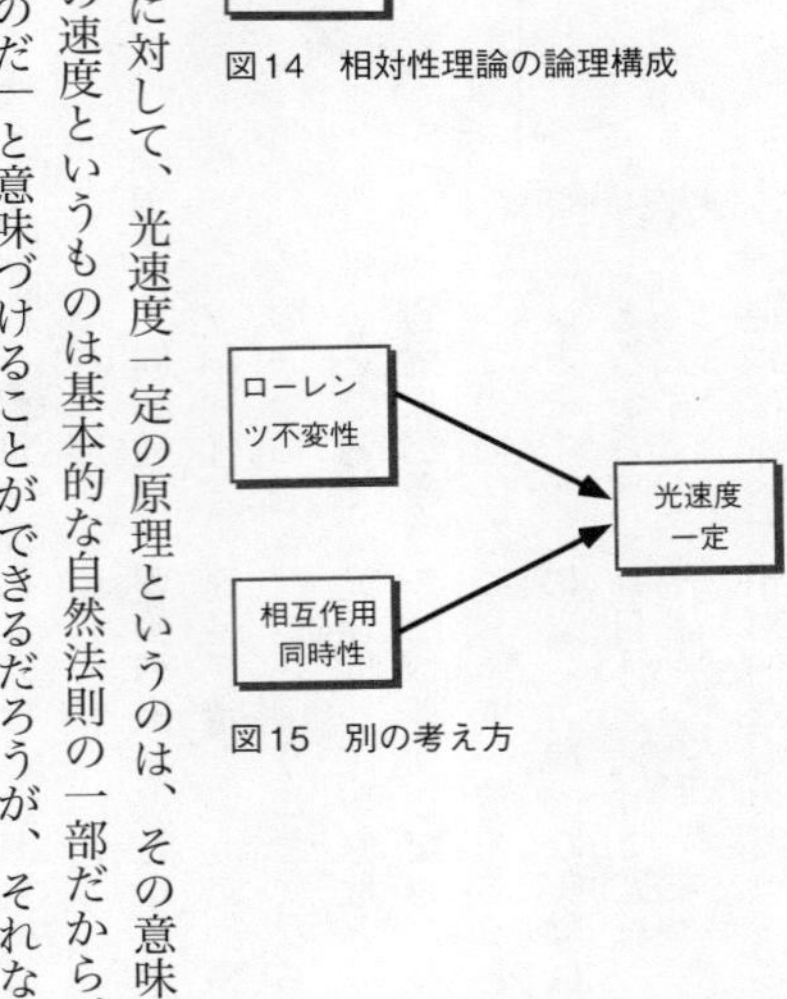

図15　別の考え方

さらに言えば、一般相対性理論になると、光速度は一定ではない。重力場の中で、光は曲がるし、速度も変わる。しかし、その場合でも、光円錐に沿って固有時が経過しない。すなわち「光円錐＝同時性円錐」という結論は変わらない。このことも、光速度一定の原理よりも、相互作用同時性の原理の方が基本的であるということを示している。

さて、私たちに今関心のあるニューラル・ネットワークにおける相互作用同時性について言えば、もちろん、ローレンツ不変性は成立しない。というよりも、そもそも、ニューロンの発火の集合から形成される時空で、「運動」という概念自体に意味がない。しかし、その場合でも、相互作用同時性は成立する。なぜならば、相互作用同時性は、因果性という普遍的な原則からの帰結だからだ。

いずれにせよ、相互作用同時性の原理が、相対性理論の構成について、右のような示唆を与えることは興味深い。このような再解釈のもたらす様々な意味については、第13節で触れる。

## 12　ニューラル・ネットワークにおける固有時の性質

さて、相互作用同時性の原理と相対性理論の関係がすっきりしたところで、私たちの考えているニューラル・ネットワークにおける相互作用同時性の性質についていくつかの点を確認しておこう。

ニューラル・ネットワークにおいては、相互作用同時性の意味は、相対性理論における電磁相互作用のそれとは変わってくる。なぜならば、

①アクション・ポテンシャルの到達は、実際にはＥＰＳＰ（シナプスを介してシナプス後側ニューロンに生じる興奮性の膜電位）となって現れる。ＥＰＳＰは、典型的には10ミリ秒程度の時定数で減衰するので（第7節参照）、到達時間にはそれだけの幅がある。

②軸索をアクション・ポテンシャルが伝播する速度は、軸索の太さ、軸索がミエリンで覆われているかどうかなどの条件により異なる。つまり、相互作用伝播速度は、一定ではない。

これらの性質から、ニューラル・ネットワークにおける相互作用同時性の性質は、相対性理論におけるそれとは大分違う。それは、同時性円錐の形態の差となって現れてくる。今、ある時刻τに発火したニューロンに注目したとすると、このニューロンに到達するアクション・ポテンシャルの速度にはばらつきがあり、しかも、到達時間にも幅があるので、同時性円錐は、厚みをもっていたり、ゆがんでいたりすることになる（図16）。また、同じ理由で、このニューロンの発火から出発する未来側の同時性円錐も、厚みをもち、ゆがんでいる。しかも、ニューロンの発火の数は有限だから、実際には同時性円錐の占める領域は離散的である。

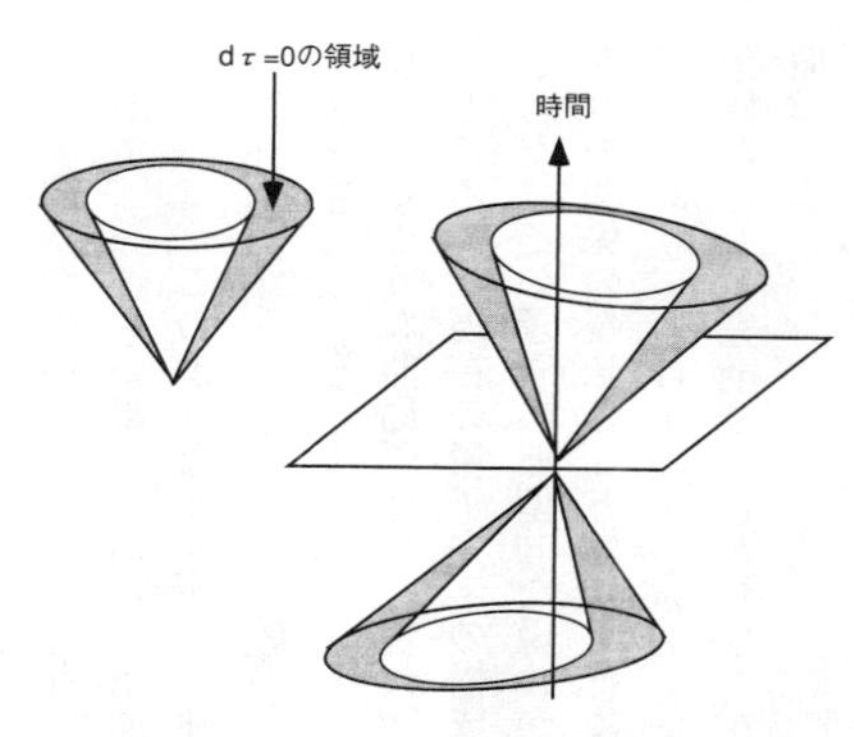


図16　ニューラル・ネットワークにおける同時性円錐

同時性円錐の形態は、相互作用同時性の原理に基づいて構成される認識の時空の幾何学を決める上で、本質的な役割を果たす。なぜならば、同時性円錐は、時空の点どうしの因果関係という、最も本質的な関係の表現だからだ。ニューラル・ネットワークにおける同時性円錐が、相対論の場合に比べて複雑な形態をとることは、そこから形成される時空構造も複雑であるということを意味する。しかし、そのような時空構造を実際に構築することは、まだほとんどなされていない。

## 13　今後の展望

本章では、相互作用同時性の原理について、その最も基本的なことだけを概観した。まだまだ論じたいことはたくさんあるが、大きな話の筋から外れかねないので、このあたりで止めておく。

心と脳の問題についての相互作用同時性の適用

は、出発点についたばかりで、わからないことだらけだ。しかし、今後の発展の方向性を少し展望しておこう。

今までの議論でしばしば触れたように、意識の持つ顕著な性質の一つは、それが(脳という物理的空間の中で)非局所的な性質を持つようにみえるということである。私たちは、第三章で、認識の要素を、相互作用連結なニューロンの発火のクラスターとして定義することによって、このような非局所的な性質を定式化した。

物理の理論の中で、非局所的な性質を持つ理論と言えば、量子力学だ。有名なEPR(Einstein-Podolsky-Rosen、アインシュタイン・ポドルスキー・ローゼン)パラドックスに見られるような非局所性は、現代物理学における最も興味深い謎の一つである。

ところで、現在の量子力学の構成が完全なものではないことは、おそらく間違いのないところだ。その矛盾の典型的な現れが観測問題である。波動関数の収縮の過程や、ミクロとマクロの関係の曖昧さなどは、未だに整合性のある解決がもたらされていない量子力学の内部矛盾であり、何らかの新しいアイデアが求められている。(ただし、量子力学にはまったく矛盾がなく、完全であるとする人たちもいる。例えば、巻末の参考文献の Omnès の本を参照。)

興味深いことは、このような量子力学の内部矛盾が、物理学の他の内部矛盾と関連しているように見えることだ。例えば、時間の不可逆性の起源については、いろいろな人がいろんなことを言ってきたが、いまだに決着がつかない。このことと、波動関数の収縮の過程は、どうも関連しているらしい（このあたりについては、ペンローズの『皇帝の新しい心』を参照のこと）。なぜならば、波動関数の収縮は、他の点では時間の反転に関して対称な量子力学の理論体系のうち、唯一過去と未来が非対称な点だからだ。

場の量子論の発散の問題を含め、現代物理学に残されている矛盾は、すべて、時空の問題に関連しているように思われる。例えば、未解決の量子重力理論にしてもそうだ。このような状況証拠は、どうも、相対性理論の枠組みを、もう一度考え直してみるべきなのではないかという方向を指しているように思われる。

もっと具体的にいうと、ミンコフスキーによる四次元時空としての相対論の定式化が、見直されるべきなのではないかということだ。周知の通り、一九〇五年のアインシュタインの相対性理論の原論文は、数学的にはつたないものであった。そのつたない体系を、リーマン幾何学の美しい体系にしたのは、ミンコフスキーであった。確かに、現在、相対性理論も、ミンコフスキーの定式化も、磐石に見える。だが私は、一九〇五年のアインシュタインの原論文が含んでいた物理的直観の持つポテンシャルを、ミンコフスキーの定式化は矮小化してしまったのではないかと感じるのだ。つまり、相対性理論の考え方の中に含まれていた真の時空構造は、未発見の数学的な枠組みで書かれるべきなのであって、ミンコフスキーの定式化は、その不完全な定式化、ないしは近似に過ぎないのではないかということである。

さらに大胆に言えば、相対性理論のような、あるいは、相互作用同時性のような、因果性に基づく時空構造の定式化をきちんと書けば、その中には、自然な構造として非局所性が含

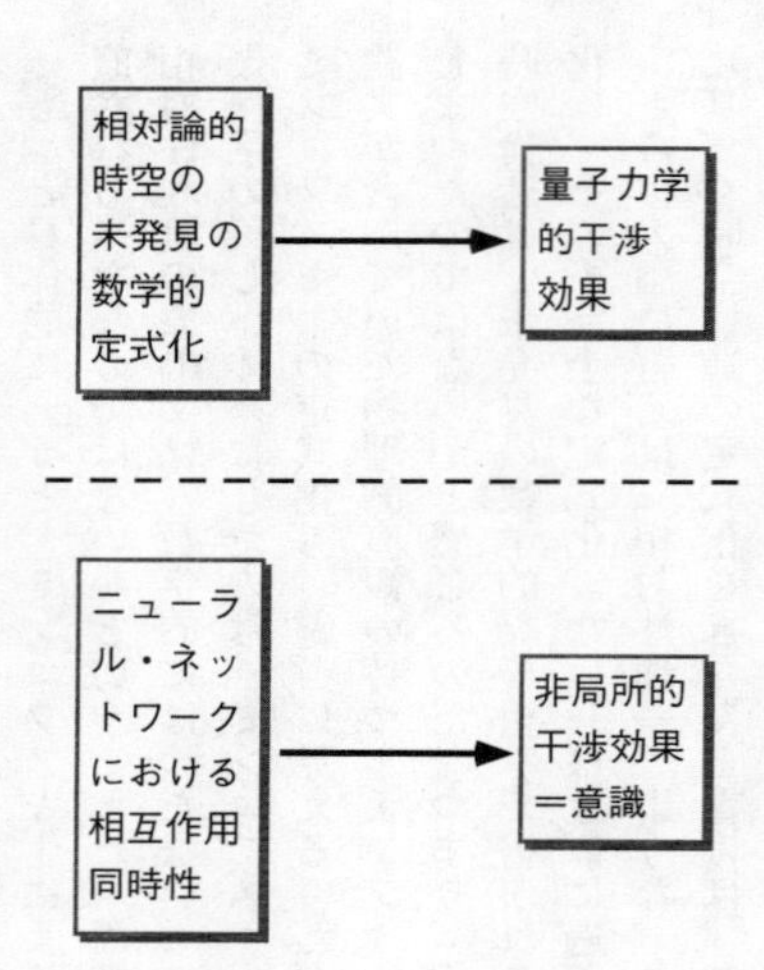


図17　相互作用同時性の今後の発展の展望

まれており、また、量子力学の体系も、時空の持つ性質として、自然に出てくるのではないかということだ。つまり、本来、量子力学は、相対論的時空構造の一部として含まれているべきなのではないかということなのである。

なぜこのような見通しを長々と述べたかというと、私たちがこの章でニューロンの発火からなるシステムに適用した相互作用同時性に基づく時空構造も、それをきちんと数学的に定式化すれば、その中に、自然と、量子力学に見られるような非局所的構造、および、干渉効果が含まれているのではないかという憶測（conjecture）があるからだ。つまり、

《ニューラル・ネットワークにおける相互作用同時性 ↓ 非局所的な干渉効果》

という道筋があるのではないかということである。

重要なことは、このような非局所的干渉効果は、あくまでも、ニューロンの発火という、量子力学からみればマクロな現象に基づく時空構造の中での効果だということだ。ニューラル・ネットワークにおける非局所的干渉効果は、量子力学とは独立なのだ。その意味で、量子力学自体に、意識の持つ非局所的な属性の起源を求めようとする従来の議論とは、まったく性質が違うのである。実際、後に第十章で議論するように、私は、意識を支えるメカニズムに、量子力学は関わっていないと考えているのだ。

以上の「憶測」をまとめると、「相互作用同時性」の今後の発展の展望は、図17のようになる。

# 第五章　最大の謎「クオリア」

読者は、私が意識について様々な憶測を述べたてたにもかかわらず、長期的に見れば最も深遠な問題を巧みにさけたという印象を持つだろう。私は、クオリアの問題——「赤」の「赤らしさ」の問題——については、何も述べることをしなかった。この問題に関しては、私は、それをわきに押しやり、幸運を祈るとしか言い様がない。

——フランシス・クリック『驚くべき仮説』

## 1　心脳問題の最大、最終の謎は、ずばりクオリアだ

序章に述べたように、心と脳の問題を考える上で、最も深遠な謎は、私たちの感覚のもつ質感、クオリア (qualia) である。赤のもつ赤らしさ、猫の毛のふわふわの感じ、椅子がお尻を押しつける感覚、これらの感覚のもつ、他とは間違えようのない、極めて個性的な質感が、クオリアである。

私は、序章に続く第一章から第四章まで、認識の問題を論じながら、クオリアに直接触れることはほとんどなかった。その理由は二つある。

まず第一に、現時点でクオリアの謎の解決へ向けた、はっきりとした処方箋が一つもないからだ。クオリアについて現時点で言えるノン・トリヴィアルなことが唯一あるとすれば、それは、この章の第11節で述べる、クオリアの先験的決定の原理くらいなものである。もっとも、クオリアの先験的決定の原理自体も、クオリアについてどのように考えればよいか、その方針を示すいわば「メタ原理」のようなもので、具体的に「赤」の「赤らしさ」、「わさびのからさ」といった個々のクオリアがどのように構成されるのかという問題について、構成原理を与えるものではない。

第二に、クオリアについてある程度意味のあることを言うためには、認識の基本的原則について、理論武装をする必要があったからである。私たちは、第一章から第四章まで、認識の基本について考察を重ねてきた。これらの考察は、すべて、クオリアの問題を論じるための準備作業であったと言ってもよい。

特に重要なことは、私たちが、今や、「反応選択性」、および、「統計的議論」に基づかないで、認識を論じる理論的枠組みを手に入れたことだ。私たちは、第二章で、現在の神経心理学におけるセントラル・ドグマだと言ってもよい「反応選択性」が、いかに脆弱な理論的基盤に乗っているかをみた。また、第三章では、アンサンブルに基づく統計的手法は、認識の基本原理の中に含まれてはならないということを論じた。そして、私たちは、相互作用描像の下で、認識の要素を、「相互作用連結なニューロンの発火のクラスター」として定義したのだった。この認識の要素の定義は、「認識におけるマッハの原理」を満足するほとんど唯一の定義である。さらに、第四章では、相互作用描像と深く関連した相互作用同時性の原理について検討した。

こうして、反応選択性や、統計的手法を認識の問題から駆逐したことによって、私たちはやっとクオリアを論じる準備ができたことになる。なぜならば、後に見るように、クオリアの本質は、反応選択性や統計的描像の下で議論している限り、絶対に現れてこないからだ。というよりも、統計的描像の下では、クオリアという概念を論じること自体の必然性がないのである。クオリアは、相互作用描像の下で、認識の要素をニューロンの発火の間の相互作用に基づいて定義した時に、初めて自然な構造として現れてくるのだ。

## 2　クオリアの定義

とはいうものの、クオリアの問題は難しい。冒頭に掲げた文章は、クリックの『驚くべき仮説』の中にさりげなく書かれた言葉だ。印象的なのは、心と脳の問題を論じているこの本で、「クオリア」についてクリックが自分の意見を述べているのはここだけということだ。普段はあれほど饒舌なクリックが、ことクオリアの問題については、これほど慎重で、控えめになるというのは、興味深いことである。クリックの慎重さは、クリックの科学者としての真摯さと同時に、クオリアが、その解決がきわめて困難な、深遠な問題であるということを示している。

以下でクオリアを議論する準備として、クオリアの定義を与えておこう。とは言っても、クオリアは、その原始的な属性を言葉では表せないという点にこそ最大の特徴がある。したがって、その定義は、残念ながら「……できない」という否定形を含まざるを得ない。また、それは、必然的に内観的な記述に頼らざるを得ない。このような断わりをあらかじめした上で、クオリアの「内観的」な定義を与えれば、

《クオリアの内観的定義＝クオリアは、私たちの感覚のもつ、シンボルでは表すことのできない、ある原始的な質感である》

ということになる。

右の定義で満足できる人は、それでよい。だが、右の定義では、まったく不十分だという人もいるだろう。何よりも、内観的な記述は、客観性を標榜する科学的議論からは排除されなければならないという反論があるだろう。大いに歓迎だ。なぜならば、私は、クオリアの内観的定義がクオリアを議論する上で必要にして十分だとはまったく思っていないからだ。

私は、クオリアは、単に内観的立場からのみ把握される属性ではなく、脳の中の情報処理のプロセスの、ある重要な特性を反映していると考えている。クオリアなしでは、私たちの脳の驚くほど高度な情報処理の能力は成立しないのだ。別の言い方をすれば、クオリアの表

現を含まない脳の情報処理のモデルは、不完全なものであるということになる。さらに言えば、脳の中でやりとりされている「情報」は、「クオリア」を自然な構造として含むものであるはずなのである。

脳の中の情報処理という視点から、クオリアの第二の定義を与えることができる。

《クオリアの情報処理の側面からの定義＝クオリアは、脳の中で行われている情報処理の本質的な特性を表す概念である》

私は、序章で、心と脳の関係を考える際に、クオリアがその最も核心的な問題を象徴していると述べた。心と脳の問題に科学的にアプローチする場合、その最大の課題の一つは、右に挙げたクオリアの二つの定義の間の関係を理解することであると言ってよい。つまり、私たちの心の中で、クオリアがどのようなメカニズムでその「感じ」を獲得し、また、同じメカニズムが、いかに脳の中の情報処理に深く関わっているかを理解することだ。これこそ、まさに本章の目的とすることだ。

## 3　クオリアについて陥りやすい誤解

さて、クオリアについては、陥りやすいいくつかの誤解がある。そのどれも、クオリアとは何かという本質的な議論から、私たちの注意をそらしてしまう。「クオリア」とは何か、その直観的な理解についてのテストをしてみよう。

《問題》以下に挙げる議論のうち、「クオリア」の本質をずばり摑んでいる議論はどれだろうか？　クオリアの本質について論じていると思われる議論には○、クオリアの本質ではなく、むしろそれと関係のないことについて論じていると思われる議論には×をつけよ。

①視野の中に「青い」ものが見えていたとしても、そのものを認識し、言葉にすることによって初めて「青」を見たと言える。

②「赤」と言っても、文化によって色の分類は異なる。だから虹の中に何種類の色を見るかということも、文化によって異なってくる。「赤」というクオリアも、文化という関係性の中で考えなくてはならない。

③「快感」は、その刺激が生存に適しているからこそ、「快感」のクオリアを持つのである。同様に、「苦痛」は、その刺激が生存を脅かすからこそ、「苦痛」のクオリアを持つのである。

先に読み進む前に、この本を置いて、しばらく考えてみてほしい。瞬間的に、反射的に答えるのではなく、是非、じっくりと考えてみてほしい。

では、解答を述べよう。実は、右に挙げた三つの議論は、クオリアについて議論する際に真正な理解に達していない人がしばしば提出する論点なのである。したがって、答えは、すべて×ということになる。一つ一つ説明を試みよう。

まず、議論①である。私は、先に、クオリアは、感覚の持つ原始的な特性であり、言葉以前に存在するものであると述べた。そして、クオリアの特性は、言葉というシンボルでは説明し得ないものであると述べた。クオリアとはそのようなものなのであって、視野の中に「青い」ものが見えていた場合、その見えているという事実だけで、青のクオリアは成立するのである。つまり、青のクオリアは、言語的処理以前の、視覚的な覚醒（visual awareness）の段階での視覚の持つ属性なのである。それに対して、「青」というラベルが与えられるかどうかは、青というクオリアの成立自体にとっては、副次的なことである。したがって、議論①は、クオリアの本質をとらえていない。

次に議論②である。これも非常にしばしば遭遇する誤解だ。この誤解は、特に構造主義がはやり出してから、かなり知的水準の高い人々の間でも（というか、知的水準の高い人々の間でこそ）見られるようになった。「赤らしさ」とは何か、あるいは、より一般的にクオリアとは何かという問題は、この文化的なネットワークという考え方で解決済みだと考えている人も多いかもしれない。

だが、「赤らしさ」は、それを取り囲む文化的なネットワークで定義されるのではない。「赤らしさ」のクオリア自体と、それにどのような文化的な意味づけが与えられるかは、まったく無関係なのだ。

例えば、「赤」には、スペインの闘牛士のマントのような、「情熱」や「死」といったイメージが付加されているかもしれない。だが、肝心なことは、「赤らしさ」のクオリアに、どのような文化的な意味づけが付加されるかは、まったく任意であり、そこには必然性はないということだ。逆に言うと、「赤らしさ」のクオリアを取り囲む文化的な意味づけが、逆に「赤らしさ」のクオリアを定義するのではないということだ。

例えば、ある文化では、「赤らしさ」と「男らしさ」が、別の文化では、「赤らしさ」と「女らしさ」が結び付けられているかもしれない。しかし、右の事実は、二つの文化の間で、「赤らしさ」の性質自体が異なることを意味するのではない。「赤らしさ」のクオリアとしての特質はあくまでも同じであり、ただそれが文化の中で果たす機能が異なるに過ぎない。文化人類学や構造主義は興味深い分野だが、クオリアの問題とはまったく無関係なのだ。

最後に、議論の③である。「快感」は、その刺激が生存に適しているからこそ、「快感」なのである。あるいは、「苦痛」は、その刺激が生存にとって危険であるからこそ「苦痛」なのである。確かに、このような議論は一見もっともらしくてわかりやすい。だが、「苦痛」や「快感」のクオリアの持つ性質自体と、それが生存にとって適した刺激か、あるいは危険な刺激かということは、無関係なのである。

例えば、「快感」のクオリアが生じた時に、その原因となっている事象に近づき、「苦痛」のクオリアが生じた時に、その原因となっている事象を回避することは、確かに、大抵の場合、生物にとって生存するためにプラスの意義を持つだろう。実際、多くの場面において、「快感」を求め、「苦痛」を避けるという行動方針は、その生物体の生存にとって有意義であるように見える。

だが、重要なことは、「快感」のクオリア自体に、生物体が「快感」の原因となっている事象に近づくことを必然とするような属性は存在しないということである。同様に、「苦痛」のクオリア自体に、その原因となっている事象を生物体が必然的に避けなければならないような属性はないのである。

実際には、生物体は、快感や苦痛に対して、その認知構造に基づいて、非常に柔軟に対応しているように思われる。例えば、私たちは、歯医者に行くことが「苦痛」を伴うことであっても、それが長期的に見れば生存のために好ましいので、歯医者に行く。また、ある種の向精神薬は至上の快感をもたらすが、それが人間の精神や行動を破壊すると知っているから、私たちの多くはそれを試してみようとはしない。

確認したいことは、「苦痛」や「快感」のクオリアと、その生存上の意義の結び付きは、単純なものではないということだ。「苦痛」や「快感」の起源、その性質自体を、生存上の意義から説明しようとするのは無理だということである。むしろ、「苦痛」や「快感」のクオリアは、その生存上の意義とは独立な、ニューラル・ネットワークのメカニズムを通して成立していると考えた方が現実的である。そのように、独自のメカニズムを通して成立したクオリアが、反射や認知構造を通して、様々な生存上有意義な行動パターンと結びつくのである。

結論すれば、ある感覚が、生物体の生存にとって持つ意味からクオリアを特徴づける試みは、クオリアの本質にまったく迫っていない。例えば、色覚の発達を、類人猿がジャングルの中で成熟した果実を見分ける必要性があったという点から説明したとしても、それは、「赤」の「赤らしさ」自体の起源の説明にはまったくなっていない。一般に、進化論的、あるいはエコロジー的アプローチは、クオリアの本質とはまったく無関係なのである。

以上、クオリアについて見られる三つの典型的な誤解について述べた。

右に挙げた論点は、いずれも、どちらかと言えば、機能主義（functionalism）の立場から、「クオリア」の意味を論じている。私が強調したいことは、機能主義の立場からは、なぜ、「クオリア」が心と脳の問題を考える上で、それほど深刻な溝なのかが、一向に見えてこないということである。

実際、右の議論の①〜③のような立場でクオリアを見ている限り、それが心脳問題解決の上での本質的なカギであるという理解には、なかなか達することができないだろう。

## 4 クオリアの計算論的な意味

さて、私たちは、第2節で、クオリアを、内観的な視点、および計算論的な視点の二つの視点から定義した。クオリアという認識の属性の持つミステリーの本質は、あくまでも、内観的な視点から見たその「感じ」である。どのようなシンボルでも表すことのできない、「赤」の「赤らしさ」が、心と脳の関係を考える上で最大の謎なのである。その謎の深さは、今後、クオリアの問題が長期にわたって人類にとって知的挑戦の最大の課題になるだろうことを予感させる（第13節を参照）。

一方で、クオリアの謎になんとか科学的に迫ろうと思ったら、その計算論的意義を考えるのは有効なアプローチである（図1）。すなわち、脳の中の情報処理の過程において、クオリアは、どのような本質的な役割を果たしているのかを考えるのだ。さらに言えば、クオリアなしではできないような性質の計算がないかどうか、考察することである。このようなアプローチは、実際上の意義も大きい。

なぜならば、もし、人間の脳のように働くコンピュータを構築しようとしたら、現在のデジタル・コンピュータの延長ではおそらく駄目で、クオリアを自然な構造として含むようなコンピュータをつくらなければならないからだ。後に第八章「新しい情報の概念」で論じるように、クオリアが脳の中の情報処理において果たす役割を突き詰めて考えていくと、結局「情報」(information)という概念自体を見直さなければならないということになる。具体的に言えば、シャノンによる情報の定義に見られるように、「統計的描像」に基づいて定義されている情報を、「相互作用描像」に基づいて定義しなおさなければならないのである。このような相互作用描像の下での情報の定義においては、クオリアは、情報の持つ基本的な性質の一つとして、自然に取り込まれていくことになる。

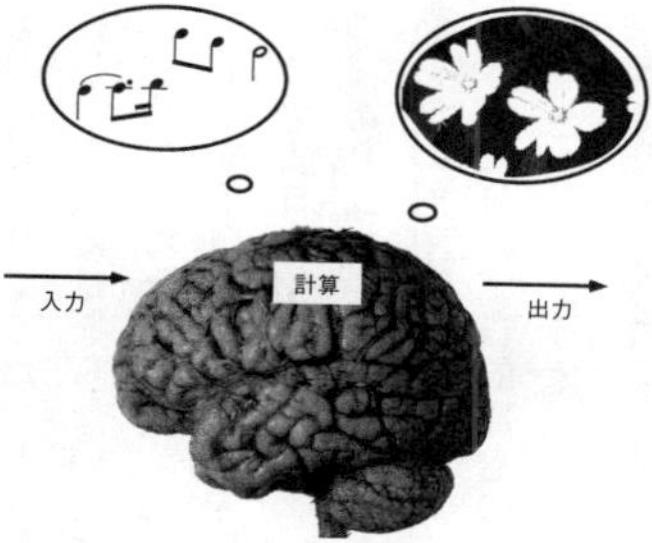

そこで、以下では、脳の中の情報処理のプロセスにおけるクオリアの計算論的な意義を見ていこう。

図1　クオリアの計算論的な意義

## 5　「視野の中の位置」もクオリアである

クオリアの計算論的意義を論じる前に、クオリアという概念の「守備範囲」について一つ銘記すべきことがある。

ロックが、第一性質、第二性質というカテゴリー分けをして以来、「数」や「量」といった第一性質と、それ以外の「質」を表す第二性質の間には、深い断絶がある科学の対象にはならないとされてきた。なぜならば、第一性質は定量化が可能であるが、第二性質、すなわち「質」は、定量化が不可能であり、定量的な法則を導出することを究極の目的とする自然科学の対象にはならないとされてきたのである。

このような視点からすると、「クオリア」などは、定量化が不可能な第二性質の最たるものであり（何しろ、シンボルによって表すことが不可能だというのだから！）、そもそも自然科学の対象にはならないということになる。自然科学が今日まで自然を量的なものと質的なものに分け、質的なものに対しては「クオリア」を含め、沈黙を守ってきたことは（ホワイトヘッドのように、その分裂を痛烈に批判する人もいたが）、好意的に見れば、分をわきまえた賢い態度であったということができるかもしれない。

しかし、このように、クオリアのような質的な概念と数量的な概念の間の区別を厳格なものと考え、後者のみが自然科学の対象になるという見方はよくよく考えると正しくない。その理由は、次の通りである。

まず第一に、後に、本章第11節「クオリアの先験的決定の原理」においても述べるように、クオリアは、その存在が本質的に内観的なものであっても、自然法則の一部であると見なされなければならないということである。私たちは、私たちの心や、認識が、あたかも自然から独立した、別の世界を構成していると考えがちだ。しかし、私たちの心が、脳の中のニューロンの発火によって引き起こされる現象である以上（「認識のニューロン原理」）、そして、ニューロンが、どれほど複雑な構造とメカニズムを持とうとも、自然法則に従う物質に過ぎない以上、私たちの心も、自然法則に従う自然の一部であると見なさなければならないのである。クオリアは、心の持つ属性の中でもとりわけ主観的な色彩が強いが、それでも、それがニューロンの発火によって引き起こされる以上、その成立のメカニズムは、自然法則の一部でなければならないのである。

第二に、一見定量的に見える自然法則の中にも、質的なものは含まれているということである。

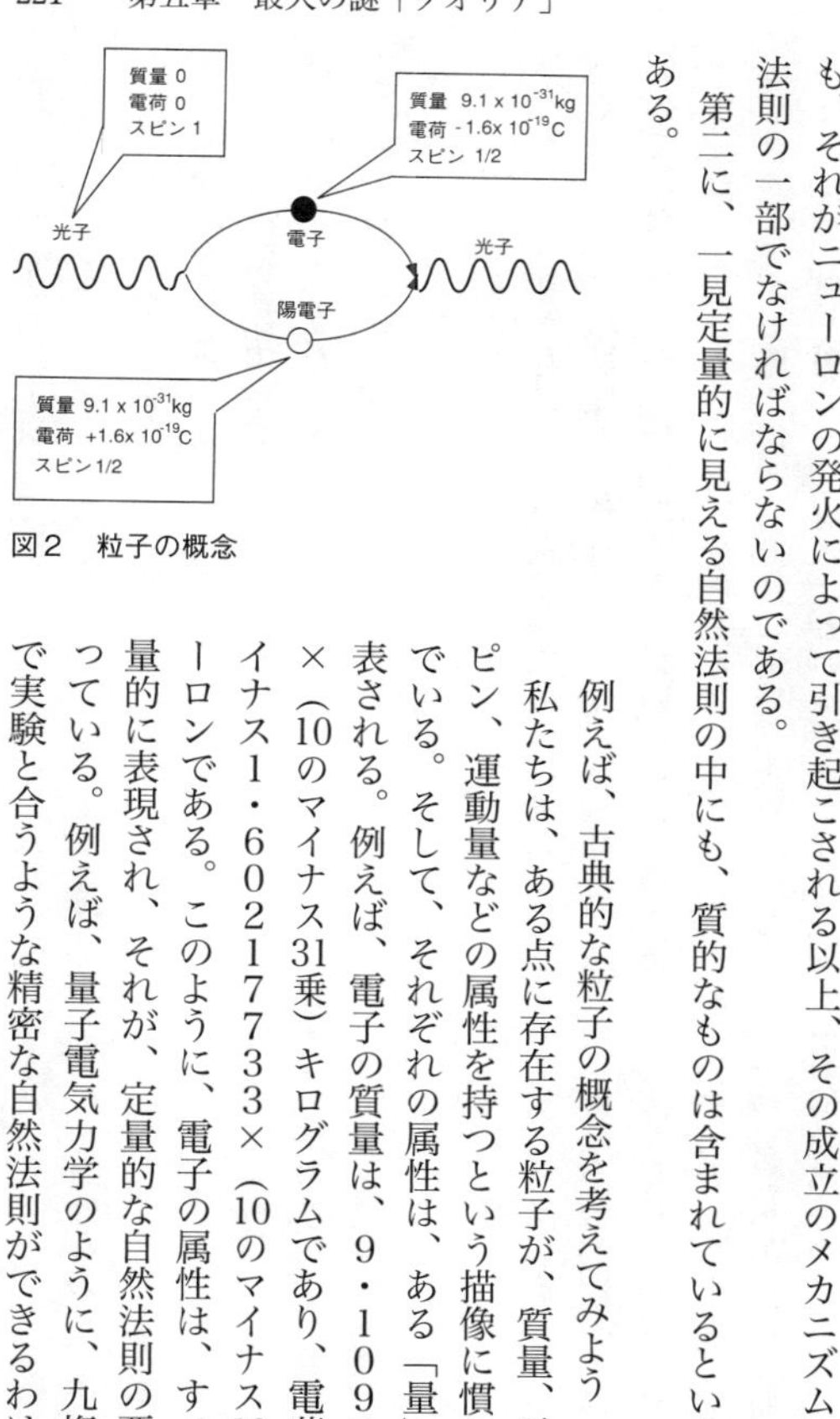


図２　粒子の概念

例えば、古典的な粒子の概念を考えてみよう（図２）。私たちは、ある点に存在する粒子が、質量、電荷、スピン、運動量などの属性を持つという描像に慣れ親しんでいる。そして、それぞれの属性は、ある「量」として表される。例えば、電子の質量は、９・１０９３８９７×（10のマイナス31乗）キログラムであり、電荷は、マイナス１・６０２１７７３３×（10のマイナス19乗）クーロンである。このように、電子の属性は、すべて、定量的に表現され、それが、定量的な自然法則の要素となっている。例えば、量子電気力学のように、九桁の精度で実験と合うような精密な自然法則ができるわけだ。こうして、自然法則は定量的であるという描像には整合性がありそうだ。

しかし、もう少し深く考えてみると、このような描像が本当に定量的なのか、訳がわからなくなってくる。そもそも、「点」に、質量、電荷、スピン、運動量といった異なる属性が、同時に存在しているというのは、どういう意味なのだろう？ また、それぞれの属性が、異なる相互作用を通して、他の粒子（これも、「点」に、異なる属性が共存している妙なものだ）と様々な関係性を結ぶというのは、どういう意味なのだろうか？ 質量が、電荷とは異なる関係性の起点になるということは、それはそのまま質量と電荷の「質」の差に他ならないではないか？ そのような異なる「質」が一つの「点」の中に共存している粒子とは、いったい何なのだろうか？

こうして、私たちは、一見定量的な自然法則の中に、極めて質的なものを見出さざるを得なくなる。粒子の描像と、それに基づく定量的な自然法則の中には、質的なものは存在しないのではなくて、ただ巧妙に隠されているだけなのである（実際、粒子という「点」に質量や電荷などの異なる属性が「圧縮されている」描像は、脳の中で行われている情報処理においてクオリアが果たす役割の描像に近い。少なくとも、一つ一つの最小単位には個性もなにもないビット列としての「情報」という概念よりは、脳の中の情報処理のメカニズムの本質に肉薄している。本章の第8節、および第七章を参照）。

最後に、特に、脳の中の情報処理におけるクオリアの役割を考える時に、数量的なものとクオリアを絶対的に分離してしまうことは不適当であるということである。例えば、視覚において、ある物体が視野の中に占める「位置」を考えてみよう。

デカルトが解析幾何学を創設して以来、私たちは、空間の中の位置が、空間の次元だけの数の組み合わせで表されるという考え方に慣れている。視野は二次元であるから、その中の物体の位置は、

直交座標系なら　$(x, y)$
極座標系なら　$(r, \theta)$

というように表されるわけだ。

このように、空間の中の位置は数の組と一対一対応を付けることができるため、ロックの分類で言えば第一性質であると考えられる。実際、定量的自然法則の代表である物理学において、空間の位置をデカルト風に数の組で表すことは、その理論的枠組みの大前提である。

しかし、本当に、私たちがものを見ている時の「視野」の位置と、数の組は、同じものだろうか？　図3で、中央の花Aは、その左の花Bの「右側にある」。一方、花Aと花Bの間の下側にある花Cは、花Aの「斜め左下よりさらにやや下側にある」。図3を眺めながら、

《花Aは花Bの「右側にある」》
《花Cは花Aの「斜め左下よりさらにやや下側にある」》

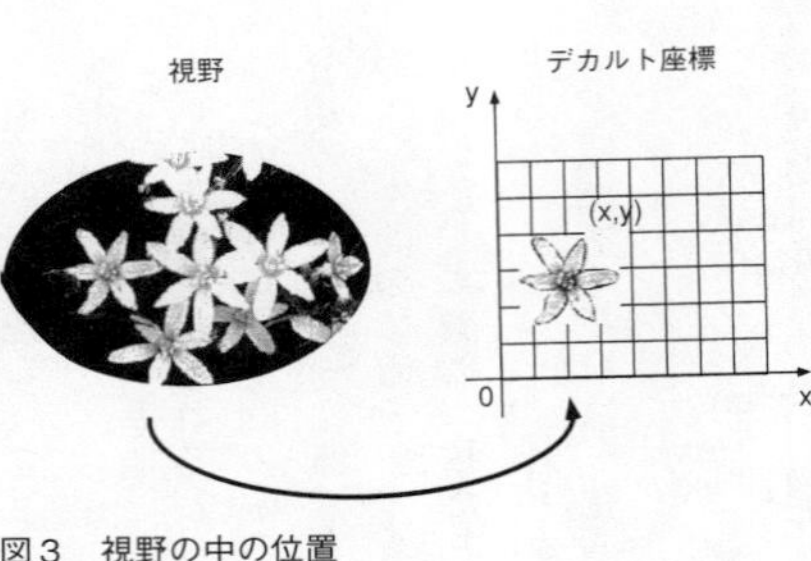


図３　視野の中の位置

というそれぞれの「感じ」にしばらく注意を向けてほしい。「右側にある」という感じと、「斜め左下よりさらにやや下側にある」という感じの違いは何だろうか？　私たちは、教育によって、このような位置関係を、すぐに数量的な関係に翻訳してしまうようになっている。だが、デカルト座標はさておき、「右側にある」という感じと、「斜め左下よりさらにやや下側にある」という感じそのものの違いは何だろうか？　それは、単なる二つの数字の組の違いに還元できてしまうものだろうか？

普段は見慣れたもののように思っている漢字をふとゆっくりと眺めた時、意味が解体し、漢字を構成している棒や点の組み合わせが訳のわからないものに思えて不安になってくることがある（いわゆる「ゲシュタルト崩壊」）。私たちの注意が、漢字の持つ形態の原始的な「感じ」に向けられるからだ。同じように、空間的位置関係についても、そのデカルト座標によって与えられた意味が解体した時、初めてその原始的な「感じ」が浮かび上がってくる。「右側にある」という感じと、「斜め左下よりさらにやや下側にある」という感じの違いは、決してデカルト的な定量化のプログラムではつかみ切れないのである。

結論から言えば、私たちがものを見る時の視野の中の位置も、「赤」の「赤らしさ」や、猫の毛の「ふわふわの感じ」と同じように、クオリアであると見なすべきなのである。さらに言えば、数や量といった抽象的な概念も、その意味に対する私たちの「理解」を考えた時には、クオリアと同じ理論的基盤で論じるべきなのである。このように、クオリアという言葉の守備範囲を通例よりも広くとらえることによって、初めて脳の情報処理におけるクオリアの中核的な役割が浮かび上がってくるのだ。

実際、第七章「「理解」するということはどういうことか?」でも論じるように、「理解」という視点から見た時、「赤」の「赤らしさ」のクオリアと、数字の「1」の意味に対する我々の理解は、似たような神経生理学的な機構に基づいていると考えられるのである。

以下の議論の中で、「クオリア」という言葉を用いる時には、主に感覚の持つクオリア、すなわち、「赤」の「赤らしさ」や、「ヴァイオリンの音の感じ」などを指示するものとする。しかし、一方で、クオリアを支える神経生理学的機構は、「1」や「整数」といったより抽象的な概念を私たちが「理解」する時の機構と共通のものであり、クオリアは、潜在的には、より広い範囲の心の中の表象を指すのだということを頭の中に入れておいてほしい。

第一性質と第二性質という分類は人為的なものである。「理解」という視点から両者を共通の基盤においた時、初めてクオリアの持つ普遍性と、その脳の中の情報処理プロセスにおける計算論的意義が明らかになるのである。

クオリアの計算論的な意味を議論する上では、脳の情報処理の最大の特徴の一つにまず焦点を当てるのがよいだろう。それは、「並列性」である。しかも、それは下で説明するように、「統合された並列性」とでもいうべき性質なのである。

## 6 統合された並列性

現代のデジタル・コンピュータの基礎となっているチューリング・マシンは、一度に一つの演算しかできない。グラフィカル・ユーザー・インターフェイス（GUI）の発達によって、画像処理などの相当高度な演算を行っているように表面的には見えるかもしれないが、突き詰めて考えれば、デジタル・コンピュータは、ある特定の瞬間をとれば、チューリング・マシンと同様、極めて単純な操作を行っているに過ぎない。このことを、L・J・クロケットは『チューリング・テストと枠組み問題』の中で次のように述べている（参考文献のCrockett, 1994を参照）。

原子的な操作（一単位のデータが変更され、一つのレジスターが変更される……）が高速に行われるため、ある種の状況の下では、あたかも系全体にわたる相互作用が同時に行われているように見える。まるで、生物体の脳における認識作用と同質のことが行われているようにさえ見える。だが、実際には、生物の脳におけるように、系全体にわたる相互作用が同時に行われることはない。……このようなデジタル・コンピュータの操作の原子性こそ、その驚くべき能力の基礎であるとともに、その顕著な限界の起源なのである。

脳の中の情報処理は、コンピュータの中の情報処理とはまったく様相を異にする。その最大の特徴の一つは、並列性（parallelism）であると言われる。しかし、「並列的」という言葉は誤解をもたらしやすい。なぜならば、脳の情報処理における「並列性」とは、単に複数のニューロンの発火が同時に進行するという意味での「並列性」ではないからだ（図4）。

例えば、AさんとBさんという二人の人間の脳の中のそれぞれの情報処理のプロセスは、並列的である。だが、この場合の「並列性」とは、単にそれぞれがお互いに無関係に行われていることを意味するにすぎない。もちろん、AさんとBさんが協力して何かをすることもありうる。だが、原理的には、Aさんの脳の中の情報処理と、Bさんの脳の中の情報処理が独立したプロセスであることに変わりはない。Aさんの脳とBさんの脳の中の情報処理は、図4・aのような単純な並列なのである。何よりも、Aさんの脳の中の情報処理と、Bさんの脳の中の情報処理が、一つの「意識」という単位に統合されることはない（個人が集合してできた「社会」が意識をもっている可能性は理論的にはあるが、現時点ではきわめて抽象的な憶測に過ぎない）。このような、お互いに無関係に平行して進行している過程は、それらを「並列」という言葉でくくって論じることに、特別の意味はない。

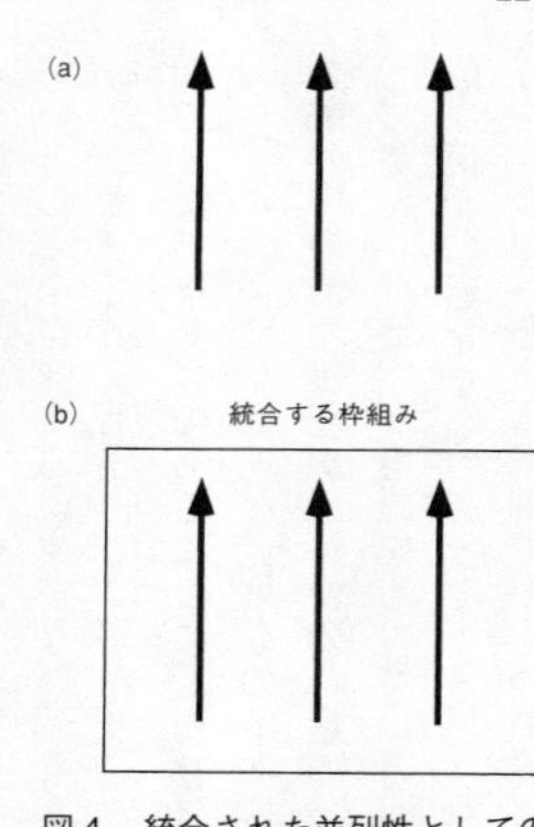


図4　統合された並列性としての意識

一方、脳の中の計算処理の特徴について、「並列的」ということをわざわざ言うのに意味があるのは、それらが、最終的には統合されているからである（図４・b）。このように、並列的な脳内のプロセスを統合する枠組みが、意識に他ならない。脳の中の計算過程は、いわば、意識という枠組みの中で起こる「統合された並列過程」なのである。「脳は並列的な情報処理過程である」という言明の意味は、軽々しく捉えられるべきではないのだ。ここには、明らかに、私たちがいまだその本質を理解していない、脳の情報処理の本質がある。

「統合された並列性」というのは、パラドキシカルな概念である。そもそも、並列的なプロセスが統合されるというのは、何を意味するのか？　私たちは、まだその原理を理解しておらず、かすかな方向性が見えているに過ぎない（第四章第13節参照）。しかし、並列的なプロセスの統合において、クオリアが本質的な役割を果たしていることは、間違いないものと思われる。より正確に言えば、内観的な視点から見たクオリアは、客観的な視点から見た場合、「統合された並列性」を実現している脳の中の情報処理のメカニズムの特性を反映していると考えられるのである。

例えば、オーディオ・ビジュアルという言葉がある。視覚と聴覚の刺激の相乗作用で、単独では得られない効果が得られることを指した言葉だ。私たちは、視覚と聴覚の刺激を統合して、一つの世界像として認識することができる。だからこそ、映画という芸術が成立しうるのだ。私たちの心の中で、視覚と聴覚は並列的に存在し、しかも統合されている。まさに、そこには「統合された並列性」があるわけだ。

さて、内観的な観点から見ると、視覚と聴覚の刺激が同時に心の中に存在しうるのは、それらが、異なるクオリアを持っているからである。「ヴァイオリンの音」、「エレキギターの音」、「雨垂れの音」といった聴覚刺激の持つクオリアと、「赤」、「まぶしい白い光」、「目にも鮮やかな新緑」といった視覚刺激の持つクオリアは、まったく異なる。両者の間には、オーバーラップがない。だからこそ、視覚刺激と聴覚刺激は並列に共存することができ、意識という枠組みの中で統合されることもできるのだ。もし、視覚刺激と聴覚刺激が同じようなクオリアを持っていたら、どっちがどっちだか紛らわしくて、両者を統合するどころではないだろう。

実際、ある種の人々においては、視覚刺激が聴覚刺激を呼び、聴覚刺激が逆に視覚刺激を呼ぶなど、感覚の各モダリティが独立ではないことがある。このような現象を、共感覚と呼ぶ。例えば、目をつぶって音を聞いていると、音とともに赤や黄色の色が見えたりするわけである。このような人たちは、実際、視覚刺激と聴覚刺激をその心の中に共存させることができずに、混乱に陥ってしまう。

こうして、私たちは、次のような命題を立てることができる。

《クオリアと並列性＝私たちの心の中で複数の認識の要素が共存できるのは、それらが異なるクオリアを持っているからである》

ここで、第5節で、「視野の中の位置」もクオリアであると定義したことを思い出そう。視野の中に形も色も同じ物体（例えば赤い○）が複数あったとして、それが私たちの心の中で並列して共存できるのは、これらの認識の要素が異なるクオリア（すなわち視野の中の位置）を持っているからである。

こうして、私たちが多くの認識の要素を心の中に共存させ、しかもそれを「私」という枠組みの中に統合させることができるのは、認識の要素がそれぞれ異なるクオリアを持っているからだということになる。もちろん、これは、あくまでも内観的な視点に立った議論に他ならない。しかし、このような内観的な心の属性は、客観的な視点から見た脳の中の計算原理を反映していると考えられる。感覚器官から並列的に入ってくる膨大な量の情報を統合して処理する脳の持つ驚くべき能力は、クオリアを理解することによって、具体的に言えば、情報の数学的表現の中に、クオリアが自然な構造としてあからさま（explicit）に含まれるようにならなければ理解できないのだ。

私の同僚のA・ペラーらによる研究によると、体の姿勢や運動状態に関する体性感覚と、

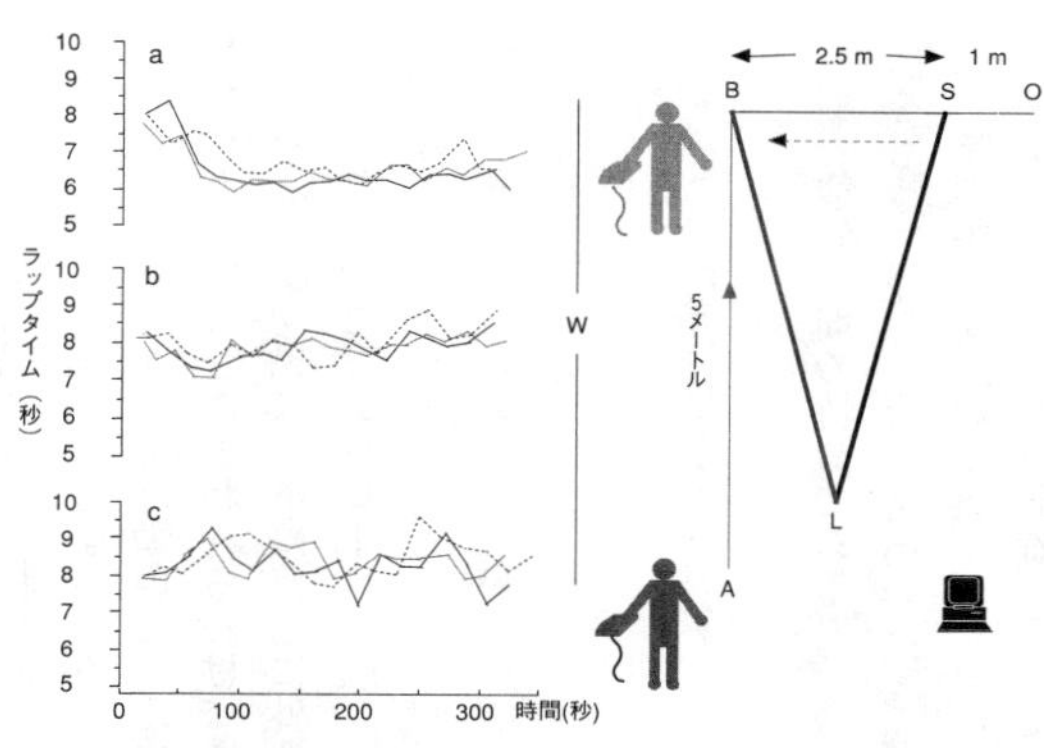


図５　体性感覚野と、視覚との相互作用（ケンブリッジ大学のPelah博士のご厚意による）

視覚情報という非常に離れた感覚情報さえ、脳は統合して理解している（図5）。この実験では、まず、ルーム・ランナーの上で、被験者に一定時間（二〇分）走ってもらう。その後、被験者は、壁の上をスキャンするレーザー光線を手がかりに、一定の速度で直線上を歩き、ちょうどレーザー光がSからBに到達した時に歩き終わるように指示される（図5の右側）。

興味深いことに、被験者は、ルーム・ランナーを走り終わった直後は、より遅いスピードで歩こうとする。この傾向は、走り終わってからの時間が経過するにつれて次第に消えていく（図5・aのグラフ）。

なぜこのようになるのかというと、ルーム・ランナーを走っている時に、体性感覚は「今動いている」という情報を脳に送っているのに、視覚の方では、「今静止している」という情報を脳に送る。このため、両者を統合する時に、脳は、「静止しているように見えても、実は動いているんだ」という判断をする。

右のような状況に脳が慣れた後で実際に歩き出すと、今度は、脳は、視覚から入る動きの情報を「過大評価」するようになる。なぜならば、以前は「静止しているように見えた」時でさえ体性感覚としては動いていたのだから、少しでも視覚的に動いていると、それが大変なスピードのように思われるわけである。

このような効果は、単に普通に外を走った場合（bのグラフ）や、ルーム・ランナーの上を走らなかったコントロール実験（cのグラフ）の場合には見られない。

脳は、体性感覚と視覚というかけ離れた感覚のモダリティでさえ、統合して理解しようとする。そして、このような驚くべき「並列された統合性」と、感覚の持つクオリアは、密接に関係しているのだ。

## 7　現在性のクオリア

脳の情報処理の特徴である「統合された並列性」においては、認識の要素がすべて同じ価値をもって並列しているのではないことは言うまでもない。私たちの「心」の最大の特徴は、その中の認識の要素が、それぞれの役割に応じた特別な位置を与えられて、組織化されて存在していることである。そして、それぞれの認識の要素が心の中で占める特別な位置を指定しているのは、認識の要素が持つクオリアである。クオリアは、私たちの心の中で認識の要素が組織化されるメカニズムにおいて、本質的な役割を果たしているのである。

私たちは、第一章で、

《認識のニューロン原理＝私たちの認識の特性は、脳の中のニューロンの発火の特性によって、そしてそれによってのみ説明されなければならない》

に基づいて心と脳の関係を議論する時には、私たちが認識において当たり前だと思っていること、すなわち、私たちが、網膜位相保存的な枠組みを通してものを見ていること、視覚、聴覚、味覚、触覚、嗅覚のモダリティの間に、顕著なクオリアの違いがあることなどをア・プリオリに仮定してはならないということを見た。なぜならば、これら認識の持つ属性のすべては、物理現象としては驚くほど均一な、ニューロンの発火の属性から説明されなければならないからだ。例えば、心の中で、次のような認識の要素の間の「区別」があることは、当然でも何でもなく、あくまでもニューロンの発火の属性から説明されなければならない。

①現在、外界から入ってくる刺激に対応している認識の要素と、過去の事象の記憶を思い出した時に生じる認識の要素が、明らかに区別できるということ。例えば、今自分の目の前にある「コップ」を見ている時の認識の要素と、一年前に友人の家で見た「コップ」の記憶を思い出している時の認識の要素は、まったく別のカテゴリーであること。

②自己の「外」にある事象に対する認識の要素と、自己の「内」にある認識の要素は、明らかに区別できるということ。例えば、外にある薔薇のベルベットのような質感の花びらを見ている時と、薔薇を心の中で思い浮かべている時のそれぞれの認識の要素は、明らかに異なるカテゴリーに属すること。

このような認識の要素のカテゴリーは、内観的には、いまさら取り立てて言うこともないほど明らかなことである。しかし、認識のニューロン原理の下では、これらのカテゴリーの存在は、あらかじめ前提とされるのではなく、あくまでもニューロンの発火の性質から、自己組織的に現れてこなければならないのである。

右に挙げた認識の要素のカテゴリー①、②は、どちらとも、「現在、自己の外から入ってくる刺激」に対応する認識の要素が、ある鮮烈なクオリアを持っていることによって成立している。実際、現在、自己の「外」にあるものを見ている時、あるいは現在、自己の「外」にある音を聞いている時の私たちの認識は、自己の「内」にその起源があるイメージ、考え、感情とはまったく異なる、圧倒的に鮮明なクオリアを持っている。このクオリアを、仮に「現在性のクオリア」と呼ぶことにしよう。「現在性のクオリア」は、自己の「外」と「内」という私たちの心が持つ位相幾何学的（topological）な構造を保証するとともに、時間の流れの中で、現在まさに起こっていることに対応する心の中の心象が何なのかということを、極めて鮮烈な形で区別している（図6）。

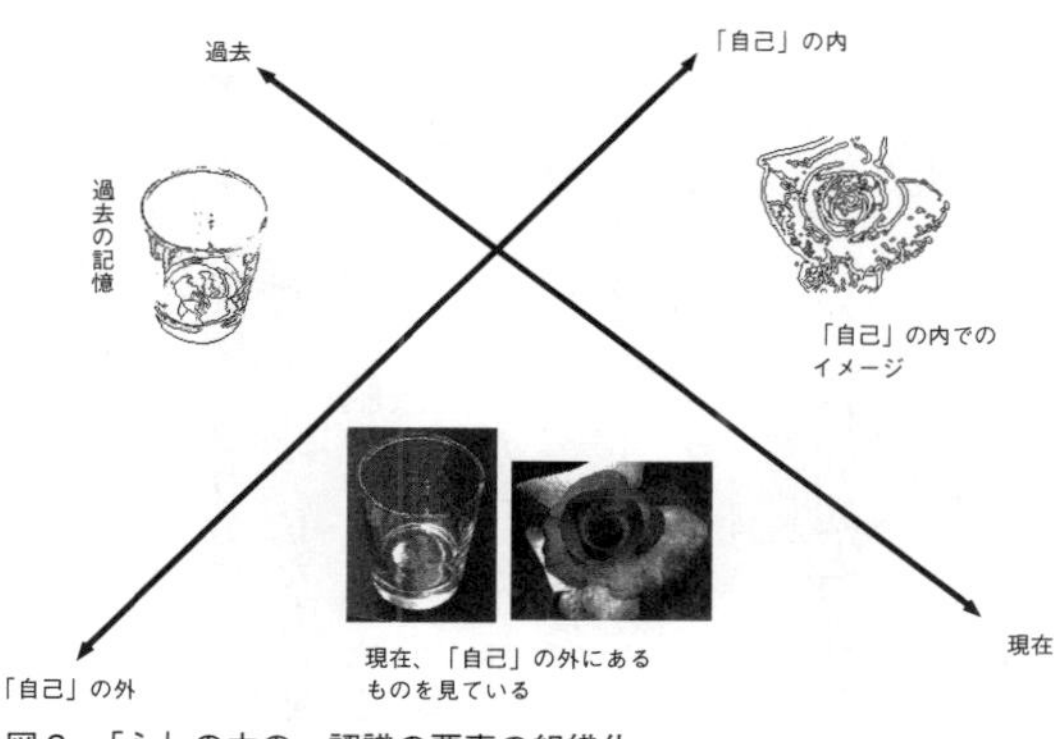


図6　「心」の中の、認識の要素の組織化

もし、「現在性のクオリア」による、「現在、自己の外から入ってくる刺激」に対する認識要素の他の認識要素からの区別がなかったら、どうだろうか？　想像してほしい。

あれ、今私の頭の中にあるコップのイメージは、今見ているイメージなのだろうか、それとも、前に見たのを思い出しているのかなあ？　そもそも、このコップは、私の外にあるのだろうか、内にあるのだろうか？　う～ん。こんなに、微妙なクオリアの差しかないんじゃ、すぐにわからなくてこまるよ……まあ、いいや、よく考えてみればわかるだろう……

もし、私の中にあるコップのイメージが、右のようにそれが私の「外」にあるのか、「内」にあるのか、あるいは「現在」の事象なのか、昔のことを思い出しているのかわからないくらい曖昧なものであったら、私は本当に大混乱に陥ってしまうだろう。実際、コップを使って水を飲むのにさえ苦労することだろう。

そんなことにならないのも、私たちの心の中の認識要素が、「現在性のクオリア」をはじめとする様々なクオリアによって、組織化されているからだ。つまり、私たちの心は、クオリアによって地図が塗り分けられているようなものなのである。このような心の特質は、あまりにも明らかなので、私たちはそれが当然のことだと思ってしまう。しかし、考えてみてほしい。私たちの脳の中には、もともと現象としては均質な、ニューロンの発火があるだけなのだ。そして、それらのニューロンの発火の間の相互関係だけから、このような「心」の地図が生じてくるのだ（「認識におけるマッハの原理」）。そして、その際には、各認識の要素の持つクオリアが、重要な役割をしているのだ。しかも、このような心の持つ性質は、単に私たちの内観として意味があるのではなくて、そのまま脳の中の情報処理のメカニズムを反映しているのである。

## 8　結びつけ問題とクオリア

私たちは、第三章第11節で、

《認識の要素＝相互作用連結なニューロンの発火》

という相互作用描像に基づく認識の要素の定義によって、「結びつけ問題」がいかに解決されるかを見た。例えば、「青いざらざらの皿」という視覚像の場合、「青い」、「ざらざらの」、「皿」というそれぞれの視覚特徴は、網膜上の末端ニューロン（網膜神経節細胞）の発火から、それぞれの特徴に特有な視覚領野のニューロンの発火に至る、一連の相互作用連結なニューロンの発火として実現されているのであった。こうして、視覚特徴には、網膜上のアドレスが付随しており、視覚特徴は、網膜位相保存的な視野上のアドレスに基づいて整理され、統合されることになるのだった。

このような描像を、クオリアという視点から見るとどうなるか？

私たちは、この章の第5節で、古典的な粒子の描像において、質量、電荷、スピン、運動量などの属性が一つの「点」に統合されていることをみた。このような統合が可能なのは、統合されている属性が異なる質と、それに基づく関係性を持っているからである。例えば、電子において、質量の9・10938897×（10のマイナス31乗）キログラム、電荷のマイナス1・60217733×（10のマイナス19乗）クーロンという値が一つの粒子に「共存」できているのは、これらの数値が、それぞれ質の異なる属性を表しているからである。

質の同じ二つの数値が、一つの粒子に共存することはあり得ない。例えば、電子の質量が、9・10938897×（10のマイナス31乗）キログラムであり、しかも1・60217733×（10のマイナス19乗）キログラムでもあるということはあり得ない。質量、電荷、スピン、運動量などの属性が一つの粒子に統合されているのは、それらが異なる質を持つ量だからだ。

まったく同様のことが、視覚についても言える。私たちが、「青いざらざらの皿」という統合された視覚像をみることができるのは、私たちの心の中で、「青い」、「ざらざらの」、「皿」というそれぞれの視覚特徴が、お互いにまったく異なるクオリアを持っているからこそだ。あるいは、「茶色い」、「ごわごわの」、「ラグビーボールの形をした」ヤシの実でも同じことだ（図7）。異なるクオリアを持つ視覚特徴だからこそ、網膜位相保存的な視野の同一の領域において、これらの視覚特徴が共存できるのである。

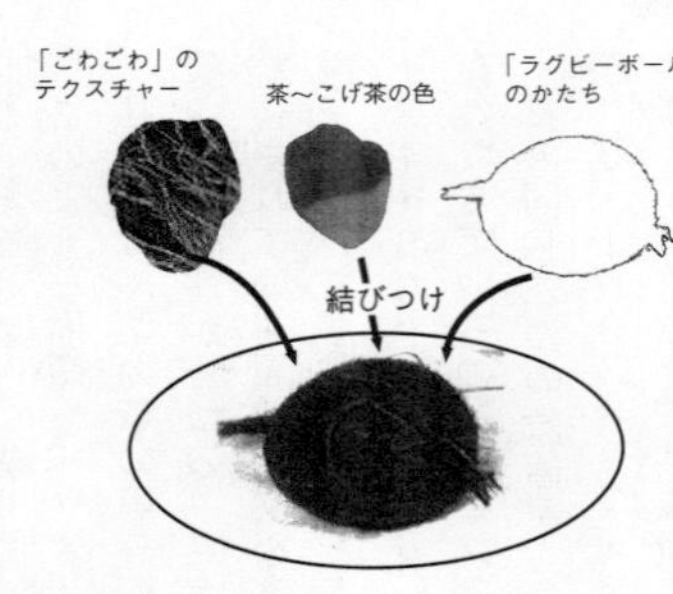


図7　結びつけ問題とクオリア

私たちは、「青いざらざらの皿」という視覚像に基づいて、様々な情報処理を行うことができる。例えば、多彩な色とテクスチャーの皿がたくさん並んだ部屋に入って、「青いざらざらの皿」をとってくるというタスクを与えられた場合、何の問題もなくそれを実行することができる。つまり、私たちの心の中に、「青いざらざらの皿」という統合された視覚像が存在しうることは、私たちが、異なる視覚領野において表現されている「青い」（V4を中心に生起）、「ざらざらの」（V2を中心に生起）、「皿」（ITを中心に生起）という視覚特徴を統合した情報をもとに行動できるという、脳の情報処理能力の反映になっているわけである。

こうして、クオリアは、内観的に見れば、私たちの心の中で統合された視覚像ができる上で、本質的な役割を果たしていると同時に、客観的に見れば、脳の情報処理において本質的な役割を果たしていると考えられるのである。

## 9　クオリアと脳の中の情報処理

私たちは、第2節で、クオリアの二通りの定義を与えた。すなわち、

《クオリアの内観的定義＝クオリアは、私たちの感覚のもつ、シンボルでは表すことのできない、ある原始的な質感である》

《クオリアの情報処理の側面からの定義＝クオリアは、脳の中で行われている情報処理の本質的な特性を表す概念である》

である。

従来、クオリアという概念は、主に内観的側面からのみ論じられてきた。つまり、右の二

つの定義で言えば、第一の定義のみが強調されてきた。このため、クオリアについての議論は、主に哲学的な文脈の中に限られてきた。クオリアについての、神経心理学的な視点からの技術的な議論が行われることはほとんどなかったのである。

しかし、以上で見てきたように、クオリアは、脳の情報処理において本質的な役割を果たしていると考えられる。つまり、クオリアの第二の定義を無視して、脳の中の情報処理を論じることはできないということだ。

私たちが、序章で提起した疑問は、すなわち、

《心と脳は、「クオリア」を通して、どのように結びつくのか？》

ということであった。「心」と「脳」を結ぶ橋は、「クオリア」であるという問題意識である。今や、この問題に科学的にアプローチする方法が見えてきた。すなわち、私たちは、脳の中で行われている情報処理のメカニズムの本質を、徹底的に追求するべきなのである。以上に見てきたように、クオリアが、脳の中の情報処理のメカニズムにおいて核心的な役割を果たしている以上、私たちは、脳の中の情報処理過程を研究することによって、そこにクオリアの謎を解くカギを見出すことを期待できるからである。

もちろん、このようなアプローチの有効性については、次のような二つの留保がある。

一つには、心の問題から言えば、私たちにとって関心があるのは、あくまでも第一の定義

によるクオリア、すなわち、「私たちの感覚のもつ、シンボルでは表すことのできない、ある原始的な質感」である。「赤」の「赤らしさ」のとらえどころのなさにこそ、心脳問題のミステリーと魅力があるわけだ。このような立場からは、クオリアを、脳の中の情報処理の問題としてとらえようとすることは、問題を矮小化することだと思えるかもしれない。

しかし、右で論じてきたように、内観的に見て私たちの心の中でクオリアが持つ属性と、客観的に見た脳の中の情報処理過程は、密接に関連している。というか、両者は、同じ現象の、表と裏なのである。したがって、脳の中の情報処理過程を理解することは、同時に、内観的な視点からのクオリアの持つ属性を理解することにつながると期待される。

第二の留保は、もし脳の中の情報処理過程を本気でクオリアに基づいて理解しようとすれば、「情報」という概念を再定義しなければならないということだ。すでに何ヵ所かで指摘したように、シャノンの定義した古典的な情報の概念は、脳の中の情報処理過程を記述する道具としては、不適当である。最大の理由は、それが、アンサンブル（集合）といった統計的な描像に基づいていることにある。脳における情報処理をもし本当に理解しようとしたら、私たちは、相互作用描像に基づく新しい情報の概念を打ち立てなければならない。そして、そのような新しい情報の概念は、必然的に、クオリアの数学的表現を含まなければならないのである（第八章「新しい情報の概念」を参照）。

## 10　認識の要素とクオリア

以上、第6節から第9節にわたって、脳の情報処理のプロセスにおいてクオリアが果たしている と思われる役割について見てきた。

右のような議論を重ねてきたとしても、クオリアの謎に少しも近づいていないという意見もあるだろう。内観的に、なぜ「赤」の「赤らしさ」は、あのような独特の質感を持っているのか、なぜ、ピアノの音は、他の楽器とは明確に区別できる、あの質感をもっているのか、そもそも、このような質感は、どこから、どのようにしてやってくるのか、こうした根源的な質問には、脳の情報処理のプロセスの中でクオリアがどのような役割を果たしているかをいくら議論したとしても、少しも近づくことはできないという考えもあるだろう。そのような態度の先には、「クオリア」を科学の対象にすることの断念あるのみである。

私は、「クオリア」の科学的解明を断念しようとは思わない。

現時点ではっきりしていることがある。それは、クオリアがどのようなメカニズムで決まるとしても、それは、

《認識におけるマッハの原理＝認識において、あるニューロンの発火が果たす役割は、そのニューロンと同じ瞬間に発火している他のすべてのニューロンとの関係によって、またそれによってのみ決定される。ニューロンは、他のニューロンとの関係においてのみある

役割を持つのであって、単独で存在するニューロンには意味がない》

を満たすようなメカニズムでなければならないということだ。

今まで繰り返し議論してきたように、認識の持つ属性は、感覚刺激の物理的性質によって決まるのではないし、末端の受容器の性質によって決まるのでもない。「赤」が「赤らしさ」を持つのは、それが（もちろん色の恒常性 color constancy は考慮したとして）、ある特定の波長の領域の可視光に対応する認識だからというのは、まったく間違った考え方なのだ。同様に、ピアノの音がピアノの音の質感を持つのは、ピアノの音が、ある特定の周波数分布を持つからだというのも、まったくの考え違いだ。私たちは、認識の持つ属性は、あくまでも、脳の中のニューロンの発火、およびその間の相互関係によってのみ決まるということを、第一章以来繰り返し議論してきた。

クオリアが持つ内観的な属性を決定するメカニズムがもしあるとするならば、それは、脳の中のニューロンの発火、およびその間の相互関係から出発するものでなければならない。

私たちは、第三章で、

《認識の要素＝相互作用連結なニューロンの発火》

と定義した。このように定義された認識の要素が持つクオリアを決定するメカニズムは、その中に含まれているニューロンの発火、およびその相互関係のみから決定されなければならない。この認識の要素がどのような物理的刺激に対応する要素であるかということとは無関係なのだ。「反応選択性」とも、まったく関係がない。

私たちは、こうして、クオリアの起源の核心のある側面をすでにつかんでいることに気がつく。つまり、ある認識要素の持つクオリアは、その認識要素を構成する相互作用連結なニューロンの発火のパターンによって、そしてそれによってのみ決定されるということになる。さらに言えば、クオリアとは、認識要素を構成する相互作用連結なニューロンの発火のパターンに他ならないと言ってもよい。

《クオリア＝認識の要素を構成する相互作用連結なニューロンの発火のパターン》

である。

例えば、ある認識要素が、末端の感覚ニューロンから高次野のニューロンまで、図8のような相互作用連結なニューロンの発火で構成されたとしよう。この認識の要素が持つクオリアは、この発火のパターンによって決定される、というよりは、この発火のパターンそのものなのである。

このような描像の下に、私たちは、クオリアの起源について、ある程度の見通しを立てることができる。例えば、「赤」の「赤らしさ」のクオリアは、その認識の要素に対応する網

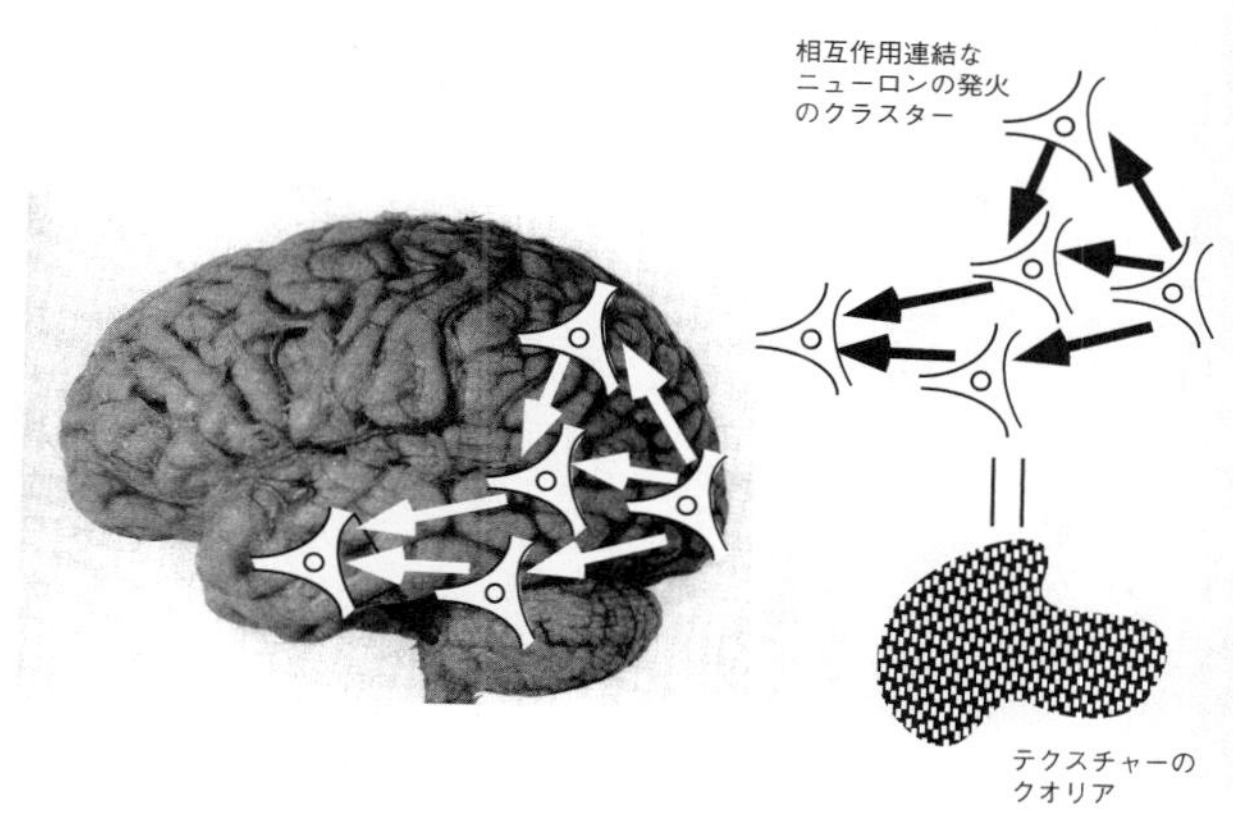


図８　認識の要素とクオリア

膜の網膜神経節細胞からＶ４のニューロンに至る相互作用連結なニューロンの発火のパターンに他ならないのである。同様に、「ヴァイオリンの音」の質感は、内耳の末端聴覚神経から、大脳皮質の聴覚野に至る相互作用連結なニューロンの発火のパターンに他ならないことになる。

さらに言えば、視覚、聴覚、味覚、触覚、嗅覚といったモダリティの差は、すなわち、それぞれの感覚における認識の要素に対応する相互作用連結なニューロンの発火のパターンの差に他ならない。こうして、モダリティの差を理解することは、相互作用連結なニューロンの発火のパターンの分類学を行うことに他ならないことになる。繰り返しになるが、モダリティの間の差は、それぞれの感覚における物理的刺激の性質の差でも、末端の受容器の性質の差でもない。モダリティの間の差は、あくまでも、相互作用連結なニューロンの発火のパターンの分類学の中にその起源を見出さなければならないのである。

残念ながら、現時点では、このようなクオリア研究のプログラムをこれ以上進めることはできない。クオリアを相互作用連結なニューロンの発火のパターンとして特徴づけるためには、脳の中のニューロンの相互結合関係の詳細と、それがニューロンの発火パターンをどのように決定しているかについての神経生理学的データが得られなければならないからだ。現時点で重要なことは、クオリアやモダリティの起源が、物理的刺激の性質、末端の受容器の性質、反応選択性などにあるという考えを、徹底的に排除することだ。この点を明らかにするだけでも、私たちは、クオリアを理解する上での重要な第一歩を踏み出したことになるだろう。

## 11　クオリアの先験的決定の原理

さて、前節における議論は、次のような、極めて重大な原理の存在を示唆している。

《クオリアの先験的決定の原理＝認識の要素に対応する相互作用連結なニューロンの発火のパターンと、クオリアの間の対応関係は、先験的（ア・プリオリ）に決定している。同じパターンを持つ相互作用連結なニューロンの発火には、同じクオリアが対応する》

この原理が主張することは、「クオリア」自体は、経験や学習に依存して決定されるのではなく、それ以前に決定されているということである。認識の要素に対応する相互作用連結なニューロンの発火のパターンとクオリアの間の対応に、任意性あるいは変化の余地はなく、その対応関係は必然的であるということだ。

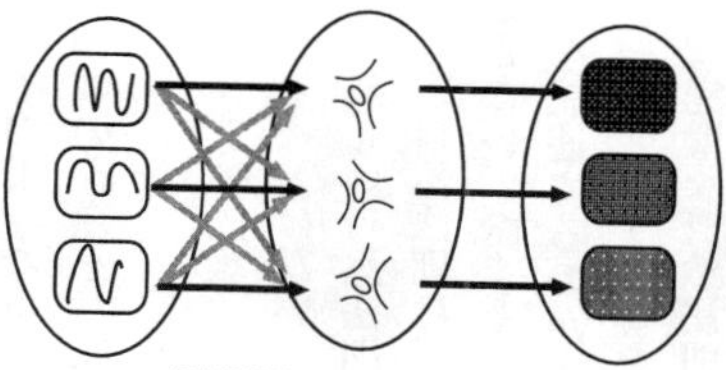

例えば、色の恒常性において、ある領域からの反射の波長構成がその周囲の領域からの反射の波長構成と比較して「青」と判定されるべき時は、その認識には我々が通常「青」と呼んでいるクオリアが伴うのであって、決して「赤」のクオリアが伴うのではない。つまり、神経細胞の相互結合の様式に基づき、脳の中に出現した認識の要素＝相互作用連結なニューロンの発火のパターンと、その認識の要素に伴うクオリアは、ある未知の法則により、一対一に対応しているということなのである（図9）。

物理的刺激　神経回路網　クオリア
反応選択性　クオリア対応

図9　クオリア対応の先験的決定の原理

クオリアの先験的決定の原理が主張していることは、クオリアの起源がどのようなものであれ、それは、自然法則の一部と見なされなければならないということである。この結論は衝撃的である。もし、クオリアが一定の条件の下に神経回路網という物質の振る舞いに随伴して生じるものであるとすれば、そのような可能性は、従来の物理学では考慮されて来なかったまったく新しい自然法則の領域の存在を示唆するのである。

クオリアの先験的決定の原理の持つ意義の深遠さ、その重大さは、いくら強調しても強調しすぎることはない。それは、単に新しい自然法則の存在を示唆するというだけでなく、まったく新しい自然法則のジャンルを切り開くことを意味するからだ。今まで私たちが対象としてきた自然法則は、脳の中のニューロンが、物質としてどのように振る舞うかを記述するに過ぎない。つまり、脳の中のニューロンが、どのような時間的、空間的パターンで発火するかを記述するのが、従来の自然法則だったわけだ。もし、脳の中のすべてのニューロンが、いつ発火するかを完全に予測できるような法則があったら、それは、従来のパラダイムでは、完璧な自然法則であり、それ以上の自然法則は望めないのである。

一方、クオリアの先験的決定の原理が示唆する自然法則は、脳の中のすべてのニューロンの発火パターンが完全に与えられた時点、そこから始まる。つまり、従来の自然法則が終わった時点から始まるのだ。私たちは、あるニューロンの発火パターンが与えられた時に、そこに含まれる「認識要素=相互作用連結なニューロンの発火」のパターンに、どのようなクオリアが、どのようなメカニズムで対応するのかを知りたいのである。このような自然法則を理解することこそ、心と脳の関係を考える上で、死活的に重要なことなのだ。

## 12　クオリアと「私」という視点

さて、私たちが以上で展開してきたクオリアに関する議論は、個々の認識の要素に、どのようにしてクオリアが対応するかという問題に関するものだった。いわば、クオリアが、ニューロンの発火の間の相互依存関係から、どのように発生してくるかという問題を追求してきたわけである。

実は、まだ論じられていない重大な問題がある。それは、そのようなクオリアを認識する視点、すなわち、「私」の問題である。

もし、クオリアの発生の起源が、ニューロンの発火の間の相互依存関係であったとしても、それは「クオリア」が生じるための必要条件でしかないだろう。たとえ、ニューロンの発火の「相互依存関係」を通してクオリアの起源の理解に成功したとしても、それは、「私」によってクオリアが感じられるための、必要条件に過ぎない。クオリアがクオリアであるためには、それを感じる「私」が必要なのだ。

実は、この点がクオリアについて考える時の最後まで残る困難になると考えられる。「認識要素＝相互作用連結なニューロンの発火のパターン」に、どのようなクオリアが対応するかという問題については、その数学的表現をすることが可能かもしれない。私たちは、一つ一つのクオリアに、ゲーデル数のような「登録番号」を与えることさえできるかもしれない（田森佳秀のアイデアによる）。しかし、依然として残る問題は、そのようなクオリアが、どのようにして「私」の心の中に表象として現れるのかという問題だ。

結局、この問題は、例えば、森羅万象の中で、ニューロンの発火の集合のみになぜ意識が宿らなければならないのか、なぜ、ニューロンの発火はそれほど特別なのかといった、意識に関するより困難な問題と関連している。

現時点では、私にはこのような問題に答えるだけの準備ができていない。

## 13 クオリアは、プラトン的世界への道である

私は、この章でクオリアについて論じてきた。クオリアの問題は、あまりにも深遠で、広く、とても一章だけで論じきれるものではない。また、私たちのクオリアを理解しようとする試みは始まったばかりであり、まだまだ私たちの直観が働く範囲は限られている。

私が強調したいのは、クオリアについて哲学的かつ抽象的な議論をするだけでなく、論理的、数学的、そして技術的な議論を始めるべきだということだ。例えば、認識の要素を構成する相互作用連結なニューロンの発火のパターンとしてクオリアをとらえるというアプローチは、直ちに、クオリアの具体的な分類、カタログ化の道筋を示唆する。

この際に重要なのは、感覚野における、ニューロン同士の相互結合パターンに関する詳細なデータだ。クオリアについて理解するためには、反応選択性ではなく、ニューロンの発火の間の相互依存関係自体を検証しなければならないからである。クオリアについて、神経心

理学的な視点から研究されるべきことはあまりにも多い。「反応選択性」という概念が、クオリアの本質を長い間隠蔽してきたため、ほとんどその研究は手つかずになっている。

この章の最後に、私は、クオリアの問題についての、ある信念を表明したい。それは、クオリアを、進化論的な観点からとらえるのはクオリアの本質を見過ごしているということである。

今日、脳の構造を含めて、すべての生物学的特徴を、その淘汰上の利点から考えるのは、当然のことのようになっている。実際、巷には、意識がどのような淘汰上の「利点」を持つから進化してきたのかを論じる論文があふれている。

私に言わせれば、私たちの心の持つ属性、とりわけクオリアは、その淘汰上の利点とは独立して論じられなければならない。この章の第2節に論じたように、あるクオリアと、その淘汰上の利点の結びつきは、まったくの任意なのであって、クオリアの存在自体を、淘汰上の利点から説明することはできないのである。

あるクオリアの存在が、生存を脅かすようなものであれば、そのような生物は絶滅するかもしれない。例えば、捕食者におそわれた時に、心の中に「銀の鈴を鳴らしたようなクオリア」が浮かんで、それに聞きほれてしまうような生物がいたとしたら、そのような生物は絶滅するだろう。だが、そのような淘汰上の不利益と、「銀の鈴を鳴らしたようなクオリア」自体が持つ属性は、まったく無関係なのである。

私たちが、現に心の中に浮かばせることのできるクオリアについてせいぜい言えること

図10　バッハの「ゴールドベルク変奏曲」の楽譜

は、それが生存上の要求と両立可能であるということだけだ。クオリアの持つ属性と、その淘汰上の意義は、独立した概念なのだ。

音楽は、クオリアの芸術である。音楽という芸術の起源を、その淘汰上の利点から説明しようとする試みは、本質をとらえていない。例えば、バッハの「ゴールドベルク変奏曲」（図10）の中にあるクオリアの集合が、進化上それが有利だから生まれてきたという考え方ほど、ナンセンスなものはない。進化論が音楽の起源について言えることは、せいぜい、それが、生存上の要求と両立可能であるということだけだ。クオリアの芸術である音楽の本質と、その淘汰上の意義は、まったく無関係なのだ。実際、このような視点こそ、フッサールがその「現象学的還元」という概念において訴えた考え方である。

私がここに書いていることが、機能主義に象徴されるある種の見解への挑戦状であることはよく承知している。そのことを承知した上で、著者は喜んで挑戦状を叩きつけるだろう。なぜならば、私には、人間のすべての認識の構造が、ある生存上の利点のために、コネクショニストの言葉で言えば、適切な入力・出力関係をつくるために存在するという見解が、まったく論理的なものではないと思えるからだ。

誤解されることを恐れずに言えば、「クオリア」の問題は、古来「プラトン的世界」と呼ばれていた、理念や概念の世界の実在性と深い関係がある。だからこそ、クオリアは、心脳問題のエッセンスであることはもちろん、より広い意味でも胸がわくわくするほど興味深い問題なのである。神経科学の発達によって、ついに、「クオリア」を実証的に研究する機が熟したのだ。私たちは、今こそ、「クオリア」を技術的に論じる努力を始めなければならない。

「クオリア」は、間違いなく、今後少なくとも何十年にもわたって人間の知性の真摯な探究が傾けられるべき問題なのである。

# 第六章 「意識」を定義する

私はまず、心と体の間の顕著な違いを明記することから始めなければならない。私が心、すなわち、意識を持つ存在としての私自身のことを考える時、それは、部分に分けることのできない一つのものである。私は、私自身を、単一の、自己完結的な存在として理解する。意図、感情、理解といった機能も、心の一部分と呼ぶことはできない。なぜならば、意図し、感じ、理解する心は、単一の、同じ心だからである。一方で、私は、体、より一般的に延長を持った物体については、それを容易に部分に分けることができるように思われる。

——ルネ・デカルト『第一哲学についての省察』

私たちは、以上第一章から第五章までの議論の中で、脳の中のニューロンの発火と、認識の間の関係を論じてきた。

この章では、以上の議論を踏まえて、「意識」の定義を与えてみようと思う。すなわち、脳の中のニューロンの発火が与えられた時、どのような基準が満たされた時に、そこに「意識」が宿ると見なされるかを判定する客観的な条件について議論する。もちろん、現時点では、これは、一つの仮説に過ぎない。だが、この定義は、操作性と反証可能性という、経験主義科学の二つのメルクマールを満たす。

本来、このような議論は、心と脳の関係を論じる際に、まず最初に行うべきかもしれない。だが、この章の議論はある程度技術的なので、そのための準備として、第五章までの議論を行う必要があったのである。この章では、第七章からの、よりリラックスした議論の前に、私たちが以上で追ってきたような議論の筋道が、「意識の定義」という重要な問題に関して、どのような示唆を与えてくれるかをまとめておきたいと思う。

## 1　「意識」とは何か？

今日、科学の文献の中で、脳の高次の機能を論じる場合、「心」(mind)という言葉が使われることはあまりない。「心」という概念は、今のところ科学的方法論にはなじみにくいと考えられている。一方、「意識」(consciousness)という言葉はしばしば科学論文の中で使われ、「意識」をテーマとした科学雑誌も次々に創刊されている。明らかに、科学者は、「心」よりも、「意識」の方が、科学的議論の対象としてなじむと考えているのである。

「心」は、私たち人間が内観的に持つ感覚、意図、感情、思考などの持つ属性であり、それ自体は説明される必要がないほど明らかなものだ。私たちは、誰でも、「心」という言葉が何を意味するのかを直観的に知っている。「赤いもの」を見ている時に心がどんな感じを受けるか、「悲しい」時にどのような感情が心を満たしているか、私たち一人一人は、直観的な理解を持っている。つまり、「心」は、主観的にはその意味が明白である。

現代的な意味での心脳問題の端緒を開いたのはデカルト（一五九六〜一六五〇年）だが、彼が用いたのは、内観的（introspective）に自分自身を観察するという方法だった。つまり、ベッドの上に寝転んで、自分自身を観察することで哲学上の新境地を開いたのである。デカルトの方法は、突き詰めれば「心」は、内観的な観察で、その属性が直接明らかになるものであり、主観的にはそれ以上の説明を必要としないという点に依拠している。デカルトは、私たちが「心」について直観的に持つ理解を、その哲学の出発点としたわけだ（私の同僚の心理物理学の研究者は、このことをもっと実際的に表現している。すなわち、彼によると、脳の研究者は、どこに行っても研究材料には困らない。なぜならば、「自分の脳」という観察対象を持ち運んでいるから！　実際、心理物理学の実験においては、科学者が自ら被験者となることが多い）。

デカルトの言うように、「心」の属性は主観的には明らかな一方で、それを他人に伝えることは極めて難しい。「くすぐったい」思いをしたことがない人に、「くすぐったい」という感覚を言葉で説明しようとしても、もどかしいだけだ。それでも、私たちは、言葉などのシンボルを使って、「心」の内容を他人に伝えようとする。だが、このような方法で伝えられるのは、せいぜい「心」の持つ属性のほのかな芳香だけだ。実際、私たちは序章で、心の重要な属性であるクオリアを言葉や他のシンボルで表現することは、極めて難しいということを見た。「心」は、主観的には極めて明白な概念である一方で、客観的には捉えどころのない、曖昧な概念なのである。したがって、心が、客観性を標榜する科学的方法論となじまないのは当然のことだ。

もちろん、だからといって機能主義者たちのように、「心」を議論の対象から除外したり、あげくの果てにはその存在を否定してしまうことは、一種の敗北主義だろう。「心」が存在することは、主観的には明白な事実だ。もしも、ある方法論がその存在を説明できないとすれば、それは、「心」が存在しないことを意味しているのではなくて、単に、その方法論（例えば、機能主義）が「心」の存在を説明できるほどパワフルでも普遍的でもないということを意味するに過ぎないのである。否定されるべきなのは機能主義の普遍性であり、「心」の存在ではないのだ。

一方、「意識」は、「心」と同様、主観的な側面を含む概念であるが、一方では客観的に捉えることが可能である側面を持っている。

「意識」は、最も単純な見方をすれば、「ある」、「ない」という二元的な状態で割り切れる要素を持っているのだ。その扱いが極めて困難なクオリアや感情といった「心」の持つ属性は、「意識」を論じる際にはとりあえず無視することができるのだ。

主観的には、「意識」があるか、ないかという二つの状態の間のコントラストは劇的である。何しろ、「意識」がない時には、「私」は「そこにいない」のだから。「意識」がないということは、赤と緑の見え方がどう違うかというような繊細な問題ではなく、もっと暴力的な条件なのである。「意識」がない時には、そもそも感覚を盛る器としての「心」は存在しないのだ。

このような、「意識」の最大の特徴、すなわち、「意識」が、「ある」、「ない」という二元的な枠組みの中で少なくとも近似的には捉えられるところに、「心脳問題」の科学的解決を実現しようとする私たちにとってのチャンスがある。

意識が「ある」時、あるいは「ない」時、脳の中では何が起こっているのか？　私たちの攻撃は、この問題の核心に切り込むことから始まる。

## 2　「意識」のメンバーシップ問題

意識がある状態（覚醒状態）と、ない状態（睡眠状態、あるいは気を失っている状態）の間に明確なコントラストがあることは、意識の本質を考える上で重要である。「生命」とは何か？　という問題も、私たちの大きな関心事であり続けてきた。周知の通り、ウイルスや、プリオン、さらには多細胞生物、あるいはエコロジカルなシステムをどう考えるかにおいて、「生命」の境界線をどこに引くかは曖昧さが伴う。常にその境界線に議論のある「生命」の概念と比べて、意識は、少なくとも近似的には「ある」、「ない」がはっきりしている。すなわち、「生命」と「非生命」の間の境界がどこにあるかを問うよりも、「意識がある状態」と「意識がない状態」の間の境界がどこにあるかを問う方が、はるかによく定義された問題だと言える。

私たちの目的は、「意識」がある状態とない状態の間の差を、客観的に区別できるような基準をつくることだ。すなわち、あるシステムが与えられた時、そのシステムの状態から、客観的に、そのシステムには「意識」があるか、ないかを判断したいのである。

この問題は、二つに分けて考える必要がある。

一つは、宇宙の中の森羅万象をとってきて、その中から、ある客観的な基準により、特定のシステムに「意識」があるかどうかを判定できるかという問題である。つまり、森羅万象の中で、「意識クラブ」に属するものは何かを問うわけだ。このような問題を、「意識のメンバーシップ問題」と呼ぶことにしよう（図1）。

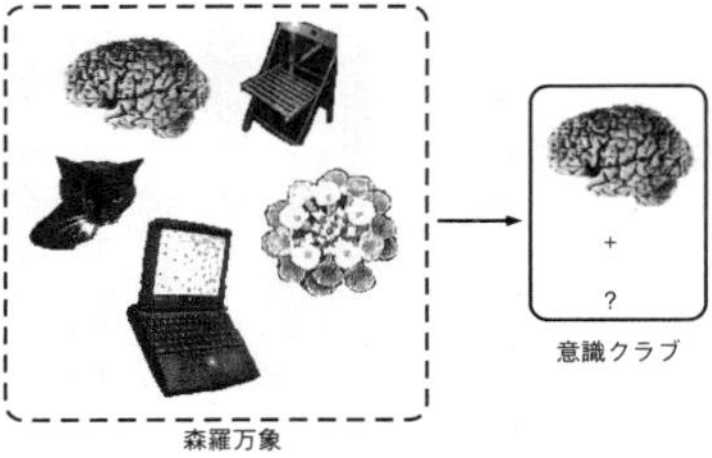

図1　意識のメンバーシップ問題

この際、一切の先入観を排除して、すべてのシステムを平等に扱わなければならない。よく、「コンピュータに意識があるか？」という質問がなされるが、もし、森羅万象の中から、「コンピュータ」だけを特別扱いして、その「意識」の有無を問うのならば、まず、なぜコンピュータだけを特別扱いするのかの理由が与えられなければならない。「意識のメンバーシップ問題」は、本来、脳、椅子、猫、花、コンピュータ、コップの水、竜巻、蟻、……などの森羅万象を、すべて平等に扱うことから出発しなければならない。そして、そこにある客観的な基準を当てはめた時に、「意識」があるかないかが判定できなければならない。

多くの論者が認めているように、現時点で右のような意味での「意識のメンバーシップ問題」に答えるのは不可能だ。例えば、私たちは、

《地球はガイアという生命体であり、それ自体の意識を持っている》

という仮説を否定する論理はまったく持ち合わせていない（実際、私たち一人一人は、より大きな意識を支える、素子のようなものかもしれないのだ。第七章の「中国語の部屋」の中のジムと同じように）。

私たちが、宇宙の森羅万象から、コンピュータ、高等生物の脳といった、特定のシステムだけを特別扱いする傾向があるのは、単にそれらが私たちの脳に似ているからに過ぎない。まだ誰も、どのような客観的な基準で、これらのシステムが特に意識を持つ可能性が高いと見なされなければならないのかを示した人はいないのである。

本来の意味での「意識のメンバーシップ問題」には現時点では答えられないとして、私たちが不完全であれ挑戦することのできる問題は何か？　それこそが、この章のテーマである、意識の客観的基準の第二の問題だ。

すなわち、それは、私たちの脳に「意識」が宿ることを認めた上で、脳というシステム

の、どの部分集合に、どのような条件が満たされた時に「意識」が宿るのかを問う問題である。

より具体的に言えば、私たちは、次の二つの問題に取り組むことにする。

①脳の中のニューロンの発火が、どのような条件を満たした時に、そこに「意識」が宿るのか？

②脳の中の解剖学的部位（ニューロンからなる回路網）のうち、どの部分集合に「意識」が宿るのか？

①の問題を言い換えると、例えば、睡眠と覚醒の間の違いは、どのような客観的基準によって区別されうるかということである。私たちの生活のサイクルの中で、ある時（睡眠中）には意識がなく、ある時（覚醒時）には意識があるのは、どのような客観的条件の違いによるのかということである。すなわち、この問題は、脳における、「意識」の時間的範囲を問うものであると言ってもよい。

一方、②の問題は、私たちの覚醒時に、脳の中のすべてのニューロンの発火のうちで、どの範囲のニューロンの発火が私たちの意識、すなわち意識的な感覚、認識、思考に寄与するかという問題である。例えば、運動系（例えば小脳）のニューロンの発火の多くは、意識的な知覚に直接関与しないことが知られている。どのような客観的な基準で、このような区別がなされるのだろうか？　この問題は、脳における「意識」の空間的範囲を問うものだと言えるだろう。

以下の議論に見るように、現時点で右の二つの質問に答えることは、ある程度可能なのである。

## 3　なぜ、ニューロンの発火が特別なのか？

脳において「意識」がある状態とない状態の違いは何なのかを議論する前に、この章の議論だけでなく、この本全体の議論で大前提となっているある原理をもう一度確認しておこう。すなわち、それは、脳の中のすべての物質的プロセスの中で、ニューロンの発火が、意識や心の内容を決める上で死活的に重要な役割を担うという原理、「認識のニューロン原理」である（第一章）。

今日、脳に関する実験的研究の多くは、脳の中のニューロンがどのようなパターンで発火するか、また、その発火を制御する因子は何かという問題の解明に向けて行われている。私たちの認識（perception）がどのように成立しているかという問題においても、ニューロンの発火は、最も本質的な、というよりは唯一重要な役割を果たしていると見なされている（第三章）。すなわち、今日における神経生理学的知見に基づくと、次の原則は、まずは疑う余地のない事実である。

《意識があるかないか、あるいは、さらに進んで、「心」の中でどのような認識が行われ、どのような感情が感じられているかを決定する上では、脳の中のニューロンの発火が、必要にして十分なすべての現象である》

もちろん、ニューロン原理に基づいて議論をすすめるということは、意識や心の起源について、最も本質的な質問を回避することを意味する。それは、この宇宙に存在する森羅万象の中で、なぜ、ニューロンの発火は、それほど特別な現象なのか？　という問いである。そもそも、脳の中のすべての物理的、生化学的、細胞生理学的過程の中で、なぜ、ニューロンの発火のみが、意識や心の基礎となるのだろうか？　さらに進んで、ニューロンの発火以外の物理的過程によって実現された系、例えばコンピュータによっては、意識や心は実現されないのだろうか？

この質問は、そもそも、「心」とは何か？　という問題と直接に関連する、極めて深遠な問題である。脳の中の活動が、すべて物理的な、あるいは化学的な物質の状態の変化に過ぎないこと、そして、ニューロンの「発火」も、序章において見たように、ニューロンの細胞膜を通してのイオンの出入りに過ぎないことを考えれば、なぜ、ニューロンの発火だけが、特別な現象であるという理由はないように思われる。では、なぜ、ニューロンの発火のみが、意識や心に直接寄与する特別な役割を担わされているのか？　結局、この質問に答えることは、

「心とは何か」という質問に答えることとほとんど同じである。

結論から言えば、ニューロンの発火だけがなぜ特別なのかという疑問に、現時点では答えることはできない。それに答えることは、すなわち、「意識のメンバーシップ問題」の解答を得ることに他ならない。前節で述べたように、それは、現時点では答えることが不可能な問題なのである。

もっとも、脳の中のすべての物質的プロセスにおいて、ニューロンの発火が特別である本質的な理由のヒントは、すでに存在する。そのうちの最も本質的なものは、次の二点である。

①ニューロンの発火は、発火するか発火しないかという二者択一の、離散的な現象であること。

②ニューロンが発火することによって、はじめて、一つのニューロンの影響が、他のニューロンに「シナプスにおける神経伝達物質の放出」という形で伝わることが可能になること。

右の①は、ニューロンの細胞膜電位のダイナミックスの非線形性と絡んでいる。さらに、②は、以下の議論でも中心的な概念となる、ニューロンの発火の間の相互作用の性質と関係している。

私たちは、以下の議論でも、ニューロンの発火のみが、脳の意識の状態を決定する因子であるという前提を採用することにする。この前提の深い理由はいまだ闇の中である。だが、私たちの現時点での知識に基づく限り、「認識のニューロン原理」が信頼するに足る前提であることも確かなのである。

## 4　意識を支える脳幹網様体

ここで、私たちの脳において、意識が「ある」状態と「ない」状態を制御している神経生理学的な機構について見ておこう。

私たちの「覚醒」と「睡眠」のリズムを制御している脳の部位は、前脳基底部（basal forebrain）と、脳幹（brain stem）である。これらの部位は、さらに、「覚醒」状態の中でも、危険に直面したり、興奮したりした時に「覚醒」のレベルを上げるといった制御をしている。さらに、「睡眠」においても、長波睡眠と呼ばれる深い睡眠や、レム睡眠と呼ばれる浅い、しばしば夢を伴う睡眠の間の遷移の制御も行っている。

脳幹にある網様体（reticular formation）からは、上行性網様体賦活系と呼ばれる軸索（axon）の投射がある（図2）。歴史的に言うと、脳幹網様体が覚醒状態の維持に重要な役割を果たしていることがわかったきっかけは、モルッツィとマゴウンの仕事である（一九四九年）。彼らは、脳幹の刺激が覚醒反応を引き起こし、その破壊が意識の喪失につながるこ

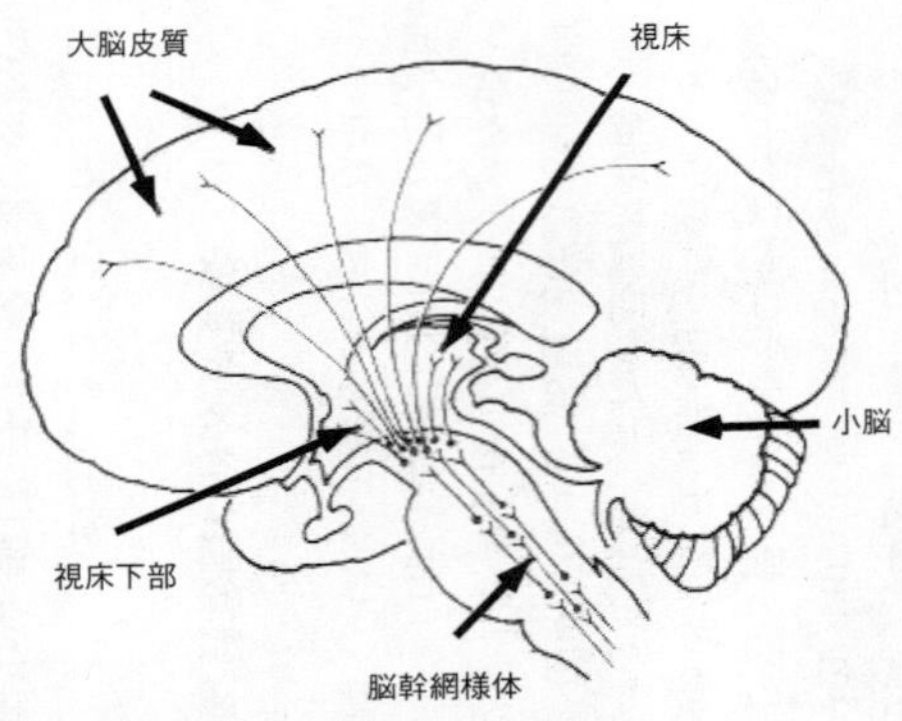


図2　脳幹網様体からの上行性の投射
(Lange著の*Correlative Neuroanatomy*より改変)

とを示したのである。

脳幹網様体は、体性感覚などの感覚路が中枢に至る感覚路から、軸索の側枝の投射を受けている。例えば、眠っている間に足をつねられた時に目が覚めるのは、この感覚路からの刺激を受けた脳幹網様体から、さらに、上行性網様体賦活系を通して、視床や大脳皮質を賦活させる刺激が伝えられるからである。

脳幹網様体賦活系は、大脳皮質のニューロンの発火のレベルを調節する。睡眠時には、ニューロンの発火は、低いレベルの自発的な活動状態に留まっている。覚醒時には、発火のしきい値が下げられ、その結果、より多くのニューロンが活動する。

つまり、睡眠から覚醒へ、言い換えれば意識がない状態から、意識がある状態への転移は、

①大脳皮質のニューロンの発火のしきい値が

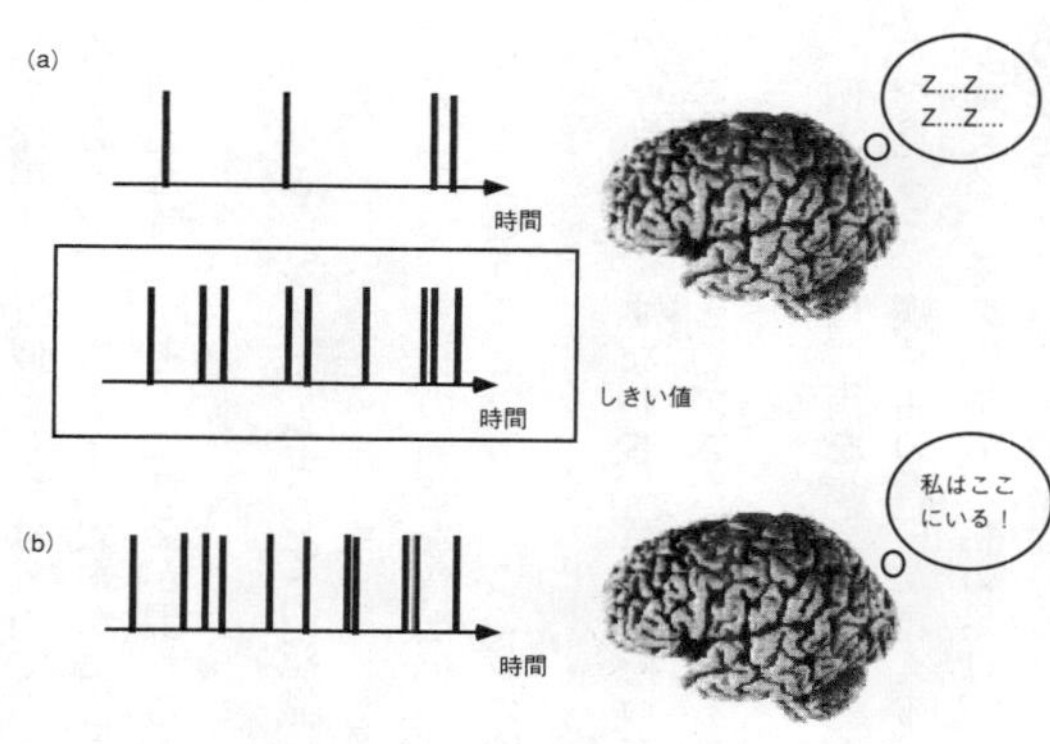


図３　「意識」とニューロンの発火のしきい値

下げられる。
②その結果、皮質内のニューロンの発火のレベルが上がる。

ことによって引き起こされているらしい。
ここから、直ちに導き出される推論は、次のようなものである。

《大脳皮質の、ニューロンの発火頻度（firing rate）が、あるしきい値を超えた時に、「意識」が現れる》

図３で言えば、大脳皮質のニューロンの発火頻度が、（ａ）あるしきい値よりも低ければ、意識はない状態（例えば深く眠っている状態）であり、（ｂ）しきい値よりも高ければ、覚醒している状態である、という描像が浮かび上がってくる。

右の推論は、現在知られている神経生理学的な知見に照らしあわせて、おそらく出発点として採用する近似としては妥当であると思われる。もちろん、細かい点を議論すればいろいろとあるが、とにかく、大まかに言えば、大脳皮質のニューロンの発火頻度があるしきい値を超えた時に、そこに意識が現れるという描像になるわけである。

## 5　システムとしての意識

ところで、意識の顕著な特徴の一つは、それが単一に「まとまり」、システムとして捉えられるということである。この章の冒頭に掲げたデカルトの言葉の一部を再び引用すれば、

私が心、すなわち、意識を持つ存在としての私自身のことを考える時、それは、部分に分けることのできない一つのものである。

例えば、私は、街を歩きながら、どこからか漂って来るコーヒーの芳香に気がつく。ふと右を見ると、喫茶店の看板が見える。私は、足を止めて、ひと休みしていこうかどうしようか考える。その間にも、私の足は、常に、歩道の石からの圧迫を感じている。通りを行く車の音を感じている。頬をなでる、風の感触を受け止めている。これらの様々な感覚は、すべて、「私」にとって、一つの枠組み、すなわち「意識」のもとに統合されている。もし、こ

れらの感覚のどれか一つにでも、私の注意を引くような属性があれば、私はそこに注意を向けるだろう。例えば、もし歩道の上に石があり、私の足がそれを踏めば、私はその異質な感覚に注意を向けるだろう。もし、急に雨が降り始めて、私の頬に雨粒が当たれば、私はそれに注意を向けるだろう。もし、通りを行く車の音の中に、救急車のサイレンの音が混じれば、私はそれに注意を向けるだろう。

こうして、私は、私の心の中に起こるすべての感覚を同時に摑み、統合し、いつでもそれに注意を向けられる準備ができている。私の心の中の感覚は、意識の下に統合されているのだ。実際、私がコーヒーの芳香に注意を向け、喫茶店を発見したのも、嗅覚が統合された「意識」という枠組みの中にあったからである。そして、コーヒーの芳香によって私の心の中に引き起こされた快い感情も、また「喫茶店に寄っていこうか」という思考も、すべて、「意識」という枠組みの下に統合されている……。

心脳問題における最大のカギであり、謎であるクオリアも、意識において心の様々な要素が一つの塊の中に統合されているという事実の反映である（第五章）。クオリアは、意識の下での脳の情報処理の統合のプロセスにおいて、本質的な役割を果たしていると考えられるのである。

意識は何かということを説明しようとする理論は、それがどのような仮定に基づくとしても、意識が統合された単一のものとして存在するという事実を説明できなければならない。このような観点から意識を捉えるためには、それを一つのシステムとみなすのが便利である。

今、複数の要素が統合された単一の枠組みの中にある場合、それをシステムと呼ぶことにしよう。意識において統合される複数の要素とは、心の中に起こる様々な感覚、感情、思考である。心の中の様々な表象=要素は、「意識」という一つのシステムの中に統合されているのだ。

もっとも、右のような意識の特徴づけが、単なる言葉の遊びに終わってしまっては、科学的に何も面白いことは起こらない。問題は、意識を支える物質的過程を見た時に、それが統合された一つのシステムであるとは、何を意味するかということである。この質問に答えるためには、そもそも「システム」とは何を意味するのかということを、きちんと定義しなければならない。

ある一群の要素を、システムとして論じることに意味があるのは、それらの要素がお互いに相互作用を及ぼし合って、時間発展していくからである。もし、二つの要素の間に、まったく相互作用がなければ、それらの要素を一つの「システム」として記述する意味はまったくない。

例えば、お互いにまったく相互作用しない、二つの宇宙があったとしよう。これらの二つの宇宙を含む、一つのシステムを想定して、二つの宇宙を統合されたシステムとして記述することには、何の意味もない。このような場合には、それぞれの宇宙を、独立したシステムとして個別に記述すれば、それで事足りる。なぜならば、それぞれの宇宙の時間発展は、もう一つの宇宙がどのような状態にあるかとは無関係に、独立して進行するからである。

ある一群の要素をシステムとして記述することが妥当であるための必要十分条件は、それらの要素が相互作用によって連結していることなのである。ここで、要素と要素が相互作用によって連結されているかどうかということを、「相互作用連結性」と呼ぶ。ある要素と別の要素が相互作用を通してつながっている時には、それらの要素は、相互作用連結であると言う。

(a)　——　相互作用

(b)

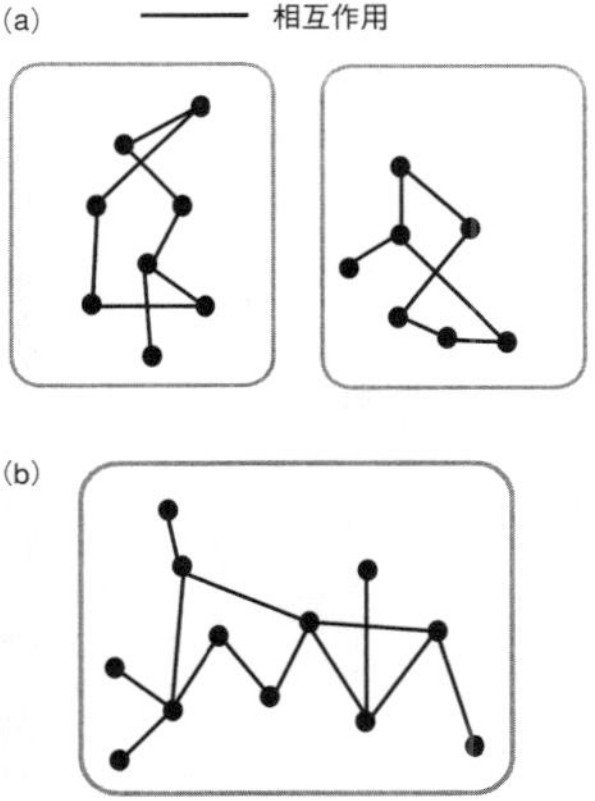

図4　相互作用連結性とシステム

私たちは、ニューロンの発火の間の相互作用連結性を、第三章で定義した。すなわち、シナプスが興奮性の場合と抑制性の場合で、その性質はまったく異なり、その差が認識の要素の形成に重大な影響を与えるのだった。そして、私たちは、興奮性シナプスを介しての相互作用の結びつきを正の相互作用連結性、抑制性シナプスを介しての相互作用の結びつきを負の相互作用連結性と呼んだのであった。

ある一群の要素の集合がシステムを構成するということは、それらの要素が、相互作用連結性の観点からみて、一つにつながっている状態（単連結）にあることであると定義される。ここに、ある要素の集合が「単連結」

であるとは、集合中のどの要素からどの要素へも、相互作用連結の「橋」をたどって到達できることを意味する。相互作用が何であるかは、考えているシステムが何であるかによって異なる。相互作用の性質にかかわらず、要素が一つにつながっているかどうかを考えようというわけである。

《システムとは、相互作用連結性において単連結な要素の集合である》

図4で言えば、ａの場合、要素全体の集合は相互作用連結性において単連結ではなく、それぞれが単連結な二つの集合に分解できる。このような時には、二つの独立したシステムが存在し、それぞれはお互いと無関係に時間発展していくことになる。一方、ｂの場合、要素全体の集合は相互作用連結性において単連結であり、一つのシステムをなしているということができる。

## 6　意識についての三つの仮説

ここまでの議論をまとめると、意識と脳の中のニューロンの発火の間の関係について、次のようなイメージが浮かび上がってくる。

①脳の中のすべての物質的過程のうち、意識や心の問題を考える上で意味があるのはニューロンの発火のみである。物質的存在としてのニューロンには意味がなく、ニューロンの発火という事象に意味がある。発火していないニューロンは、意識や心を考える上では、存在していないのと同じである。

②脳幹からの上行性網様体賦活系の投射により、大脳皮質のニューロンの発火レベルが制御される。発火頻度があるしきい値を超えた時に意識が生じる。

③意識は、心の中の表象＝要素を統合する一つのシステムである。脳の中の神経回路網におけるニューロンの発火が一つのシステムとして成立するための条件は、ニューロンの発火が、相互作用連結性において、単連結である（一つにつながる）ことである。

以下では、右の三つの仮説に基づき、第2節で挙げた問題、すなわち、

①脳の中のニューロンの発火が、どのような条件を満たした時に、そこに「意識」が宿るのか？（意識の時間的範囲）

②脳の中の解剖学的部位（ニューロンからなる回路網）のうち、どの部分集合に「意識」が宿るのか？（意識の空間的範囲）

の問題について考える。

私たちは、まず、右の①の問題、すなわち、脳の中のニューロンの発火が、どのような条件を満たした時に、そこに「意識」が宿るのか？　睡眠状態と、覚醒状態の差は何か？　という問題から検討することにする。

## 7　パーコレーション転移

相互作用連結性という観点から、睡眠状態＝「意識のない状態」から、目覚めた状態＝「意識のある状態」に移る転移を、定量的に理解する上で、便利な概念がある。それは、「パーコレーション転移」(percolation transition) である。

パーコレーション転移とは、例えば、不導体の金属Aの中に、少しずつ導体の金属Bを混ぜていった場合、金属Bの割合がある臨界値に達した時に、電流が流れ始めるという転移だ。

この節では、まず、パーコレーション転移について説明して、次の節で、そのニューラル・ネットワークへの応用を考えることにしよう。

電流が流れるということは、金属の端から端まで、導体の金属Bだけを通って行くことができるということだ。今、導体の金属が繋がってできた固まりを、クラスターと呼ぶことにすれば、このクラスターのサイズが、金属のサイズと同程度になれば、電流が流れることになる。もし無限大のサイズの金属を考えれば、クラスターのサイズが無限大になった時に、

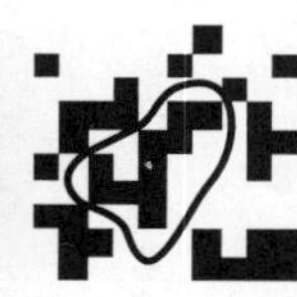

(a) p=0.2 (0.197) (b) p=0.4 (0.407) (c) p=0.6 (0.597) (d)

図5　パーコレーション転移の様子

電流が流れることになる。導体の金属Bの割合を増加していくと、ある臨界値に達した時に、無限大のクラスターが存在する確率が、0から有限の値に変化する。この時、電流が流れ始めるのである。

右の直観的な理解を、もう少しきちんと定式化してみよう。

今、金属の中の空間を、二次元格子で表す。本来は三次元なのだが、本質は変わらないので二次元の格子を考える。格子点は、占拠されているか、占拠されていないかの二つの状態をとるものとする。金属がすべて不導体の金属Aの時は、どの格子点も占拠されていないと考える。導体の金属Bが金属内のある空間を占めた時に、それに対応する格子点が占拠されたと考える。不導体の金属Aに混ぜる導体の金属Bの割合を大きくしていくとともに、占拠される格子点の割合も大きくなっていく。

この二次元の正方格子において、お互いに連結している格子点の集合のことを、クラスターと呼ぼう。占拠する確率を大きくしていくと、あるしきい値において、クラスターの大きさが系の大きさと同じ程度になる。つまり、系が、単連結（一つにつながった）状態になる。この現象が、パーコレーション転移である（図5）。

右のような、各格子点が占拠されているかいないかを考えるやり方を、サイト過程と言う。パーコレーションを考える際には、他にボンド過程という考え方もある。ボンド過程においては、格子点が占拠されているかどうかを考える代わりに、格子点の間のボンド（結合）に着目し、ボンドが存在するかどうかを考える。サイト過程による二次元正方格子のパーコレーションしきい値は、０・５９２８４６０±０・０００００５と求められている（参考文献 Ziff 1992 を参照）。解析的に厳密には求められないので、これはシミュレーションで求めた値だ。一方、ボンド過程による二次元正方格子のパーコレーションしきい値は、厳密な値が０・５と求められている。

図５は、パーコレーション転移の様子をシミュレートしたものだ。50×50＝２５００個の格子点の各々に、ある確率ｐで点を置いていく。図のａは確率ｐ＝０・２、ｂは確率ｐ＝０・４、ｃは確率ｐ＝０・６で点を置いた様子を表したものである。ただし、シミュレーションは乱数を発生させて行うので、実際に格子点を占める点の数は、ふらつく。カッコ内の数字は、実際に占拠された格子点の割合を示したものだ。ｃはパーコレーションしきい値に極めて近い値でのシミュレーションなので、理論的には、領域を横断するクラスターができていることが予想される。

ｄは、ｂの一部分を拡大したものだ。線で囲まれた部分が、一つのクラスターである。斜めに隣接する格子点は、連結しているとみなさないので注意しよう。

## ８　パーコレーション転移と相互作用連結性

パーコレーション転移の場合には、ある格子点と別の格子点が「結合」しているための条件は、正方格子上でそれが最近接の位置にあることである。

ここで、「結合」しているとは、具体的には何を意味するのだろうか？　パーコレーション転移において、格子状で最近接の位置にある格子点どうしのみが結合していると考えるのは、「互いに最短距離にある格子点どうしが相互作用する」という仮定があるからである。すなわち、結合は、格子点の間に存在する相互作用を表したものに他ならない。したがって、パーコレーション転移における格子間のボンド（結合）は、相互作用連結性を表したものに他ならないということになる。

すなわち、パーコレーション転移のモデル（サイト過程）と、神経回路網におけるニューロンの発火の間の相互作用連結性の間に、次のような対応が付くことになる（表1）。

ここで注意すべきことは、格子点どうしがどのように相互作用するかが転移の様子を決定する上で本質的なのであって、格子点が埋め込まれている空間の幾何学的性質が本質的ではないということだ。たまたま、「互いに最短距離にある格子点どうしが相互作用する」という仮定をおいているから、空間的に隣り合った格子点が「結合」しているように見えるのである。

例えば、「ある格子点は、そこからx方向に3、y方向に6行った格子点と、x方向にマイナス3、y方向にマイナス6行った格子点と相互作用する」という仮定に基づいてパーコ

表1　サイト過程と神経回路網の間の対応

| | 格子が占拠される条件 | 結合の条件 |
| --- | --- | --- |
| サイト過程 | 格子点が粒子で占拠されていること。 | 占拠された最近接格子点どうしが、相互作用で結合する。 |
| ニューラル・ネットワーク | ニューロンが発火すること。 | ニューロンの発火イベントどうしが、相互作用で結合する。 |

レーション転移を考えることもできる。このような「奇妙な」相互作用の様式を考えた場合、その結果形成される「格子点の結びつき方」は、格子点が埋め込まれている空間の幾何学とはまったく関係のないものになってしまう。つまり、空間の幾何学よりも、相互作用の様式（どの格子点と、どの格子点が相互作用しているか）の方が重要だということだ。

この点は、特に、必ずしも近くにあるニューロンどうしがシナプス結合をするとは限らないニューラル・ネットワークにおいては、極めて本質的である。要するに、ニューロンは、一番近いニューロンに結合するとは限らないで、くねくねと軸索を伝わらせて、遠く離れたニューロンに結合することが頻繁にあるからだ。つまり、ニューロンの間の相互作用の様式を、単純に脳の空間的な幾何学と同一視してはならない。

こうして、睡眠状態（意識のない状態）から覚醒状態（意識のある状態）への転移が、パーコレーション転移として理解されるという描像が浮かび上がってくる。

すなわち、睡眠状態から覚醒状態への移行においては、上行性網様体賦活系からの投射により、大脳皮質内のニューロンの発火のしきい値が下げられ、より高い頻度で発火するようになる。ニューロンの発火頻度の上昇は、サイト過程において、占拠されている格子点の割合が増加していくことに対応する。占拠されている格子点の割合があるしきい値に達した時に、連結したクラスターの大きさが無限大となる確率が0よりも大きくなるパーコレーション転移が生じる。同じように、ニューロンの発火頻度がある一定のしきい値に達した時に、大脳皮質内のニューロンの発火が、相互作用連結性において単連結となる転移が生じると考えられる。そして、ニューロンの発火が一つに結びついた時、そこに私たちが「意識」と呼ぶ属性が生じると考えられるのである。

イメージで言うと、脳の「隅から隅まで」、ニューロンの発火を伝わっていくことができるようになった時に、そこに「意識」が生じるというわけである。このことは、ちょうど、前節の例で、不導体の金属に導体の金属を混ぜていった時に、しきい値でパーコレーション転移が生じ、「隅から隅まで」電流が流れることに対応している（もちろん、「意識＝電流」だと言うわけではない）。

右のイメージから、「意識」の興味深い性質が導き出されてくる。すなわち、意識のない状態から意識のある状態への転移がパーコレーション転移として生じるという描像の下では、大脳皮質のニューロンの発火のうちの一部にのみ、「意識」が宿るような特別な役割が与えられることはないのである。なぜならば、パーコレーション転移の特徴の一つは、各サイト＝ニューロンの発火がばらばらの状態から、一つへつながった状態への変化が、特定の場所に偏ることなく、あらゆる場所で同時に起こることだからである。さらに言えば、特定のスケールが特別の意味を持つこともない。すなわち、スケール不変性がある。ここから類推されるのは、意識を支えるニューロンの発火の分布に、フラクタルとしての性質があるだろうということだ。

## 9　ソフトウェアとしての意識

こうして、私たちは、睡眠状態（＝意識のない状態）から、覚醒状態（＝意識のある状態）への転移が、ニューロンの発火の間の相互作用連結性に基づく、パーコレーション転移であるというイメージに到達したわけである。このようなプロセスが、「意識」の時間的な範囲を決めていると考えられるのである。

もちろん、以上の議論は、認識や感情といった、意識という枠組みの中で起こる様々な精神現象の内容を一切捨象して行われている。さらに言えば、相互作用連結性は、あくまでもシステムとしての意識が成立するための必要条件であって、ニューロンの発火が相互作用によって一つに結びついているからといって、そこに必ず意識が生じるわけではない。意識の

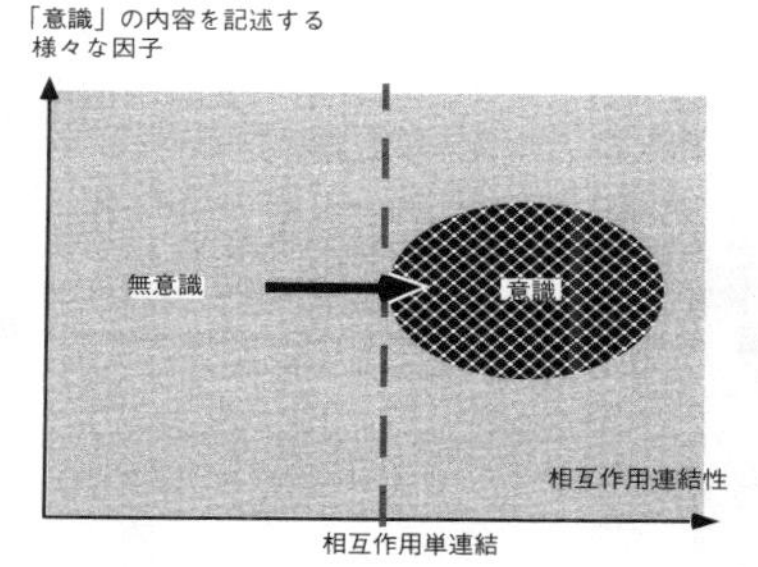


図６　相互作用連結性と意識

存在は、実際には、意識の内容を記述する様々な因子、いわば「ソフトウェア」によって支えられている。相互作用連結性の観点からニューロンの発火が単連結であるかどうかは、「ソフトウェア」の内容とは独立の、どちらかと言えば単純な「必要条件」に過ぎないのである（図６）。

意識の本質を考える上で、ニューロン間の結合によって実現された「ソフトウェア」が重要であることは言うまでもない。だが、現時点では、例えば自己意識（self-consciousness）を実現する「ソフトウェア」の内容が何なのかは、現時点ではわかっていない。意識のない状態から意識のある状態への転移をパーコレーション転移として見るという描像は、少なくとも、意識の持つ重要な属性の一つを浮き彫りにしてくれる。すなわち、それは、意識が、相互作用連結性において一つに結合したニューロンの発火からなる、一つのシステムであるということである。

言い換えれば、意識を支える上で必要な「ソフトウェア」はあらかじめ脳の中にニューロンの相互結合パターンとして用意されていて、そのようなパターンに従ってお互いに相互作用するニューロンの発火が、脳全体にわたって相互作用連結になった時に、「意識」が生じると考えられるのである。

## 10　意識的認識に直接寄与するニューロンの範囲

以上、私たちはこの章の第2節で提起した問題のうち、

①脳の中のニューロンの発火が、どのような条件を満たした時に、そこに「意識」が宿るのか？（意識の時間的範囲）

という問題について考察してきた。右の考察において、中心となった概念は、ニューロンとニューロンの間の相互作用連結性である。すなわち、「意識」というシステムが成立するためには、脳全体にわたるような相互作用単連結なニューロンの発火が存在することが必要なのである。

次に、やはり第2節で提起した、

②脳の中の解剖学的部位（ニューロンからなる回路網）のうち、どの部分集合に「意識」が宿るのか？（意識の空間的範囲）

という問題を考えよう。すなわち、脳の中のすべてのニューロンのうち、その発火が意識的認識（conscious perception）に直接寄与するニューロンは、どの範囲かという問題である。

脳の中のニューロンのうち、そのすべての発火が意識的認識を引き起こすわけではない。例えば、小脳や大脳基底核など運動に関係する部位のニューロンの発火は、私たちの意識的な認識に直接関与しない。私たちは、運動の結果、体の姿勢が変わったり、視覚情報の内容が変わったりといった、感覚器から入ってくる情報は認識するが、運動を起こす神経生理学的プロセスそのものは、認識しない。

本来、脳の中のニューロンの発火は、すべて物質的過程として同等なのに（第一章）、なぜ、その一部のニューロンの発火だけが意識的な認識に関与するのだろうか？

この問題を考える上では、脳の解剖学的構造が重要な証拠になる。

脳の解剖学、特に、脳のどの部位とどの部位が、どのような神経伝達物質で結ばれているかという「化学的解剖学」は、脳の機能を探る上で、極めて重要な情報である。「化学的解剖学」が問題にするのは、脳のどの部位に、どのような種類のニューロンが存在して、そしてその間のシナプス結合が、どのような様式でなされているかということだ。特に、どのニューロンとどのニューロンが結合しているかだけではなく、そのシナプスにおいて放出される神経伝達物質がどのようなものか、それは興奮性なのか、抑制性なのか、調節的なのか、そのようなデータを問題とするのである。

解剖学は、一見地味なように思われる分野だが、実は脳の機能を理解する上で、きわめて重要なデータだ。例えば、電気生理学や、PETやfMRIなどの非侵襲的な計測の結果の解釈が、どうしてもそれを解釈する枠組みに依存するのにくらべて、解剖学のデータは、一度確立すれば、くつがえされることは少ない。

化学的解剖学については、私の知る限り、ノイエンフィスの、『脳の化学的構造』(*Chemoarchitecture of the Brain*)がよくまとめられた本である。

## 11 運動系は、抑制性の長距離結合によって特徴づけられる

さて、意識的認識に関与する脳の部位の範囲は、脳の化学的解剖学からどのように理解されるのだろうか? とりわけ、運動に関連した部位が、意識的認識に関与しないという事実は、どのように理解したらよいのだろうか?

実は、運動系のニューロンの活動が、意識的認識に直接関与しないことを理解するカギは、その長距離の結合の性質にあると考えられるのである。

図7は、このような長距離の軸索の結合を、大脳基底部の運動関連分野、すなわち線条体、および大脳基底核を構成する黒質、淡蒼球、視床下部核について見たものである。興奮

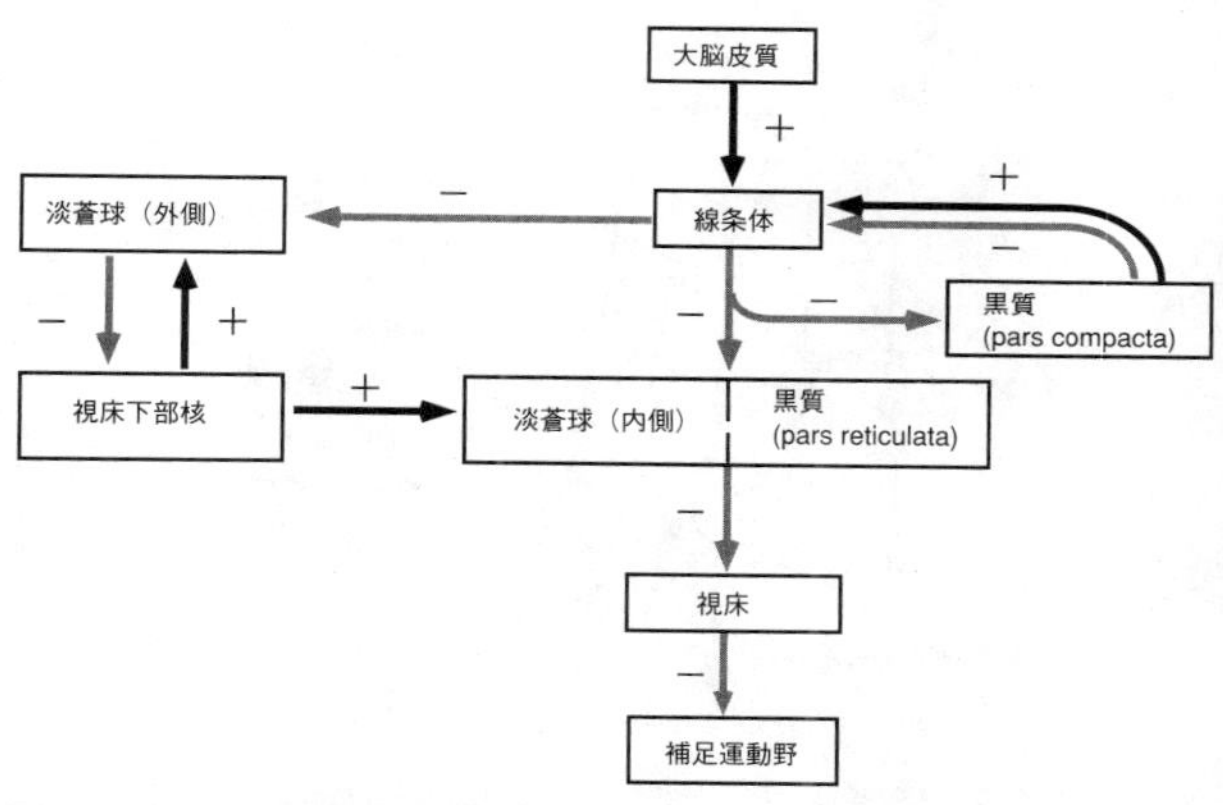


図７　大脳基底部の運動関連部位

性の結合がプラスで、抑制性の結合がマイナスで表されている。線条体から黒質への投射をはじめとして、長距離の軸索の結合に、抑制性のものが目立つことがわかるだろう。

一方、運動制御のもうひとつの主役である小脳においても、長距離の抑制性結合が関与している（図８）。すなわち、プルキニエ細胞から深核への投射である。プルキニエ細胞は、いわば、小脳における「計算の結果」を出力する細胞であるといえ、深核ニューロンへの抑制性の投射は、非常に重要な意味を持っている。この投射をはじめ、小脳におけるニューラル・ネットワークでは、抑制性の結合が重要な役割を果たしている。

このように、大脳基底核、小脳といった運動制御のシステムにおいては、長距離の抑制性の結合が支配的である。この事実は、大脳

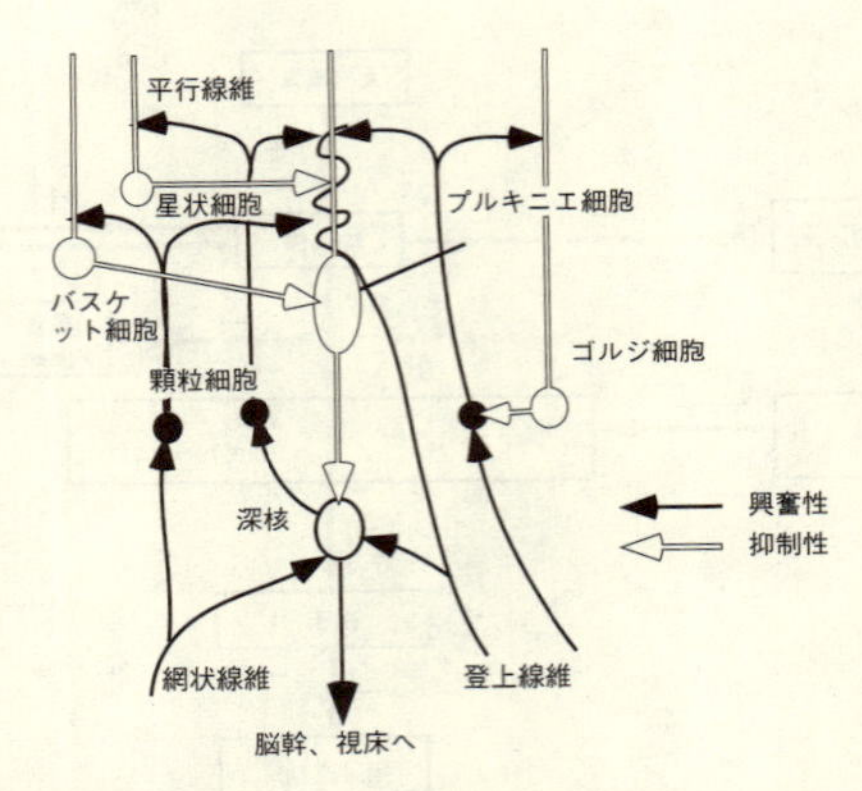


図８　小脳における興奮性、抑制性の結合（Nolte, *The Human Brain* より改変）

皮質における長距離結合が、すべて興奮性のものであることと著しく対照的だ。大脳皮質においては、領野間の長距離の結合は、錐体細胞から出ている（序章図７）。錐体細胞の神経伝達物質は、興奮性のグルタミン酸である。結果として、大脳皮質における長距離結合は、すべて興奮性である。抑制性のシナプスは、大脳皮質においては短距離のＧＡＢＡ細胞に限られるのである。

このように、「シナプス結合」という客観的な基準から見て、運動制御に関わる脳の解剖学的部位と、大脳皮質の間には、明らかなコントラストがある。端的に言えば、大脳皮質は興奮性の長距離結合によって特徴づけられるのに対して、運動系は、抑制性の長距離結合によって特徴づけられるのである。

ところで、ここで言う意味の「長距離結合」は、物理的な意味での「長距離」という意味ではないことに注意しよう。例えば、長さ1ミリの軸索と、長さ5ミリの軸索を比較すると、長さ5ミリの軸索の方が「長距離結合」だという意味ではない。ここでの「長距離結合」とは、ある一群の密に結合し合ったニューロンと、別の密に結合し合ったニューロンの間、すなわち、「ニューロンの塊」の間の結合という意味である。例えば、視床と大脳皮質との間の結合は、このような意味での「長距離結合」だ。つまり、ある結合が長距離結合かどうかは、ニューロンの結合がつくる空間の幾何学的性質によって決まるのであって、物理的距離によって決まるのではないのである。

もっとも、実際には、物理的意味での「長距離結合」は、ニューラル・ネットワークの幾何学から見ても「長距離結合」であることが多い。

## 12　興奮性、抑制性の結合と、意識の空間的範囲

脳の化学的解剖学の知見は、

《大脳皮質 ↓ 興奮性の長距離結合》
《運動系 ↓ 抑制性の長距離結合》

という特徴を示している。

このことは、意識的認識に関わる脳の解剖学的部位、すなわち、意識の空間的範囲を決定する上で、どのような意味を持つのだろうか？

私たちは、大脳皮質が、私たちの意識的な認識において、中核的な役割を果たしていることを知っている。実際、大脳皮質、とりわけ前頭前野が「意識」の座であることが前提とされて、議論が進められることが多い。例えば、前頭前野に直接の投射がないという理由で、第一次視覚野（V1）は意識的な認識に関与しないというクリックとコッホの議論がそうである。

しかし、私たちは、このような議論が、過渡的な意義しかもたないことを認めなければならない。第一章でも議論したように、心と脳の関係を本当に理解したと言えるためには、私たちは、脳の中のニューロンの発火の状態から、それ以外の何も仮定しないで、対応する心の状態を導かなければならないからだ。もし、脳の解剖学的部位のうち、その一部だけが意識的認識に関わるのだとすれば、その事実は、大脳皮質や前頭前野といった特定の解剖学的部位に意識が宿ることを前提とするのではなく、すべての解剖学的部位を平等に扱った上で、そこから何らかの客観的な基準によって導かれなければならないのである。そうしてこそ、私たちは、脳の中のニューロンの発火と、心の間の本質的な関係を理解する一歩を踏み出せるのだ。

ここで、第三章の議論を思い起こそう（第三章図10）。私たちは、認識の要素には、興奮性の結合によって結ばれた相互作用連結なニューロンのクラスターのみが関与して、抑制性の結合は関与しないと仮定したのであった。このことを、ある方向のバーに反応する単純型細胞の受容野を例に取り上げて説明した。そして、この仮説は、私たちが「白いバー」と呼ぶ図形が成立することが、「白いバー」のまわりの地が「白くならないこと」に依存しているにもかかわらず、まわりの地そのものは「白いバー」という図形の一部にはならないことと関連しているのであった（第三章図11）。

第三章における議論のポイントは、抑制性の結合は、ある認識の要素を定義し、ある刺激が与えられた時にその認識の要素に対応するニューロン群が発火するかどうかを決定するという意味では寄与するが、認識の要素そのものの構成因子にはならないということである。この仮説は、さらに、興奮性の結合と抑制性の結合の間で、相互作用連結性の性質に本質的な差があること、そして、シナプスを通してのニューロン間の相互作用が、ニューロンが発火する＝「存在」か、発火しない＝「不存在」かという、「存在」と「無」そのものを制御するものであることと関連している。

第三章の議論をふまえて、私たちは、次のような仮説を立てることができる。すなわち、一般に、抑制性の結合は、意識的な認識の内容を条件づけるという意味では寄与するが、意識的な認識の内容そのものにはならないという仮説である。つまり、

《意識的認識の範囲は、抑制性の結合において、切断される》

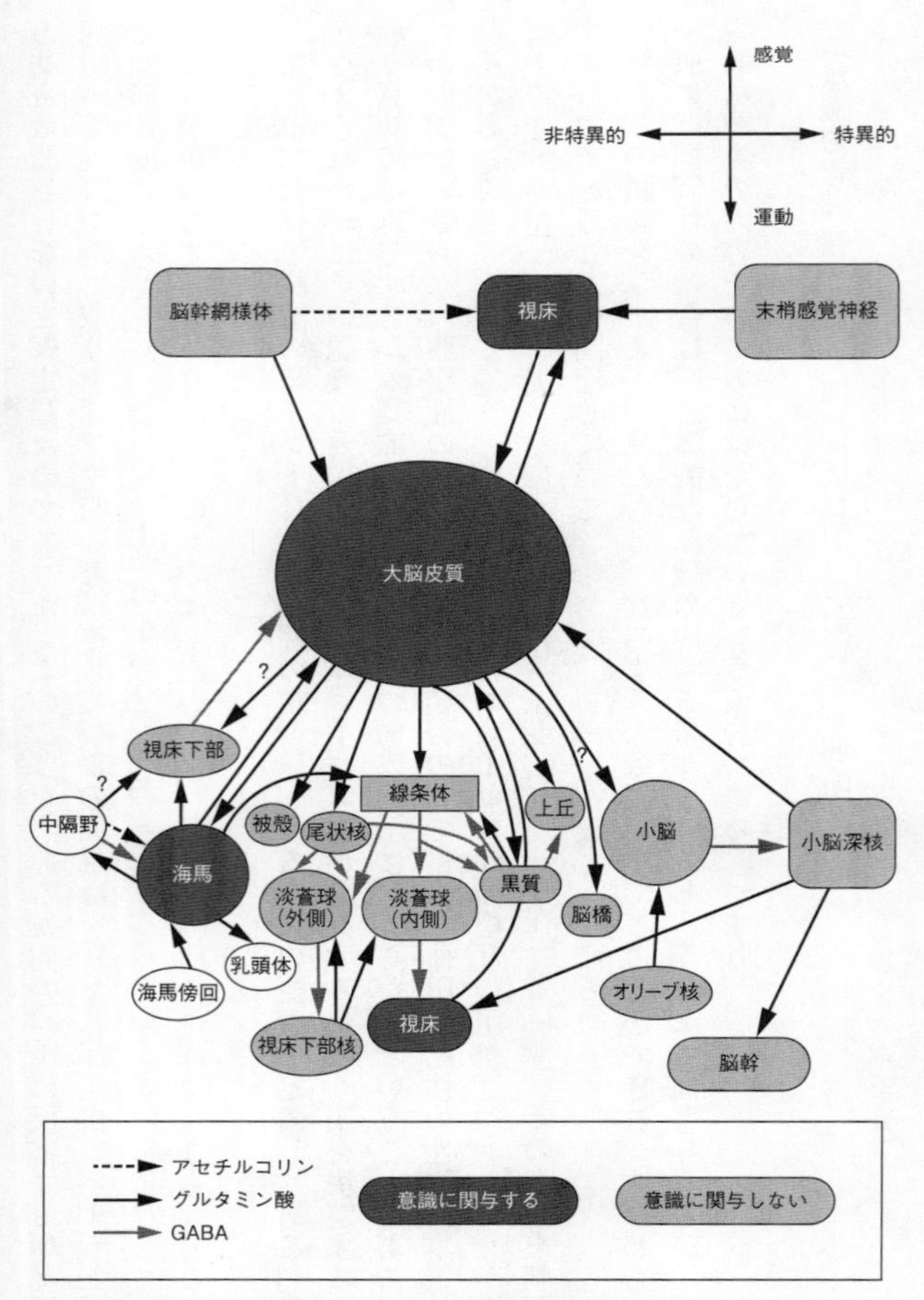


図9　長距離アクソン結合から見た意識に関与する脳の部位

という仮説をとるのである。

このような仮説は、認識に関する限り、発火していないニューロンは存在しないのと同じであること（第三章図2）、抑制性の結合の因果関係は、「負」の因果関係であること（第三章図4）、そして、システムが成立するための条件は、要素が相互作用連結になることであること（第三章図6）といった、私たちが積み重ねてきた議論と整合性を持つのである。

意識的認識の範囲が、抑制性の結合において切断されるという仮説に基づいて、脳の中の主な解剖学的部位の間の結合を見たのが、図9である。濃い色のところが、意識的な認識に関与すると考えられる部位だ。


主な解剖学的部位のうち、右の基準によって、意識的な認識に関与すると結論づけられるのは、大脳、海馬領野、および視床だ。小脳や大脳基底核（黒質＋淡蒼球＋視床下部核）などの運動関連部位は、長距離の抑制性のシナプス結合の存在により、意識的認識に関与する解剖学的部位から除外されるのである。この結論を出す上では、主にＧＡＢＡ（抑制性）とグルタミン酸（興奮性）の二つの神経伝達物質に注目すればよい。

ここで、二つのことを断っておく必要がある。

まず第一に、たとえ抑制性の結合があっても、それと並列して興奮性の結合があった場合には、興奮性の結合の方で、正の相互作用連結性が保たれて、意識的認識は切断されないということだ。大脳皮質が、短距離の抑制性結合の存在にもかかわらず全体としては、

《正の相互作用連結＝意識的認識に関与》

となるのは、短距離の抑制性結合を補う、並列した興奮性の結合があるからだ。図９で、特に長距離の結合を問題にしたのは、長距離の結合が抑制性だった場合、それを補う並列した興奮性結合はないことが多いからである。

第二に、図９では、双方向の興奮性結合で結ばれている領野のみが、意識的認識に関与するとした。例えば、末端の感覚神経から中枢への投射は、興奮性ではあるが、一方向なので、末端の感覚神経は、意識的認識に関わらないとするのである。この仮定は、第三章第11節で議論した、視覚系における逆方向結合の問題や、注意の問題とも関連した、意識の本質と関係している。

## 13　以上の議論のまとめ

以上の議論をまとめると、表２のようになる。

もちろん、以上の議論は、完全に客観的な基準で「意識」を定義するという目的からは、不十分なものであることを認めなければならない。例えば、意識の空間的範囲を決定する議論においても、結局は「大脳皮質」が特別な領野であることは前提とされている。なぜなら

表2　意識の時間的、空間的範囲の客観的基準

| | 判定に用いられる客観的基準 | 結論 |
|---|---|---|
| 意識の時間的範囲 | ニューロンの発火の間に相互作用連結性が成立するかどうか。 | 無意識（睡眠）から意識（覚醒）への変化は、パーコレーション転移として特徴づけられる。 |
| 意識の空間的範囲 | ニューロンの間の結合が興奮性か、抑制性か。双方向の興奮性の結合がある場合に、そのニューロン群は意識的認識に関与する。 | 意識的認識に関与する部位は、大脳皮質、視床、海馬領野である。運動系の多くは、意識的認識に関与しない。 |

ば、「双方向の興奮性の結合」という基準だけでは、例えば網膜の内部にも、そのような基準を満たすニューロン群ができてしまう。同様に、右の議論では意識的認識から排除された運動系の中にも、その内部で双方向に興奮性の結合を持つニューロン群が現れる。こうして、厳密に言えば、脳の中に、「双方向の興奮性の結合」を持つニューロンのグループが複数でき、「大脳皮質＋海馬領野＋視床」は、そのようなグループのうちの「一つ」に過ぎないということになる。ここから、「大脳皮質＋海馬領野＋視床」だけが意識的認識に関与するという結論を導くためには、結局はこのグループが大脳皮質を含むという意味で特別であることを前提としなければならないのである。

以上の議論で中心となった概念は、ニューロンの発火とニューロンの発火の間の相互作用連結性だ。すなわち、ニューロンの発火どうしが相互作用によって結ばれることが、システムとしての意識が成立するために必要であるという描像である。もちろん、このような描像からは、意識を支える「ソフトウェア」的な議論は出てこない。極端な話、まったく均

一な相互結合を持ったニューロンの塊を用意したとして、そのニューロンの塊が相互作用連結に発火したとしても、そのニューロンの塊に意識は宿らないと考えられる。

私たちの脳の中のニューロンの発火が、「意識」を持つのは、その相互結合が複雑で豊かな構造を持っているからだ。ニューロンの発火が相互作用連結になるという条件は、一つの必要条件に過ぎない。

というわけで、私たちが「意識を定義する」という課題に本当に成功するまでの道のりは、とてつもなく遠いのである。その道のりは、「意識」について、客観的な、技術的議論を進めることによってのみたどることができる。たとえ一つ一つのステップは小さくとも、少しずつ進んでいくしかないだろう。

# 第七章　「理解」するということはどういうことか？

……したがって、私自身の用語法によれば（そして、実際、それは、一般的な用語法と一致するのだが）、次のようなことが示唆されることになる。
（a）「知性」は、「理解」を前提とする。
（b）「理解」は、「覚醒」を前提とする。
ここに、「覚醒」は、「意識」の受動的な側面を表している。

――ロジャー・ペンローズ『心の影』

## 1　「理解する」ことの意識

第一章から第五章まで、一貫して認識（perception）の問題を扱ってきたが、この章では「理解」（understanding）とは何かということについて考えることにする。つまり、より抽象的な思考の問題に光を当てるのである。「理解」の問題は、人工知能を巡って議論されてきた「チューリング・テスト」や、「フレーム問題」などの論点とからんで、極めて興味深い問題を提供する。

「コンピュータ」という二つの概念は、しばしば紛らわしい。例えば、「コンピュータは意識を持つか?」とか、「人工知能は考える能力を持つか?」とか、しばしば両者は同じような議論の文脈で使われることがある。この章では、「人工知能」という言葉を主に使うことにする。ここに、「人工知能」は、その言葉通り、人工的な手段で、知能を実現するプロセスを指す。その原理やその背景となる理論は何であるかを問わない。「コンピュータ」という言葉を用いない一つの理由は、それが今日ではデジタル・コンピュータ、すなわち、原理的に言えばチューリング・マシンを指す意味で使われることが多いからである。この章における議論は、そのような具体的な計算のパラダイムに依存しない。

一見、「認識」と「理解」の間の関係は、それほど直接的なものではないように思われる。「認識」は外界の具体的な事物と結びついているのに対して、「理解」は、もっと抽象的な思考に関係しているように思われるからだ。

しかし、第五章第5節でも触れたように、「認識」と「理解」の間には、それを支える神経生理学的な機構を考えた時、多くの共通点が見出される。そして、その共通点は、「理解」を、「覚醒」を含む意識の問題の中に位置づけた時に初めて浮かび上がってくるのである。「認識」における諸問題、例えば「ニューロンの識別問題」や、「結びつけ問題」、さらに「クオリア」の問題を突き詰めていくと、結局「意識」や「心」の問題の本質に到達するように、「理解」という概念も、その意味を突き詰めていくと、「意識」や「心」の問題の本質が見えてくるのである。

私たちは、まず、「理解するとはどういうことか？」という問いかけから議論を始めることにする。

## 2　理解するとは、どういうことか？

「理解」は日常的に使われる言葉である。それは、「認識」のように、専門的な響きを持つ言葉ではない。実際、私たちは、普段何気なくこの言葉を使っている。

「彼が何であんなこと言うのか、理解できないよ」
「この数式の意味は、ちょっと理解できないなあ」
「彼女は、あの言葉の意味を、理解しているのかな？」

「理解」という言葉は、あまりにも日常性の手垢にまみれているため、それが、脳の高次機能を解明する上で、ましてや心と脳の関係を解明する上で新しい領域を開いてくれるような概念だとは、一見、とても思えない。

だが、「理解」こそ、私たちの持つ高度な思考能力の本質に関わる概念なのだ。実際、以下に議論するように、なぜ、現在存在するコンピュータが人間のような高度な知性を持たないのかという問いに対する答えは、簡単なのである。なぜならば、

## 《コンピュータは理解しない》

からである。そして、私たちは、「理解」という私たちの心の働きが、いったいどのようなメカニズムに基づいているのか、まったく「理解」していないのである。

クオリアという概念がそうであったように、「理解」も、主観的な響きを持つ概念である。実際、「コンピュータは理解しない」という命題も、その操作的（operational）な意味が与えられない限り、科学的には意味がない（後に明らかになるように、「コンピュータは理解しない」は、操作的に「コンピュータはチューリング・テストに合格しない」と同義である）。

また、私たちは、究極的には、「理解」という現象が神経生理学的にはどのようなメカニズムに対応するのかということを明らかにしなければならない。つまり、私たちが何かを「理解」した時、ニューロンの発火としては何が起こっているのかを明らかにしなければならないのだ。

そもそも、「理解」するということは、どういうことだろうか？

例えば、次のような「図形」があったとしよう（図1）。

私たちは、このような「わけのわからない」図形を見た時、何とかそこに意味を見出そうとする。これは何かの暗号だろうか？　あるいは、象形文字？　真ん中の図形はピクニック・テーブルのように見えるから、これは、公園の構造を表した地図ではないかと思う人もいるかもしれない。中米の失われた文明の文字に似ていると厳かに宣告する人もいよう。周囲の四つの図形は、すべて一つにつながっているのに、真ん中の図形だけが三つの部分に分かれていることに意味を見出そうとするかもしれない。あるいは、それぞれの図形を構成する直線や曲線の長さ、角度が、天体の運行を表しているという可能性を追求する人もいるかもしれない。

実際には、右のようなアプローチでこの図形を眺めても、私たちはそれを「理解」できないだろう。私たちがこの図形を「理解」するのは、図1をしばらく眺めた後、それが「カタカナとその鏡像を背中合わせに張りつけた」図形を五つ集めたものであるということに気がつく時だ。すなわち、図1は、「フ」「イ」「ラ」「ケ」「マ」という、五つのカタカナと、それぞれの鏡像を背中合わせに張りつけたものなのである。これに気がついた時、私たちは、「アハ！」(Aha!) と叫ぶ。なんだ、そうだったのか！　というわけである。

図1　「わけのわからない」図形

私たちが、右の図形を「理解」した時、私たちの脳の中では、何が起こっているのだろうか。それを言葉で表すのは難しいが、私たちが、感じるのは、

「何かが当てはまった」という感覚である。それまで続いていた緊張感がふっとやわらいで、緩和したような感覚がある。その対象が、ロシア語であれ、ファインマン図形であれ、公定歩合と株価の関係であれ、私たちが何かを「理解」し、私たちの心の中で「ふわっと」何かが当てはまったような感じがした時、脳の中ではいったい何が起こっているのだろうか？　そもそも「理解」するということは、何を意味するのだろうか？

このような疑問を突き詰めていくと、「理解」とは何かという問いは、その日常性の手垢のついたイメージから離れて、次第に、心と脳の間の関係の本質にかかわる、先鋭的な問題へと変わっていくのである。

### 3　一つの「言葉」の意味は、どのように確定するのか？

「理解」という現象の背後に潜むミステリーを浮き彫りにするには、言葉の問題から始めるのがよい。すなわち、言葉の「意味」(meaning) を理解するとはどういうことかという問題である。

例えば、「猫」という言葉の意味を「理解」するというのは、どういう意味なのだろうか？

すぐに思いつくのは、「猫」という記号（それは視覚的形態でもよいし、音声でもよい）に、外の「猫」という事物が結びついた時に「猫」という言葉の理解が成立するというモデルだ（図2）。

例えば、私がドイツに行き、ドイツ人が、「ブルーメン、ブルーメン」と言っているのを耳にしたとする。何だかわからないが、そのうち、ドイツ人が「花」＝外界の事物を指しながら「ブルーメン」と言うのを目撃して、ああ、「ブルーメン」というのは、「花」のことなんだなと「理解」したとしよう。このような場合には、「ブルーメン」という記号と、外界の「花」という事物の間の対応関係が成立することが、すなわち「ブルーメン」（Blumen）という言葉の意味を理解することであるように思われる。

図2　「猫」という言葉の意味の理解

《ブルーメン（Blumen）
＝外界の「花」》

したがって、外界の事物との対応関係をつけることが、言葉の「意味」を「理解」することだというモデルが成立するように思われるかもしれない。

しかし、このような、外界の事物との対応関係によってある言葉の意味を確定しようという試みは、成功しないのである。

その理由の第一は、抽象的な概念を表す言葉の意味を確定するような、外界の対応物は存在しないことである。例えば、「真実」や「進歩」といった抽象的な概念に対応するような外界の事物はないし、また、ある特定の外界の事物がこのような言葉の意味を決めているわけでもない。もっとも、抽象的な言葉と具体的な事物を指す言葉で、その意味を確定する神経生理学的なメカニズムが異なり、具体的な事物に関しては、外界の事物との対応関係がその意味の基礎となっていると考えることもできる。しかし、そのような考え方は不自然であろう。

外界の事物との対応関係に依存するモデルが成功しない第二の理由は、第二章で議論した、認識の基本原理としての「反応選択性」が持つ欠陥と共通である。すなわち、一つ一つの言葉が、それぞれある特定の外界の事物と対応するという考え方は、ちょうど、認識において、あるニューロンの発火が「薔薇」をコードするのは、それが「薔薇」だけに選択的に反応するからだという考え方と同じ図式なのである。したがって、このような言葉の意味のモデルは、「反応選択性」が持っていた三つの欠陥を、そのまま引き継いでしまうことになる。すなわち、

①外界の事物の自己同一性を仮定していること（論点の先取り）
②外界の事物との対応関係を操作的に確認することが不可能に近いこと

③アンサンブル（集合）に基づく概念であるため、ある特定の瞬間におけるニューロンの発火だけでは、その意味が確定できないこと

である（第二章を参照）。

もし、言葉の意味の起源をその外界の事物との対応関係に求めることができないのだとすると、言葉の意味は、内部的な要因、つまり、言葉というシステム内部のメカニズムによって決定していると考えるしかないことになる。

例えば、ある言葉の意味は、その言語体系の中の他のすべての言葉との関係によって決まるというモデルを考えることもできる（図3）。

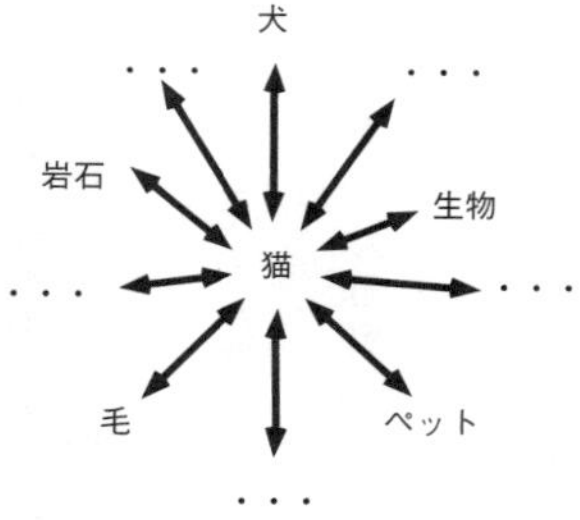

犬　生物　ペット　毛　岩石　猫

図3　「猫」と他の言葉の間の関係

「猫」という言葉は、例えば、他の言葉と次のような関係を持つ。

「猫」は「犬」ではない。
「猫」には「毛」がある。
「猫」は「ペット」である。
「猫」は「生物」である。
「猫」は「岩石」ではない……

このような、「猫」と他の言葉との関係性が、「猫」とい

う言葉の意味を決めるというわけである。

右のような言葉の意味のモデルは、次のように定式化することができるだろう。

《ある言葉の意味は、その言語体系の中の他のすべての言語との関係によって決まる》

一見、右の命題はもっともらしく思われる。「認識におけるマッハの原理」に似て、相対的な視点に立った、否定しがたい命題であるように思われる。しかし、この命題は、「猫」に関する完全な辞書をつくる際のマニアックなこだわりには役に立っても、「猫」という言葉の意味が、脳の中で神経生理学的に決定する際のメカニズムにはなりそうもない。特に、「猫」という言葉を聞き、私たちがその意味を「理解」する時に脳の中で起こっていることは、どうも右のような図式とは少し違うようなのである。

そのことは、次のような極端な例を考えると、より明らかになるだろう。

## 4　$E=mc^2$の「意味」はどこにある？

「猫」という言葉の意味は、他のすべての言葉との関係で決まるというのはもっともらしい説ではある。しかし、その意味を神経生理学的に定式化しようとすると、とんでもないことになることがわかる。

例えば、

《$E=mc^2$の「意味」はどこにあるのか？》

という問題を考えてみよう。

「$E=mc^2$」は、周知の通り、アインシュタインが相対性理論を展開する過程で導出した、エネルギーと質量の等価性を表す式である。この式は、原子爆弾の製造への道を開き、人類の歴史を大きく変えた。

私たちは、この式を、次のように「理解」する。

《「$E=mc^2$」の理解＝左辺のEは、エネルギーを表す記号である。一方、右辺のmは、質量であり、cは光の速度である。光の速度は、毎秒、約3×10の8乗メートルだ。つまり、「$E=mc^2$」という式は、質量mの物質は、その質量に光の速度の2乗をかけただけのエネルギーをもつという意味である》

普通、「$E=mc^2$」という式の理解は、これでおしまいである。実際、多くの人は、この説明で満足して、「私は$E=mc^2$を理解したぞ！」と喜ぶことだろう。つまり、私たちは、「$E=mc^2$」の「意味」を、右の説明ですむ程度に「コンパクト」な形で「理解」しているわけである。イメージとして言えば、私たちの心の中で、「$E = mc^2$」という式の意味は、ある特定の局所的な位置を占めているように思われる。その意味が心の地図の中で局所的に存在するからこそ、「$E = mc^2$」という式を、その意味に基づいて操作することが可能であるように思われる。

だが、本当にそうなのだろうか？　「$E = mc^2$」という式の意味が、どこにあるかということは、それほどはっきりと決まったことなのだろうか？

例えば、「$E = mc^2$」という式の意味を、納得するまで質問を続ける子供に説明することを考えてほしい。

子供は、なかなか納得しない。

「質量って何？」

「ほら、ものを動かそうとする時、簡単に動くものとなかなか動かないものがあるだろう。例えば、ピンポン玉を動かすのは簡単だけど、大きな岩を動かすのは大変だ。この大変さが質量なのさ。正確に言うと、慣性質量と言うのだけどね」

「動かすって何？」

「動かすというのは、空間の中で、ものの位置を変えることだよ」

「ものの位置って何？」

「ものの位置というのは、二つのもののお互いの関係のことさ……」

こうして、何とか質量の概念を納得させてもさらに質問が待っている。

「光の速度ってなあに？」

「光が空間の中を走る速さのことだよ」

「光は、どうやって空間の中を走るの？」

「光は、波なんだ。本当は、粒子でもあるんだけどね。まあ、いいや」

「波って、何？」

「波というのはね、ある一定の周期で、振動を繰り返すものさ」

「繰り返すって、永久に繰り返すの？　それとも、ちょっとの間だけ繰り返すの？」

「…………」


こうして、納得するまで質問をやめない子供に質問され続けた大人は、自分が「$E=mc^2$」の意味を理解していたと思っていたのは幻想で、実際には何もわかっていないことに気づいてしまう（実際、これがソクラテスのとった方法論である）。

私は、別に、「$E=mc^2$」という式の意味が、あやふやなものだと言いたいのではない。

私が指摘したいことは、「$E=mc^2$」という式の意味が確定される上では、膨大な量の前提となる枠組みが必要とされているということなのである（図4）。実際、時間と空間の枠組み、そのデカルト座標系としての定式化、ニュートンの運動法則、「運動」ということのそもそもの意味……。「$E=mc^2$」という式の意味が確定されるためには、古典力学から相対論的力学に至る、膨大な物理学の体系が前提として存在する必要がある。「$E=mc^2$」という式は、このような物理学の体系、その文脈の中で初めて意味を持つのであって、それ単独では何の意味も持たないのである。

右の議論が示したことは、「$E=mc^2$」という式の意味は、

《質量mの物質は、その質量に光の速度の2乗をかけただけのエネルギーをもつ》

というローカルな表現で尽きないということである。では、「$E=mc^2$」の意味は、どこにあるのか？　その「意味」は、「$E=mc^2$」という式もその一部として含む、現代物理学の全体系の中に「分散」して存在すると見なさなければならないのだろうか？　さらに、物理学における様々な言葉の意味を確定するためには、物理学だけでなく、数学、論理学、さらには、人間の一般常識にまでその意味を支える枠組みを広げていかなければならない。例えば、ものが「動く」とか、「数の2乗」、「イコール（＝）」などの意味は、物理学以外のより広い人間の知の体系によって支えられている。こうして、「$E=mc^2$」という式の意味を理解する、すなわちその意味を確定するために必要な概念の結びつきのネットワークは、どんどん広がっていく。その広がり方は、まさに、止めどもないものになる。

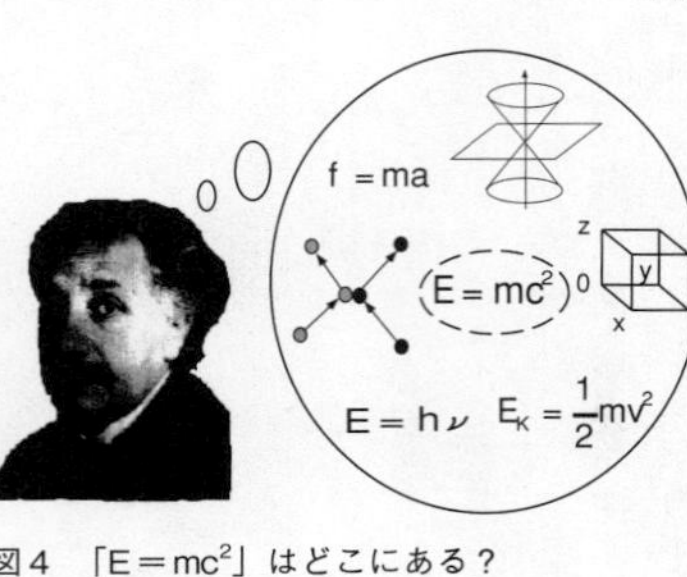


図４　「$E=mc^2$」はどこにある？

《「$E=mc^2$」の意味はどこにあるのか？》という問いは、ぬかるみへと私たちを引っ張って

いってしまうのである。

こうして、私たちは、前節で提出した、

《ある言葉の意味は、その言語体系の中の他のすべての言語との関係によって決まる》

という命題が、とんでもないことを意味していることに気づく。もしこの命題が、実際ある言葉の意味が確定する際のメカニズムを与えるものだとすると、一つの言葉の意味を確定するために参照しなければならない他の言葉の範囲は、とてつもなく広いものになってしまうからである。

しかも、言語体系というのは、開いた体系である。その「境界」は、明確に決まっているわけではない。言語体系の境界は、個人個人によって異なるし、ある個人にとっての「言葉」の範囲も、時間とともに変化していく。ニュートン力学の下での「空間」の意味と、相対論における「空間」の意味は異なる。「$E=mc^2$」という式の意味も、今後、相対論、あるいはそれを含む物理学が新たな進展を見せた時には、変わっていく可能性がある。

こうして、ある言葉の意味が、その言語体系の中の他のすべての言葉との関係によって決まるというシナリオは、ほとんど現実的ではないことがわかる。もし、ある言葉の意味がそのような非局所的なメカニズムによって決定しているとすると、その「非局所性」が依拠している空間は、恐ろしく広く、無限定なものにならざるを得ないのである。

右の議論を慎重に追ってきた人ならば、私たちは、ここで、とてつもなく深い暗闇と向かい合っていることに気がつくだろう。

## 5 言葉の「意味」とクオリア

すなわち、それは、「意味論」(semantics)の暗闇である。

私たちは、言葉の「意味」とはいったい何かということを真剣に問いかける時、それがまったくわけのわからない、不確かな基礎の上に成り立っていることに気がつくのである。最も驚くべきことは、例えば、「$E=mc^2$」の意味を確定するためには、それこそ人類の全知識体系にまで広がっていくような、非局所的な、全体の関係性が必要なのに、一方で、「$E=mc^2$」という意味自体は、私たちの心の中で、確かに局所的に存在しているように見えることである。つまり、一つの言葉の「意味」という「部分」は「全体」との関係で決まるのに、「部分」は「部分」として局所的に存在しているように見える。ここには、深遠なパラドックスがある。

いったい、脳は、どのようにして言葉の「意味」を成立させているのだろうか?

ここで浮かび上がってくる一つのイメージは、言葉の意味が、第五章で議論した、私たちの認識を理解する上でのキーワードである「クオリア」と極めて似た性質を持っているということだ。

例えば、頭の中に、「渦巻き」という言葉を思い浮かべたとしよう。「渦巻き」という言葉を知らない人がこの言葉を思い浮かべても、その言葉の意味が「理解できた」という感じが頭の中ですることはないだろう。一方、「渦巻き」という言葉を知っている人が、この言葉を頭に思い浮かべて、そしてその意味を「理解した」といった感じがしたとしよう。この時、その人は、「渦巻き」という言葉を、それに関連した他の言葉、例えば「鳴門」や、「台風」、「巻き貝」と必ずしも結びつけているのではない。あるいは、必ず「渦巻き」を表す視覚的イメージを思い浮かべているというわけでもない。「渦巻き」という言葉を「理解」する時、私たちの脳は、「渦巻き」という言葉の意味を、それ自体として、単独に成立させているように思われる。別の言い方をすれば、「渦巻き」という言葉の意味の自己同一性、そのユニークさは、それ自体として成立しているように思われるのである。

このように考えると、「言葉」の意味は、私たちの認識において「クオリア」が成立するメカニズムと極めてよく似たメカニズムで成立しているように思われる。「赤」の「赤らしさ」は、それ自体として成立する。「赤」が「赤らしい」ためには、「緑」の「緑らしさ」や、「黄」の「黄色らしさ」と比較され、関連づけられる必要性は必ずしもない。何よりも、「赤」の「赤らしさ」は、「緑」の「緑らしさ」や、「黄」の「黄色らしさ」と比較されることによって初めて成立するのではなく、その自己同一性、ユニークさは、それ自体として成立している。この点が先に述べた言葉の「意味」の成立の仕方と極めてよく似ているのである。

こうして、私たちは、次の命題に達する。

《言葉の「意味」は、言葉の持つ「クオリア」である》

この視点こそ、言葉の意味の「理解」という現象を、認識におけるクオリアの役割と共通の神経生理学的枠組みで捉えるアプローチの出発点となるのである。

## 6 言葉の意味の伝達可能性

言葉の「意味」が「クオリア」と似た性質を持つというイメージからは、一つ重大な問題点が導き出されてくる。それは、言葉の「意味」は、実は人々の間で伝達不可能なのではないかということである(図5)。

普通、「クオリア」については、次のようなことが言われる。すなわち、「赤」の「赤らしさ」、あるいは焚き火の臭いの「いがらっぽさ」などの感覚は、主観的なものであり、他人に伝達が不可能である。伝達できるのは、これらの感覚そのものではなく、これらの感覚に適当な対応関係で対応づけたシンボル、例えば「赤」という言葉だけであると。このような、「クオリア」の伝達不可能性が、「クオリア」を客観的な科学の対象として研究することを難しくしていると。

一方、言葉は、私たちがお互いにコミュニケートする手段の典型例として挙げられる。実際、言葉なしでは客観的な立場に立った科学など不可能だ。もちろん、言葉なしでは文学も成立しない。私たちが、例えば一九〇九年に書かれた夏目漱石の『それから』の発端の文章、

寝ながら胸の脈を聴いて見るのは彼の近来の癖になっている。動悸は相変わらず落ち付いて確かに打っていた。彼（代助）は胸に手を当てたまま、この鼓動の下に、温かい紅の血潮の緩く流れる様を想像してみた。これが命であると考えた。自分は今流れる命を掌で抑えているんだと考えた。

図５　言葉の「意味」の伝達不可能性

を読んで、その意味を「理解」できるのは、言葉というコミュニケーションの手段のおかげだ。実際、この文章を読んで、代助がやったことを再現してみてくださいと言われれば、私は寝ころんで、自分の心臓の上に手をあててみることができる。このことは、私が、右の文章の意味を「理解」したことを証明するだろう。夏目漱石の書いた言葉の「意味」が、私に伝達されたのだ。このように、言葉の「意味」は、人々の間で伝達可能である……。

だが、本当にそうだろうか？

例えば、誰かがあなたに、

「今、あの山が動いたよ」

という言葉を発したとする。

この言葉の意味をあなたが理解した時に、心の中で起こる出来事に焦点をあててみてほしい。「今、あの山が動いたよ」という言葉は、日本語を知らない人にとっては、単なる音の羅列に過ぎない。だが、この本を読んでいるあなたは、おそらく（！）日本語を知っているだろうから、「今、あの山が動いたよ」という言葉の意味を理解する。その時、「今、あの山が動いたよ」という音の感覚は、何か抽象的な「感じ」へと翻訳され、そこで「ふあっと」何かが当てはまったような感覚が生じる。この、「何かが当てはまった」という感覚こそ、「今、あの山が動いたよ」という言葉を理解したということなのである。

重要なことは、右のような意味での「今、あの山が動いたよ」の理解は、聞き手側の何らの反応も要求しないということだ。例えば、目を動かして山の方を見たり、こいつは正気だろうかと話し手の顔をのぞき込んだり、あるいは「山が動く」という超自然現象に驚いたり……このような反応があることが、「今、あの山が動いたよ」という言葉の理解を構成するのではないのである。理解は、あくまでも、「何かが当てはまった」という抽象的な感覚にこそあるのである。

では、この「何かが当てはまった」という感覚は、他人に伝えることが可能だろうか？

私たちは、言葉を通して会話をする際、相手が自分の発した言葉から合理的に予期される反応をした時に、相手が言葉を「理解した」と推定している。右のような意味での「何かが当てはまった」という感覚自体を確認しているわけではない。むしろ、「何かが当てはまった」という感覚は、他人には伝達不可能である。なぜならば、「何かが当てはまった」という感覚は、とうがらしを見た時に感じる「赤」や、プールに飛び込んだ時に感じる「冷たさ」や、焼き鳥の「におい」などと同様に、私たちの心の中に生じるある種の原始的な感覚だからである。つまり、言葉の意味の「理解」を支える心の中の表象は、クオリアと同様、他人に伝達不可能なのである。

こうして、私たちは、次のような結論に達する。

①言葉の「意味」が成立するメカニズムは、認識における「クオリア」が成立するメカニズムと似ている。

②「クオリア」自体が人々の間で伝達不可能であるのとまったく同じように、言葉の「意味」の理解自体も、実は人々の間で伝達不可能である。

この結論の持つメッセージは次のようなものだ。

まず、「クオリア」は主観的な概念だから、客観性を標榜する科学の対象としてはなじまないという考え方を改めなければならない。もし「クオリア」が客観性を標榜する科学の対象にならないのならば、同様に、「言葉の意味」も、科学の対象にはならないことになる。だが、科学が自然言語や数学的言語なしでは成立しない以上、これは極めて脆弱な状況だと言うしかない。

例えば、科学は、言葉の意味の成立の過程自体は問わずに、それを「使う」ことに徹するのだという立場もあるかもしれない。そのような科学の範囲の限定は、もしそれが自覚的に行われるのならば、ある程度は許容できる。しかし、その場合でも、「クオリア」と「言葉の意味」は、本質的に同じ現象のスペクトラムの上に位置するのであって、究極的には、両者は同等に扱われるべきなのだということを忘れてはならないだろう。

とりわけ、心と脳の関係を解明しようという立場からは、「言葉の意味」は、「クオリア」と同じくらい難しい対象であるということを銘記しなければならない。「言葉」の問題が、単なるシンボルの相互関係の問題に過ぎないと考えるとしたら、それは本質をまったくはずしている。

第二に、私たちの「知性」(intelligence)が、様々な言葉を「理解」することによって成立している以上、このような「意味論」の深い闇に正面から向かい合うことをしなければ、「知性」の本質は、まったく見えてこないということである。この点に、現在の人工知能の研究が陥っている深刻な困難がある。すなわち、言葉の「意味」の「理解」のモデルなしには、人間の知性をシミュレートすることなどとてもできないのだ。そして、言葉の「意味」の「理解」のモデルをつくることは、上に議論したように、認識における「クオリア」のモデルをつくることと同じくらい難しいと考えられるのである。

## 7　「理解」なくして「知性」はない

以上、第3節から第6節にわたって、言葉の意味を「理解」するということはどういうことかということを議論してきた。その結果、言葉の意味が脳の中で成立するメカニズムには、認識において「クオリア」が成立するメカニズムとの多くの共通点があるという結論に達した。

言うまでもなく、「言葉」は、私たちの知性を支える重要な道具である。最も極端な場合、言語化されない思考など存在しないとさえ言えるほどだ。私たちが言葉を用いて思考する場合、そこで用いられている言葉の意味を「理解」することは必要不可欠な要素である。言葉の意味を理解することなく、言葉による思考をすすめることは不可能である。したがって、私たちの思考そのもの、あるいはそのシミュレーションを対象とする理論的モデルは、当然、言葉の「意味」の「理解」が、私たちの脳の中でどのように成立しているかについての何らかの描像を含まなければならない。言葉の「意味」の「理解」のメカニズムを扱っていないモデルは、人間の知性のエッセンスを抽出できないと言ってもよい。

「意味」や「理解」ということを、明示的に扱っていないことこそ、従来の人工知能のアプローチの致命的な欠陥である。従来の人工知能には、言葉と言葉の間の関係の法則性、すなわち「統語論」(syntax) を扱う視点はあっても、言葉の意味そのものがどう成立するかを扱う視点、「意味論」(semantics) を扱う視点が欠けているわけである。

このように考えると、この章の冒頭に掲げたペンローズの命題、すなわち、

(a)「知性」は、「理解」を前提とする。
(b)「理解」は、「覚醒」を前提とする。

の意味が明瞭になってくる。

私たちの脳の中での言葉の意味の「理解」の成立のメカニズム、そしてそれと多くの共通点を持つ「クオリア」の神経生理学的なメカニズムを理解することなしに、私たち人間の「知性」を理解することはできないだろう。右に挙げた、ペンローズの考え方の核心にあるのは、まさにこのような疑問なのである。

## 8 チューリング・テスト

人間と同じように考える能力を持つ人工知能をつくることは、最も挑戦のしがいのある科学的、工学的テーマであると言ってよいだろう。だが、このようなテーマに挑戦するためには、まず、どのような場合に、人工知能は人間と同じように考える能力を持つと見なされる

のかということを明らかにしておかなければならない。

人工知能が、人間の思考力と同様の能力を持つかどうかを実証する目的で提案されたのが、有名な「チューリング・テスト」(Turing test) である。この概念は、コンピュータの生みの親として知られるアラン・チューリングによって、一九五〇年に「計算する機械と知性」という論文の中で提案された。

チューリング・テストは、例えば次のようにして行われる。

コンピュータ画面のような、コミュニケーションの内容と直接関連しない情報を与えない

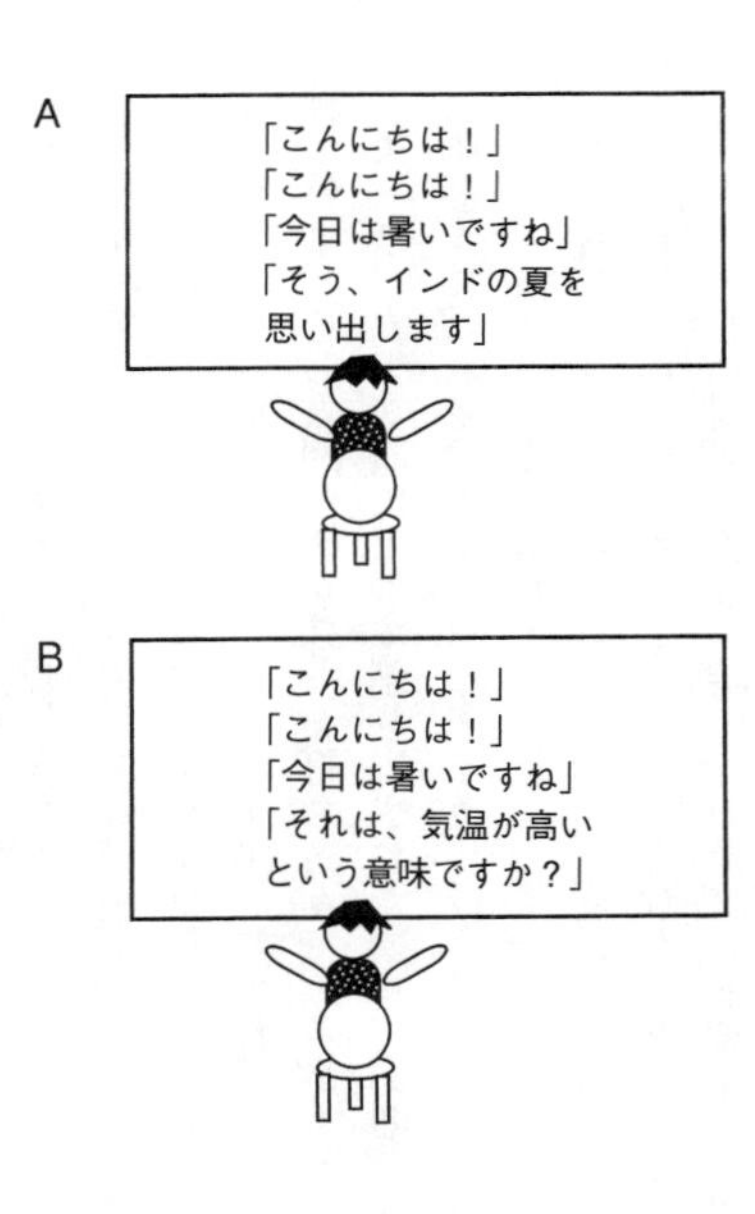


図6　チューリング・テスト

手段を用いて、人間がコンピュータあるいは人間と対話する。もちろん、バーチャル・リアリティを使って、人間そっくりの画像と音声をつくってもよいのだけども、テストの本質とは関係がないので、そのようなファクターは無視する。

AとBのどちらか一つのコンピュータ画面に現れるテクストは、部屋の向こう側に人間が隠れていて、その人間がテクストを打ち込んでいる。もう一方のコンピュータ画面に現れるテクストは、人工知能によって創り出された文章である。このようにしておけば、コンピュータ画面上に現れる文章の意味（それが、チューリング・テストの本質である）以外のファクターで、人工知能が不利になることはなくなる。

さて、右のように、コンピュータ画面に向かって会話している被験者が、AとBの画面上のテクストのどちらが人間によってつくられたテクストで、どちらが人工知能によってつくられたテクストか判別できない時、そのテクストをつくり出されるのに用いられた人工知能は、人間と同じ意味で「考える」ことができると見なされる。これが、チューリング・テストの判断基準である。つまり、どちらが人間でどちらが人工知能か区別できないならば、その人工知能は、人間と同じ思考能力を持つとしてよいだろうというわけである。

もちろん、チューリング・テストは、人間の思考能力を、言葉を使う能力によって計ることができるという考え方を前提としている。そのことが、チューリング・テストの限界であるという人もいるかもしれない。しかし、ポイントは、そのようなチューリング・テストの限界にあるのではない。チューリング・テストの価値は、人工知能による思考能力の評価という曖昧な概念を、実際にテスト可能な形で定義しなおしたところにあるのである（この章の第10節の議論を参照）。

## 9「中国語の部屋」の議論

さて、チューリング・テストに合格する人工知能が現れたとしよう。

その人工知能は、「言葉」を「理解」していると言ってよいのだろうか？　その人工知能は、「今、あの山が動いたよ」という言葉を聞いた時に、私たちの心の中に生じるような「何かが当てはまった感じ」を持つのだろうか？

一つの考え方は、たとえある人工知能がチューリング・テストに合格したとしても、それは、その人工知能が言葉を「理解」していることを意味しないというものだ。このような議論の代表的な例が、サールによる「中国語の部屋」（Chinese Room）の議論である（図7）。

図7「中国語の部屋」

「中国語の部屋」の中に、中国語をまったく理解しない、例えばイギリス人のジムがいたとする。ジムは、中国語をまったく理解しない。ジムにとって、漢字はみみずがのたくったような記号に過ぎず、何を表しているのか見当もつかない。しかも、ジムは、多くのイギリス人のように、英語以外の外国語はまったく理解できないのだ！　ただ、ジムは、分厚い「中国語の部屋オペレーション・マニュアル」を持っている。このマニュアルを使って、ジムは、中国語の部屋のオペレーションを行うのである。

「中国語の部屋オペレーション・マニュアル」には、漢字と、それに対する指示が、矢印や論理記号で書かれているだけである。英語の注釈は、一切ない。これは、英中辞典ではないのだ。ジムは、一つ一つの漢字が何を表しているのか見当もなしに、機械的に作業をこなしていく。

オペレーションの仕組みはこうだ。「中国語の部屋」の片側に窓があり、ここから紙に書かれた中国語が差し入れられる。それを受け取ったジムは、「中国語の部屋オペレーション・マニュアル」と首っ引きで、一つ一つの漢字を調べ、出力すべき漢字を決定する。このアルゴリズムはかなり複雑なものであるが、ジムはそれをこなすことに慣れている。時には、乱数発生装置を使って、偶然性を取り入れてもよい。いずれにせよ、ジムは、マニュアルに従って出力する漢字を決定し、部屋の反対側にある窓から漢字の書かれた紙を差し出す。ジムは、紙が差し入れられる度にマニュアルを調べ、返事を書いた紙を出力する。こうして、「中国語の部屋」は、外と、中国語で会話をすることができるわけである。

もちろん、このような「中国語の部屋オペレーション・マニュアル」を実際に書いた人は今までにいない！　そもそも、そのようなマニュアルが書けるかどうかもわからない。「中国語の部屋」の議論は、そのようなマニュアルが書けるかどうかが問題なのではなく、マニュアルが実際に書け、ジムがそれに従って完璧にオペレーションをこなしたとして、どのような結論が導かれるかということなのである。

さて、「中国語の部屋オペレーション・マニュアル」が存在し、働き者のジムを部屋の中に入れたとしよう。中国人の王さんが、ある時は「中国語の部屋」と、ある時は別の中国人の陳さんと遠隔的に筆談をする。この時、王さんには、どの筆談が陳さんとの筆談で、どの筆談が「中国語の部屋」とのものかは、知らされないものとする。もし、このような条件下で、王さんには、相手が陳さんなのか、「中国語の部屋」なのか区別がつかなかったとしよう。この時、「中国語の部屋」は、「ネイティヴな中国語のスピーカーと区別のできないやりとりをする」という意味で、チューリング・テスト（の中国語版）に合格していると考えられる。すなわち、「中国語の部屋」は、陳さんと同程度の思考力を持つと認定されたわけである。

さて、問題は、「中国語の部屋」がチューリング・テストに合格したからと言って、「中国語の部屋」が、中国語を「理解」していると言えるかどうかということだ。

まず、ジムが中国語を「理解」していないことは明らかだ。なぜならば、ジムは、単にマニュアルに従って、漢字のリストから別の漢字のリストを作成する作業を行っているだけだからだ。したがって、もし、仮に「中国語の部屋」が中国語を「理解」していたとしても、それはジムの理解力によるものではない。

では、ジムではないとしたら、誰が中国語を理解しているのか？　次に思いつくのは、「中国語の部屋オペレーション・マニュアル」だ。ジムが、オペレーションをうまくできるのも、マニュアルのおかげだ。中国語に関するすべての知識は、マニュアルに含まれているわけである。ということは、「マニュアル」が中国語を理解しているのか？　この問いに「YES」と答えることには、かなりの抵抗がある。どんなに分厚く、詳細なものでも、マニュアルは、単なる文字の羅列である。単なる文字の羅列には、「理解」という能動的な属性を与えることはできないだろう。

とすると、残される可能性は、ジムが「中国語の部屋」の中で行うオペレーションの全体が、中国語を「理解」しているというものである。つまり、ジムは、あたかも、脳の中のニューロンのように機能しているわけだ。ジムの一つ一つの作業は、（ニューロンの発火のように）単純で、意味がないものかもしれないが、そのような作業が集まって、一つの「システム」＝「中国語の部屋」をつくった時に、そこに「理解」が現れるというわけである。

## 10　コンピュータは、意識を持つか？

実は、サールが「中国語の部屋」の思考実験を記述した時、彼の目的は、次の命題を証明することであった。

《たとえ、チューリング・テストに合格する人工知能のシステムがあったとしても、そのシステムが言葉を「理解」する能力を持つとは言えない》

確かに、前節で検討したように、たとえ、ネイティヴな中国人と区別ができないほどの高度な中国語の会話を交わすことができたとしても、だからと言って「中国語の部屋」が中国語を理解しているとするには、いろいろと問題点がある。

だが、もし、サールの命題が正しいと認めてしまうと、まずいことが出てくる。

どのような科学上の仮説であれ、それが議論を進める上で有益なものであるためには、最低満たさなければならない条件がある。それは、

①その仮説が操作的（operational）に定義されていること。
②その仮説が、反証可能であること。

である。

チューリング・テストがこれほどのインパクトを持ったのは、それが、「人工知能は人間のように考えられるか？」という曖昧な議論を、右の二つの条件を満たすようなクリアな形に言い直すことを可能にしたからである。つまり、チューリング・テストは、「人間のように考える能力」を、実際にそのようなシステムを構築できるように操作的に定義した。さら

には、「人工知能は人間のように考えられる」という仮説を、反証可能なものにしたのである。

一方、サールの命題は、たとえ、ある人工知能が、自然言語を通しての会話において人間と区別できないくらいの能力を持っていたとしても、だからと言ってその言葉を「理解」する能力を持つとは限らないというものだ。これは、明らかにチューリング・テストからは一歩後退である。なぜならば、この命題は、「操作的」でもないし、「反証可能性」も満たさないからだ。極端な話、これでは、どんなに優れた人工知能をつくり、それがどんなに優れた自然言語の処理能力を持っていたとしても、「理解」する能力はないとの烙印を押すことになりかねない。

あなたはまだ「理解」しているとは言えない。なぜならば、あなたは人工知能なのだから、「理解」することは無理なのです。

そう言われてしまっては、サールに、私が英語を理解していることを説得することさえ難しいかもしれない。

やはり、潔く、また論理的にも筋道の通った態度は、ある人工知能がチューリング・テストに合格した以上、それは、「理解」する能力を持つと認めることだろう。

すなわち、私たちは、次の命題を認めることにする。

《チューリング・テストに合格した人工知能は、言葉を「理解」する能力を持つ》

ところで、私は、第7節で、言葉の意味などの「理解」は、認識における「クオリア」と共通の神経生理学的なメカニズムで成立していること、そして、「理解」が成立するためには、「意識」、少なくとも、その基本的なレベルである「覚醒」を必要とするとの見通しを述べた。ペンローズの言葉を借りれば、

(a)「知性」は、「理解」を前提とする。
(b)「理解」は、「覚醒」を前提とする。

というわけである。

第8節にも述べたように、チューリング・テストは、人工知能に「意識」があるかどうかを検証するテストではない。それは、あくまでも、人工知能が、「人間のように考える能力を持つ」かどうかのテストである。しかし、私たちの立場では、チューリング・テストに合格する人工知能は、「理解」する能力を持ち、また、「理解」する能力は、「意識」の存在を前提とする。結局、チューリング・テストに合格する人工知能は、意識を持つという結論になる。

《チューリング・テストに合格
↓「理解」する能力を持つと見なされる
↓「意識」を持つと見なされる》

という流れになるわけである。

こうして、私たちの立場では、チューリング・テストは、同時に、「意識」を持つかどうかのテストということになる。したがって、もし、ある日、チューリング・テストに合格する人工知能が現れた場合、「人工知能は意識を持つか？」という問いに対する答えが得られたことになる。

すなわち、チューリング・テストに合格した以上、そのコンピュータは意識を持つのだ。

## 11 「理解」なしでは「チューリング・テスト」に合格できない

チューリング・テストに合格する人工知能は、意識を持つというのは、ある意味では大胆な命題である。「意識」という、人間の存在の根幹に関わるような属性を、単なる「機械」に過ぎない人工知能＝コンピュータに付与してよいのだろうか？

このような不安が、サールが「中国語の部屋」の思考実験を提案した一つの動機だったと考えられる。すなわち、たとえチューリング・テストに合格したとしても、それは「理解」、すなわち「意識」の存在を意味しないということで、一種の予防線を張ろうという試みだったわけである。しかし、前節に述べたような理由で、このような議論は、適切ではない。

それでは、私たちは、将来、「チューリング・テスト」に合格する人工知能に、意識の存在を認めなければならない日を迎えるのだろうか？

幸か不幸か、人工知能が「チューリング・テスト」に合格するのは、それほどやさしいことではない。

この点について、「チューリング・テスト」の問題を中心に人工知能を研究しているL・J・クロケットは、次のように言っている。

サールは、チューリング・テストに合格することは、コンピュータが「考える」ことを必ずしも意味しないと反論している。その反論を読む限り、私には、どうも彼が「チューリング・テスト」に合格することがいかに過酷な要求か理解していないように思われる。つまり、コンピュータがチューリング・テストに合格するであろうことは不可避の事実であるとして、その場合にいかにコンピュータが「考えることができる」という結論を回避するかに、注意を集中しているのである。私に言わせれば、人工知能に関するいくつかの基本的な問題を解決することなしに、コンピュータが「チューリング・テスト」に合格するくらいの自然言語処理能力を持つことなど、不可能に思われるのだが……。

つまり、人工知能がチューリング・テストに合格した場合どう考えるかが問題なのではなく、人工知能がチューリング・テストに合格しないであろうことが問題なのである。

では、なぜ、現状では人工知能はチューリング・テストに合格できないのか？

それは、知性の基礎である、「理解」するということが、実に過酷な要求であることによるのである。

私たちは、第4節で、「$E=mc^2$」という式の意味が、「質量 m の物質は、その質量に光の速度の2乗をかけただけのエネルギーをもつ」という形式的な意味ではなく、より広く物理学の全体系の上に依拠しているということを見た。「$E=mc^2$」という式の意味を理解するということは、このような非局所的な依拠の仕方を理解するということである。しかも、非局所的に依拠している「意味」を、ある意味では局所的な形で操作できるということである。この点において、言葉の意味は、「クオリア」と類似している。このような要求は、現在の人工知能のアプローチで満たすことは難しい。

ある言葉の意味を「理解」するということは、その言葉を含む言語体系の中で、その言葉がどのような位置にあるか（つまり非局所的な性質）を、その言葉に付随した「感じ」＝「クオリア」として局所的に操作できるということだ。このような一見パラドキシカルな能力が、人間の自然言語能力の背後にはあるわけである。

　例えば、「さわやか」という言葉を、心の中でしばらく共鳴させてほしい。その時に感じるある種の抽象的なクオリアが、「さわやか」という言葉の意味を支えているのだ。そのクオリアは、「黒々」という言葉を共鳴させた時に感じるクオリアとは、明らかに違うだろう。その違いが、「さわやか」と「黒々」という言葉の意味の違いなのだ。

「さわやか」という言葉に、あるクオリアが付随しているからこそ、私たちは、この言葉を非常にフレキシブルに用いることができる。

　しかも、この「さわやか」という言葉に伴うクオリアは、「さわやか」という言葉を含む文の、私たちにとっての「受け入れやすさ」と関係している。

（a）さわやかな朝だ。
（b）さわやかな風が吹いてきた。
（c）今度来たあいつ、なかなかさわやかなやつだよな。
（d）さわやかな太陽が照っている。
（e）さわやかな将棋の指し方ですね。
（f）この方程式は、さわやかだ。

　右の文章は、どれも「文法的には」合っている。だが、いくつかの文章は、意味として変だ。つまり、意味として、受け入れやすいものと、受け入れにくいものがあるわけだ。

私にとって、右の文章の受け入れやすさはこうだ。

まず、(a)と(b)は、何の問題もなく受け入れられるように思われる。

(c)は、少し変な感じがするが、まあよいかもしれない。

(d)は、明らかにおかしな感じがして気持ちが悪い。

(e)は、「考え落ち」というか、最初は変な気がするが、よくよく意味を考えてみると、そんなこともあるような気がする。

(f)は、あまりにも外れているので、かえってナンセンスな気がして、それほど不快ではない。

というわけで、私には、右の文章の中では、(d)が一番変な感じがする。もっとも、それぞれの文章から受ける感じには微妙なニュアンスがあって、なかなか断定しにくい。ワインを飲みながら、それぞれのニュアンスについて語ったら、時間はあっという間に経ってしまうだろう。

このように、私たちの思考を構成する要素は、それぞれ、それに付随した独特の「クオリア」を持っている。「さわやか」には「さわやか」に付随したクオリアがあるわけだ。そして、このクオリアが、要素を組み合わせた時に、それが文として意味が通るかどうかを決定するわけである。

脳の中の思考プロセス、人工知能の言葉で言えば計算過程は、このような、思考の要素のクオリアに支えられて構成されているわけである。

つまり、標語的に言えば、

《脳は、クオリアを通して計算する》

ということになる。

この点から、脳の中の情報処理原理を解明するためには、従来の情報概念に代わる、新しい情報概念の必要性が出てくるのである（第八章を参照）。

現在の人工知能は、このような、「理解」の持つ属性を、そのモデルの中に取り入れてはいない。何よりも、「理解」を工学的に実現する前に、私たち自身の「理解」に対する科学的な解明が、ほとんど手つかずの状況なのだ。したがって、サールの恐れている、「考える機械」が実現するとしても、それは、まだまだ先の話だろう。何しろ、「理解」なしに「チューリング・テスト」には合格できないのだから。

## 12　「理解」の神経生理的メカニズム

最後に、「理解」を支える神経生理的なメカニズムについて、初歩的な考察をしよう。

「理解」する上では、要素の「意味」が、それ自体として成立することが必要である。この

ことから、先に（第5節）、私たちは、言葉の「意味」とクオリアの間の類似点を見た。すなわち、私たちは、

《言葉の「意味」は、言葉の持つ「クオリア」である》

という命題に達したわけである。

しかし、言葉の「意味」は、ある意味では感覚における「クオリア」以上の属性を持っているのである。

例えば、「たくましい」という言葉の意味を「理解」するということはどういうことか？まずは、「たくましい」という言葉が、頭の中で「何かが当てはまった感じ」を引き起こさなければならない。この点が、クオリアと似た点だ。

だが、「たくましい」という言葉を理解するということは、さらに、「たくましい」という言葉を、様々な文章の構成要素として、フレキシブルに使いこなすことができるということを意味する。「たくましい」という言葉が「当てはまった」時に私たちの心の中で生じる感覚＝クオリアは、このような、「たくましい」という言葉の、操作性を保証する。そして、「たくましい」という言葉を理解しているからこそ、私たちは、前節で「さわやか」という言葉について見たように、「たくましい」という言葉を含む無数の文章の微妙なニュアンスについて判断することができるのである。

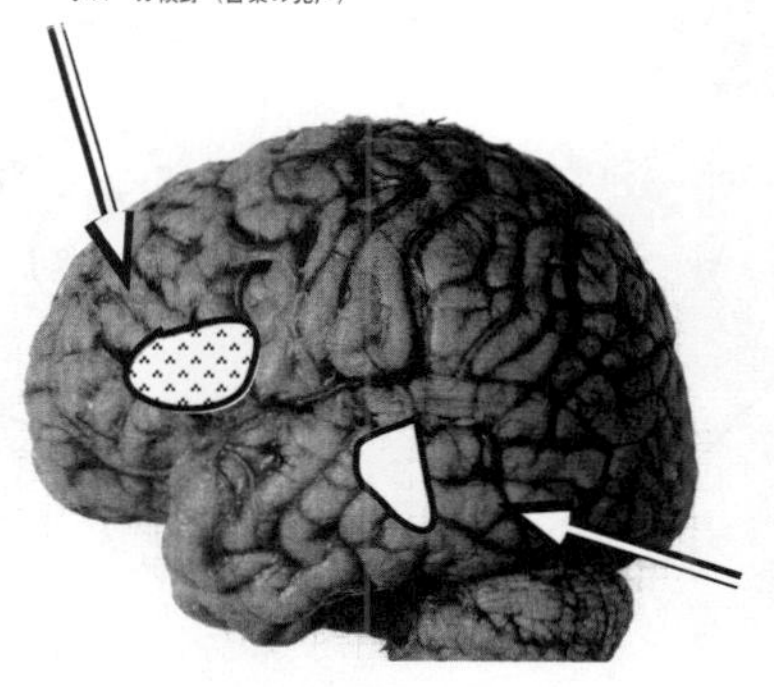


図８　大脳皮質の言語関連領野

つまり、このような視点からは、言葉の「意味」は、「赤」や「いがらっぽさ」といったクオリアからさらに「進化した」クオリアであるということができる。前章で、感覚に伴うクオリアが、認識の要素を構成する相互作用連結なニューロンの発火のクラスターのパターンから生じてくるという見通しを述べた。言葉の意味は、基本的に、クオリアと同様、相互作用連結なニューロンの発火のクラスターとして成立するだろう。だが、言葉の場合には、さらに、これらのクラスターの間の相互関係がフレキシブルに結べるようなコードが、そのクラスターのパターンの中に含まれていることが必要なのである。つまり、言葉の「意味」という「クオリア」の相互作用のダイナミックスが問題になるわけだ。

　このような視点から、俄然興味が出てくるのが、言葉の「意味」を司ると言われている、大脳皮質のウェルニッケ領野だ（図8）。この領野が

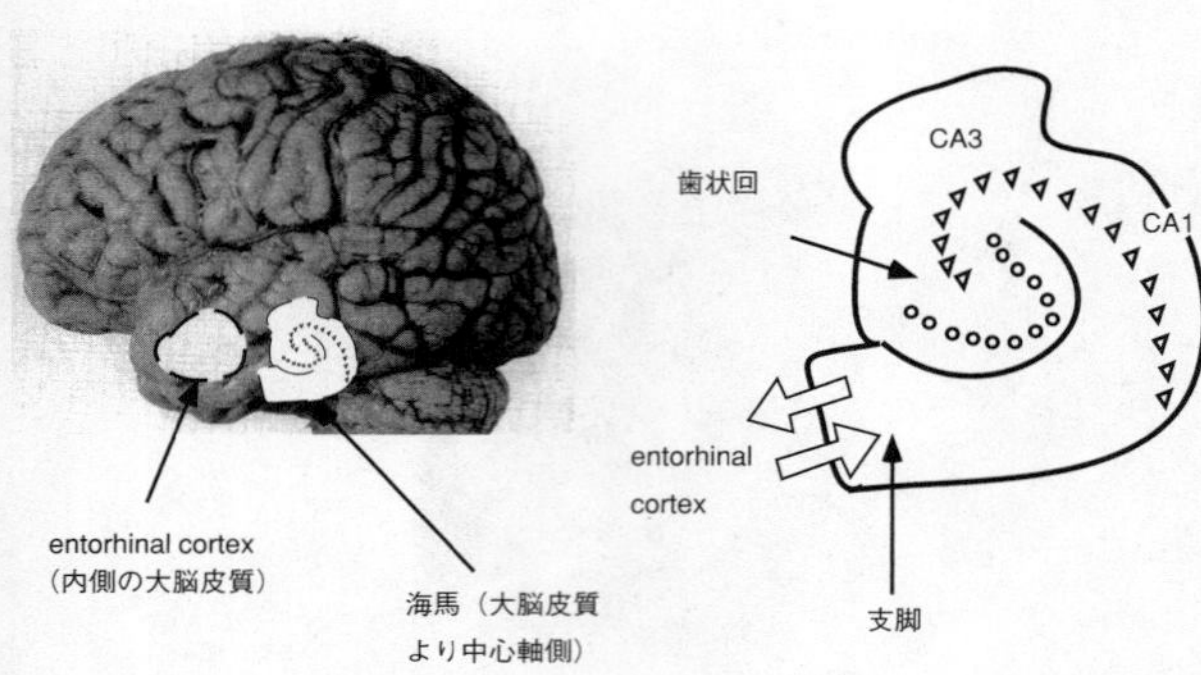


図９　海馬

損傷を受けると、患者は、意味の通じない言葉を発するようになる。一方、音としての言葉の発声に必要な運動系のコントロールは、ブローカ領野で行われている。

言葉の意味は、ウェルニッケ領野内の相互作用連結なニューロンの発火としてコードされているに違いない。ウェルニッケ領野の存在は、さらに、このような言葉をフレキシブルに組み合わせた様々な文章をも「理解」することを可能にする。いったい、どのようなニューラル・ネットワークが、このようなことを可能にするのか？　ウェルニッケ領野のニューロンの結合パターンの中に、この謎に対する解答はあるに違いないのである。

一方、「理解」は、「記憶」の神経生理学的メカニズムにも、興味深い問題を提起する。

私たちの脳の辺縁系には、海馬と呼ばれる部位がある（図９）。

海馬は、現在最も盛んに研究が行われている脳の部位の一つだ。なぜならば、海馬は、陳述記憶の中枢であると考えられるからだ。陳述記憶というのは、認知を伴う、典型的には言語的な記憶のことである。陳述記憶に対して、例えばテニスをうまくやったり、ブロックを積んだりといった記憶は、手続き記憶と呼ばれる。

海馬の損傷の効果は、ドラマティックな記憶障害として現れる。新しい言葉を覚えたり、新しい知り合いの顔を覚えたりといったことが、まったくできなくなるのだ。一方、すでに存在する過去の記憶は、影響を受けない。また、手続き記憶も、海馬の損傷によって影響を受けない。例えば、ジグソーパズルを解くというタスクをした場合、海馬の損傷を受けた患者も、練習するにつれて次第に速く、うまくパズルを解くようになる。このことは、海馬損傷下でも、何らかの手続き記憶の存在を示している。

海馬の実験の論文を読む時に気をつけなければならないのは、生物種によって海馬の役割は大きく異なるということだ。例えば、ラットの海馬からは、個体がある特定の場所に行った時だけ発火するニューロンが見出されている。しかし、このようなニューロンの特性が、人間の海馬の機能を考える上でどれくらい参考になるかは疑問だ。

いずれにせよ、海馬が人間の陳述記憶の形成において果たす役割は、依然として謎である。その損傷の影響がドラマティックなものだけに、海馬の存在は、最終的に記憶が貯蔵される側頭葉におけるシナプス可塑性に深く結びついているものと思われる。最大の謎は、なぜそもそも海馬が必要なのかということだ。最終的に記憶が貯蔵されるのが大脳皮質ならば、なぜ、辺縁系の海馬が、その記憶の定着に本質的な役割を果たすのか？　それが、陳述記憶に特定したことだけに、ミステリーはいよいよ深いものになる。

さて、この章で議論してきた「理解」という文脈から見て興味深いのは、陳述記憶が、「理解」なしには成立しないように思われることだ。

例えば、外国人が何か言葉を喋ったとしよう。

「&%$#*?」

だが、あなたには、それがよく聞き取れなかった。したがって、一分後に、何と言ったのか教えてくれと言われても、まったく答えられなかった（つまり、陳述記憶が成立しなかった）とする。

しかし、その外国人は、実はイギリスのパブでよく聞かれるなまりの強い英語を喋ったのであり、実際には、

「*Do you have the time?*」

と聞いたのだった。

この時、もし、耳が良ければ、

「&%$#*?」

という音を、そのままオウム返しに覚えることで、一分後の質問に答えられたかもしれない。つまり、質問に対して、まったく同じように、

「&%$#*?」

という音を再生すればよいからである。だが、それは、超人的能力がなければ難しいだろう。一方、

「*Do you have the time?*」

というように、言葉としての「理解」が成立したならば、それを一分後に繰り返すのは簡単だ。つまり、人間の脳は、感覚入力を「理解」することによって、初めてそれを記憶できるのである。「理解」しなければ、「記憶」はないと言ってもよいほどだ。

私たちは、このことを、当たり前だと思いがちだ。だが、考えてみてほしい。例えば、テープレコーダーは、音を、「理解」なしに、

「&%$#＊?」

として「記憶」することに、何の問題も感じない。テープレコーダーにとっては、「理解」があろうとなかろうと（もちろんないのだけれども）記憶する上では差はないのだ。

人間の陳述記憶が、「理解」を前提にしていることは、それを支えるニューロンの間のシナプス可塑性のメカニズムに、重大な問題を引き起こす。というのも、「理解」は、「クオリア」と同様、ニューロンの発火から見て、非局所的なメカニズムとして成立していると考えられる。「記憶」が「理解」を前提とするということは、「記憶」を支えるシナプス可塑性のメカニズムも、何らかの非局所性を持たなければならないということになる。もちろん、個々のシナプス可塑性は、有名な「ヘッブの規則」（Hebb's rule）のような、局所的なメカニズムで起こる。問題は、そのような局所的なメカニズムが、どのようにして「理解」のような、非局所的なプロセスを反映できるのかということなのだ。

私は、このあたりに、海馬が最終的には側頭葉に蓄積される陳述記憶の形成過程において不可欠な役割を果たす、本質的な理由があるのではないかと考えている。すなわち、何らかの理由で、側頭葉は、自分自身だけでは、「理解」を反映したシナプス可塑性の割り当てをすることができないのだ。海馬という、いわば「外部」の存在を必要とするのだ。海馬の損傷が陳述記憶の形成に及ぼすドラマティックな影響は、側頭葉が、何か本質的な意味で、海馬を必要としていることを示している。そして、海馬が陳述記憶において不可欠なのはなぜかという問題は、「理解」と「記憶」を結ぶ、見かけよりははるかに深いミステリーなのである。

## 13　「理解」と創造性

以上、私たちは、私たちの持つ知的能力の中での「理解」の意味について考えてきた。以上の議論が示すように、「理解」のメカニズムについて、私たちの知っていることは未だ乏しい。明らかに、ここには、人類がまだ足を踏み入れていない、広大な知的冒険のフロンティアがある。

「理解」の問題は、私たちの持つ創造性の問題と結びつけて考えると、ますますそのミステリーが深まるように思われる。

例えば、科学上の創造性について考えてみよう。

科学上の発見について、しばしば見られることは、問題を「理解」したいという欲求が、新しい自然の理解へと結びつくことだ。黒体からの輻射のスペクトルが、どうしても理解できない。なぜこうなるのだろうと考えているうちに、エネルギーがとびとびの値をとるという、量子仮説に達する。それで、一応は黒体輻射が理解できるが、今度は、なぜ、エネルギーがとびとびの値をとるのかが理解できない……。さらに懸命に考えた結果、ついに量子力学の創設につながる。今度は、量子力学の波動関数の収縮が、どうしても理解できない（もっとも、完全に理解できるという人々もいるが！）……。今日、量子力学の基礎について懸命に考えている科学者の誰かが、いつの日か量子力学を超える物理法則を見出すだろう。こうして、科学の発展とは、理解を求めるプロセスであると言ってもよいように思われる。「理解する」という目的の遂行が、新しい発見につながるという事実は、創造のモデルにおいて重大な意味を持っている。すなわち、創造においては、無から有が生み出されるのではないのだということである。なぜならば、私たちは、「理解できない」というフラストレーションの形で、すでに来るべき発見をある意味では把握しているわけだから。このような「理解」のプロセスを考えると、私たちは、「理解」を、単なる静的な状態として捉えるのみではなく、絶え間ないより深い「理解」への要求という、ダイナミックスの中にこそ捉えるべきなのかもしれないのである。

将来、私たちは、「チューリング・テスト」に合格する人工知能をつくり上げるかもしれない。もし、その人工知能に、さらに、「理解」への要求を持たせた時、その人工知能は、創造性を持つのだろうか？　もし、「理解」と「創造性」が切り離せないものであるとすれば、「理解」する能力を持った人工知能は、同時に「創造性」をも持つかもしれない。そのような「創造性」を持つ人工知能は、新しい自然法則を「発見」して、ノーベル賞をとるかもしれない。もっとも、その人工知能と、開発者の科学者のどちらが受賞者にふさわしいのかはわからない。

もちろん、右のような話は、「理解」の神経生理的メカニズムの解明がスタートラインにさえついていない現在では、ＳＦ（サイエンス・フィクション）に過ぎない。だが、このサイエンス・フィクションは、私たちの「理解」に関する知識の発展によっては、現実となりうるのである。

「理解」とは、それほどに重要な概念なのだ。

# 第八章　新しい情報の概念

コミュニケーションにおける基本的な問題は、一方において選択されたメッセージを、他方において正確に、もしくはほぼ正確に再現することである。しばしば、これらのメッセージは、「意味」を持っている。すなわち、これらのメッセージは、あるシステムの中で、何らかの物理的ないしは概念的な存在と、関連づけられているのである。しかし、このようなコミュニケーションの持つ意味論的な側面は、工学的な問題とは関係がない。重要なことは、実際に送られるメッセージが、いくつかの可能なメッセージの集合から、選ばれたものであるという事実だけなのである。

——シャノンの一九四八年の論文「コミュニケーションの数学的理論」より

## 1　「情報」と脳の研究

今日、「情報」(information) という概念は、脳を理解する上で中核となる概念と見なされている。

例えば、「脳の中の情報処理のメカニズム」や「外界に関する情報の脳の中における表現」などということが問題とされる。また、ニューロンの発火の時間的なパターンの中に、どれくらいの情報量が入っているかというようなことが問われる。脳内のニューロンの発火の解析に、情報理論を応用した報告も増えている。

実際、「情報」という概念の脳研究における氾濫の仕方を見ていると、あたかも、脳を理解するには、「情報」という概念を使うのが、膜電位や神経伝達物質の放出といった物理的概念を使うよりも有効であるかのようだ。脳の機能で重要なのはその情報処理の原理であって、それがどのように実現されているか（すなわち、どのような生体分子によって、どのような生化学的、生物物理学的機構を通して実現されているか）は、副次的な重要性しか持たないかのように言われることもある。

いったい、脳の機能を理解する上でそれほど重要な「情報」という概念の正体は何なのだろうか？

「情報」という概念についての議論は、「コンピュータ」について議論する時と同じように、その定義を明らかにしなければ曖昧なものになってしまう（もっとも、時には曖昧なまま議論した方が都合がよいこともある）。

「コンピュータに意識はあるか」というような設問は、問題にしている「コンピュータ」という概念がチューリング・マシンなのか、それともより一般的に人工的な手段を使って計算する機械を指しているのかを明らかにしなければ意味がない。同様に、脳の機能を理解する上で「情報」という概念がどのような意味を持つのかを議論する上では、問題となっている

「情報」という概念がどのように定義されるのかを明らかにしなければならない。

この章で、私たちは、まず、クロード・シャノンによる情報の定義を検討する。シャノンによる情報の概念は、統計的な考え方に基づく情報の定義と言ってもよい。シャノンによる情報量の定義は、情報通信の分野において、理論的にも実際的にも、重要な役割を果たしてきた。また、ニューロンの発火パターンの情報論的な意味の解析においても、援用されるようになってきている。

ペンローズは、その著書『皇帝の新しい心』(*The Emperor's New Mind*)や、それに続く『心の影』(*Shadows of the Mind*)の中で、アルゴリズムに基づき、人間の思考能力や究極的には意識をも実現しようとする人工知能研究者たちのアプローチを「裸の王様だ」として批判した。第七章で議論したように、ペンローズの批判の理論的基盤の一つとなったのが、「理解」の概念である。つまり、人工知能は、「理解」を実現(implement)していないから、人間の思考能力を実現できるとは考えられないのである。

この章で、私は、シャノン的な「情報」の概念が、少なくとも現在使われている形では、脳の機能を理解する上ではあまり有効性のない「裸の王様」であることを指摘する。シャノン的な情報の概念、およびそれに基づいた情報理論の性格とその限界を把握しておくことは、認識の問題の本質がどこにあるかを見極める上で重要なのだ。シャノン的な情報の概念は、情報通信の理論的解析には役に立つかもしれないが、脳における認識のメカニズムを理解する上では、その有効性に限界があるのである。

この章の議論は、私たちが第七章まで積み重ねてきた認識や理解に関する議論をふまえている。「認識」は主観的な概念であると思われがちだが、客観的な立場から見れば、それは、脳の中の情報処理のプロセスを反映したものである。つまり、私たちの認識は、脳の中で実際に起こっている情報処理の原理を理解する上で、重要なカギになるのである。

## 2　シャノンによる情報の定義

冒頭にその一部を引用した一九四八年の歴史的な論文で、シャノンは、情報通信の数学的理論の基礎を開いた。

シャノン自身が断っているように、シャノンがここで扱っている情報の概念は、情報の持つ「意味」を捨象している。つまり、ある特定の情報が、それを送り出す側や、それを受け取る側にとって、どのような文脈の下でどのような効果をもたらすものかということは考慮されていないのである。むしろ、シャノンの理論の成功は、そのような情報の持つ「個性」を捨象して、情報がアンサンブルとして持つ統計的性質に着目したところにあった。

シャノン流の情報に関する議論は、情報の統計的性質を扱っているものといってよい。したがって、シャノンのアプローチでは、特定の情報がどのような意味を持つか、あるいは特定の情報に含まれる情報量はどれくらいかといった問題は扱うことができない。シャノンの情報理論から導かれるのは、例えば、文字で表現される情報のアンサンブルをとってきた時に、一文字当たり平均でどれくらいの情報量が含まれるかといった理論なのである。

今、N種類の文字があって、これらの文字を並べることである情報が伝達されるとしよう。この時、あるアンサンブルをとってきた時に、もしi番目の文字が現れる確率がp(i)だとすると、一文字当たりの平均の情報量は、

$$-\sum_{i=1}^{N} p(i)\log_2 p(i)$$

で与えられる。このように、対数の底を2とした場合の情報量の単位が、有名な「ビット」である。

例えば、次のような英語の文章があったとしよう。

> This is a tale about a tail—a tail that belonged to a little red squirrel, and his name was Nutkin. He had a brother called Twinkleberry, and a great many cousins: they lived in a wood at the edge of a lake. In the middle of the lake there is an island covered with trees and nut bushes; and amongst those trees stands a hollow oak-tree, which is the house of an owl who is called Old Brown.
>
> ——Beatrix Potter, *The Tale of Squirrel Nutkin* (1903)

日本でも人気のある「ピーター・ラビット」シリーズの童話の一節である（ここでは、シ

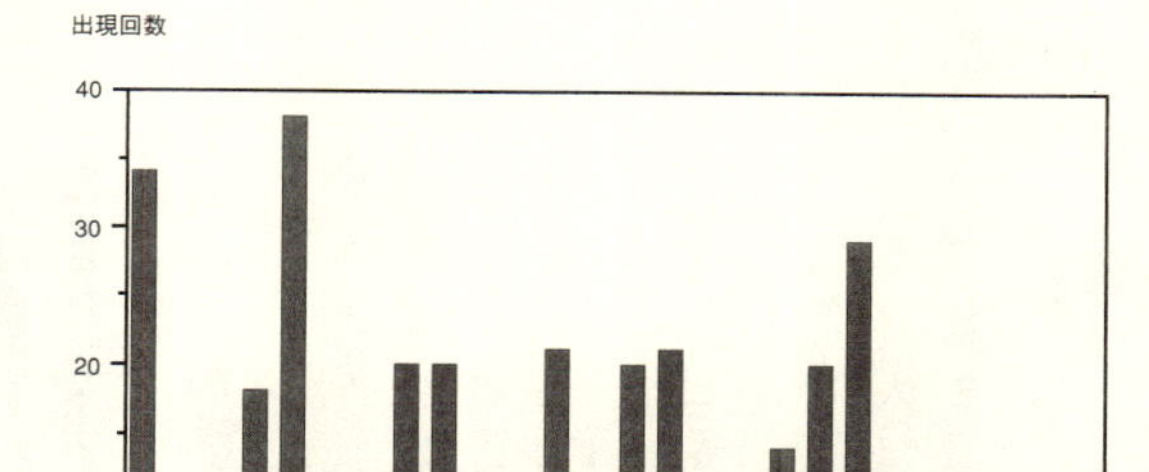


図1　「This is a tale...」文中のアルファベットの出現回数

ャノン流に右の童話の文書の「意味」は無視し、あえてそれを日本語にもしないことにする）。

右の文章の中には、アルファベットが全部で304文字ある（大文字、小文字の区別、句読点、スペースは無視する）。アルファベットは全部で26種類あるから、一文字平均11・7回出現しているわけだ。もちろん、比較的多く出現する文字も、少なく出現する文字もあり、その出現回数の分布は、図1のようになる。

一番多く出現しているのは、eで38回、続いてaの34回、tの29回と続く。一方、j、p、x、zの四文字は、一度も出現していない。このようなアルファベットの出現回数は、この文章にユニークなものというよりは、英語自体の言語表記の特徴を反映しているものと思われる。

さて、この分布から、シャノンの処方箋によって、一文字当たりの情報量を計算することができる。右の文章の場合、それは、約4・0ビットとなる。この情報量の意味は、もし、右の文章と同じような確率でアルファベットが出現することが期待される文字列があった場合、その一文字を受け取った時にその中に含まれると期待される情報量が、4・0ビットであるという意味である。決して、右の文章という、特定の文字列に含まれる情報量が、一文字当たり4・0ビットという意味ではない。この節の最初に断ったように、シャノン的なアプローチは、似たような性質を持つ情報のアンサンブルに対して有効なのであって、特定の情報（例えば、右のような特定の文章）の情報論的性質を扱うことはできないのである。

さて、26種類のアルファベットで構成される文字列がある時、もし、すべてのアルファベットが同じ確率で現れることが期待されるとすると、一文字当たりの情報量は、

$$-\sum_{i=1}^{26}\frac{1}{26}\log_2\frac{1}{26}=\log_2 26=4.70044$$

すなわち約4・7ビットとなる。これは、26種類のアルファベットを用いて表現される文字列が含みうる最大の情報量である。したがって、右の文章におけるアルファベットの出現頻度から計算される一文字当たりの情報量は、最大値の約85パーセントとなっていることがわかる。

シャノンのアプローチでは、右に見たような方法で、一文字当たりの平均の情報量を定義することができる。可能なアルファベットのすべてがほぼ等しい確率で出現すれば、シャノ

ンの情報量は大きくなる一方、常に同じアルファベットしか出現しない場合には、シャノンの情報量は0となる。

例えば、二進法による表示の場合には、アルファベットの種類は0と1の二種類である。したがって、もし、0と1の出現確率がまったく等しい（すなわち、どちらも0・5）の場合には、一文字当たりの情報量は、

$$-\sum_{i=1}^{2}\frac{1}{2}\log_2\frac{1}{2}=\log_2 2=1$$

となる。すなわち、一文字当たり1ビットである。

よく、n桁の二進数の情報量はnビットであるという言い方をするが、これは、0と1の出現の確率が等しい場合に成り立つ議論である。もし、何らかの理由で0と1の出現確率に偏りがある場合には、一文字当たりの情報量は1ビットよりも小さくなる。

生物学の例を一つ挙げよう。DNAからmRNAが合成される際には、mRNAの端に、ポリA鎖が付加される。この部分は、アミノ酸をコードしない。図2で言えば、

AAG　→　リジン
AAC　→　アスパラギン
UUC　→　フェニルアラニン

UAC　↓　チロシン

………

という部分はアミノ酸をコードしているのだが、

AAAA……

の部分は、アミノ酸には翻訳されない部分なのである。

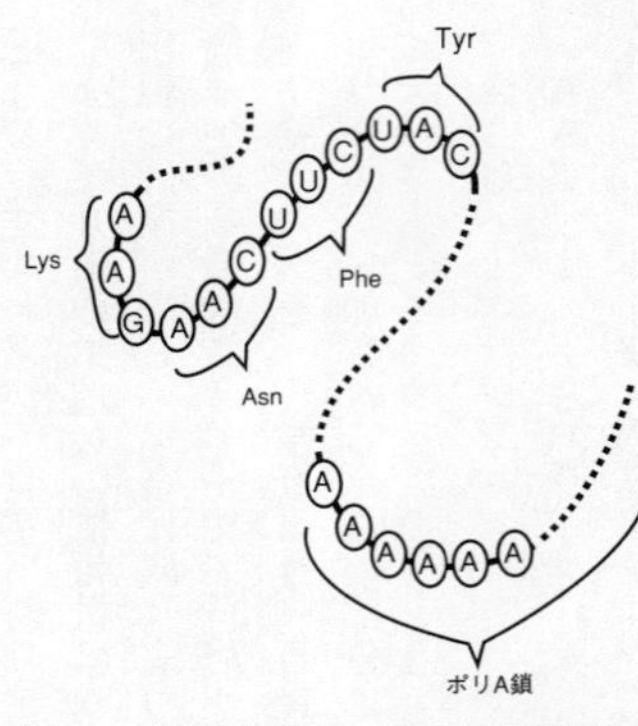


図２　mRNA上のコーディング領域とポリA鎖

　このことは、シャノンの情報量の定義の下では、次のように理解される。すなわち、ポリA鎖の部分では、ある位置をA、G、C、Uの四つの塩基が占める確率は、それぞれ1、0、0、0となる。したがって、シャノンの情報量は、

$$-\sum_{i=1}^{4} p(i)\log_2 p(i) = 3\times 0\log_2 0 + 1\times 1\log_2 1 = 0$$

となり、一文字あたりの情報量は0ビットということになる。すなわち、この部分は情報を含んでいないわけである。

## 3　シャノン型情報量の有効性

　さて、いわゆる情報理論では、前節で情報量を定義した時に用いたような確率論のアプローチを用いて、情報の伝達の際の様々な問題点について論じる。その数学は、専門的な数学者の興味を引くのに十分なくらい複雑である。だが、私たちは、数学自体に興味があるわけではなく、情報理論が、果たして脳の機能を理解する上でどれくらい有効なのかを知りたいのである。そこで、シャノン型の情報の概念が役に立つ典型的な場合を見て、それが脳の機能を理解する上ではどのような意味を持つのかを考えてみよう。

　シャノンの定義による「情報」は、通信路を通しての情報の伝達のプロセスを解析する上で有効である。

　例えば図3・aの矢印の左側のような情報を、通信路を通して送りたいとする。この情報は、明らかに、

　1010101111

という文字列の繰り返しに過ぎない。したがって、このような繰り返しの文字列を通信路を通して送るのは無駄である。このような時には、この信号を「圧縮」して送れば、通信路を

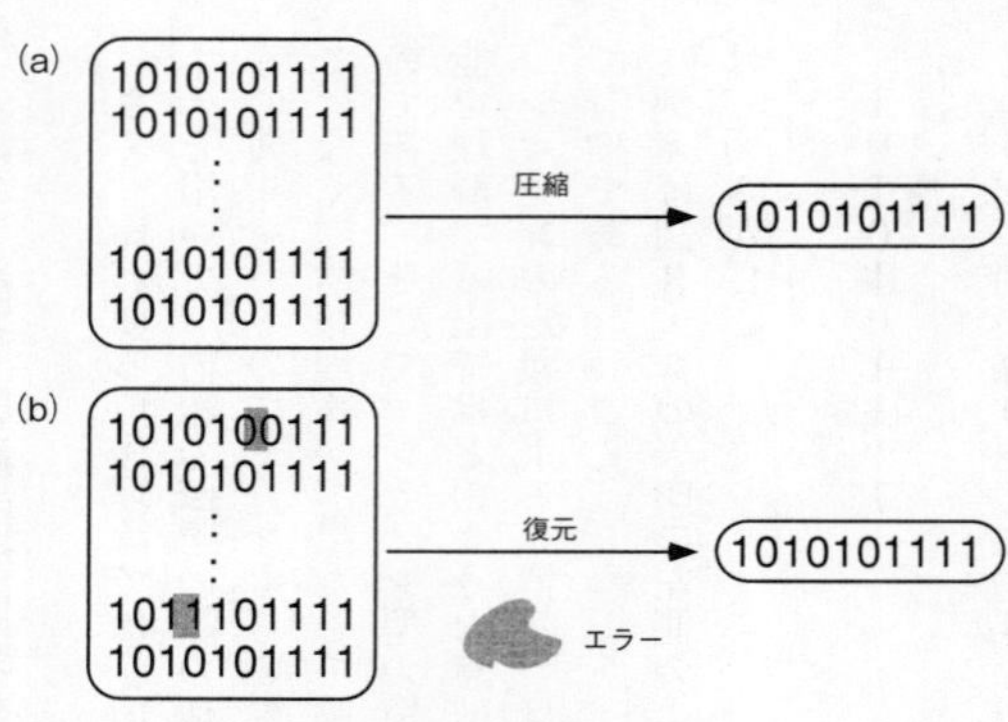


図３　シャノンの「情報」概念が役に立つ例

使う時間が節約される。

このような単純な場合だけでなく、より複雑な場合にも、情報を圧縮するアルゴリズムを考えることができる。このような研究を行うのが、情報源符号化理論だ。

一方、情報の中にある無駄、繰り返しが役に立つ場合もある。図３・ｂのように、通信路に雑音（ノイズ）が存在して、伝達される情報の一部に誤り（エラー）が生じる場合だ。この場合には、情報の中にある繰り返し（冗長さ）を用いて、元の情報を復元することができる。すなわち、

1010101111
↓
1011101111

のようなエラーが生じても、情報のコーディングに冗長さがあるので、元の情報を復元（正確に言うと、推定）することができるのである。このよ

うな描像の下に、例えば、ある一定のノイズ・レベルの時に、ある信頼度で元の情報を復元するには、どのような冗長さを持つ情報のコーディングを採用すればよいかといった問題が、数学的に興味深い研究対象となる。このような問題を研究するのが、情報路符号化理論だ。

すぐに連想されるように、脳の中で、図3のような議論が役に立つと考えられるのは、末端感覚神経においてである。例えば、ハエの視覚細胞についてのビアレックらの研究がある（参考文献 Bialek et al. 1991 参照）。ビアレックらは、H1と呼ばれる細胞に動きの刺激を与えた時の発火のパターンを解析して、発火パターンから、逆にどれくらいもとの動きの時間的パターンが再現できるかを検証したのである。

その結果、かなり高い精度でニューロンの発火パターンから刺激となった動きの時間的パターンが再現できた。また、発火パターンに含まれる情報量は、毎秒約64ビットであることも計算された。このような、末端の神経における情報伝達は、シャノン的な情報量の概念が最も有効に機能する場面であり、ビアレックらの研究の他にも、多くの興味深い結果が報告されている。

## 4　シャノン型情報の問題点

以上、私たちはシャノン的な情報量の定義と、それを用いた情報理論における典型的な議論について概観した。

では、このような情報の概念は、私たちが興味を持っているような、脳における認識のプロセスを理解する上で、どれくらい有効なのだろうか？　例えば、私たちが、様々な視覚領野でばらばらに表現された特徴を、単一の統合された視覚像として認識するメカニズムは何かという問題（結びつけ問題＝第三章でその詳細を議論した）や、私たちの思考を支える「理解」の問題（第七章）を解明する上で、シャノンの情報概念はどれくらい役に立つのだろうか？

ある分野において基本的な概念があり、それがある程度の有効性を持つ場合、皮肉なことにその概念の存在がかえってその分野の研究の進歩を妨げてしまうことがある。なぜこのような現象が起こるのかというと、その基本概念を成立させるために暗黙のうちに前提とされている仮定が、十分に認識されないことが多いからである。

その分野の研究を新たなブレイクスルーに導くためには、このような暗黙の前提を明らかにし、その前提を操作可能な形（例えばシンボル）で書く作業をしなければならない。前提をあからさまな形で書くことによって、そのような前提の上に乗っていた基本概念の性格がより明確になり、その問題点が明らかになり、時には基本概念の見直しが必要になることにさえなる。ところが、人々の目がこのような暗黙の前提の上に初めて成り立つ基本概念にのみ向けられていると、このような作業がなおざりにされやすい。

シャノン的な情報という概念も、それが概念として成立するために暗黙のうちに前提としている仮定がある。そして、その前提は、今日十分に認識されているとは言えない。

シャノンの情報の定義、およびそれに基づく情報理論の前提になっているのは、「情報」が、例えばN個の0と1の状態の列で表現されているという描像である。例えば、N個のニューロンのそれぞれが発火している状態を1、発火していない状態を0とした場合（ただし、第三章第3節の議論を参照）、そのニューロンによって表現されている情報は、

0、1、1、1、0、1、……

というN個の状態の列、すなわち、$\{0,1\}^N$という集合の中の一要素として書かれる。あるいは、このN個の文字列を、Δt秒ごとに、N・Δt秒間、一つのニューロンから出るアクション・ポテンシャルの様子を表現したものと考えても差し支えない。

このような構築法の下に、情報という概念が意味を持つためには、この$\{0,1\}^N$という情報の記述法が、ニューラル・ネットワークという系の発展を記述する上で意味を持つものでなくてはならない。例えば、

0、1、1、1、0、1、1、1

というニューロンの発火の列を考える。これが何を表すかは、記法自体からは、まったくの

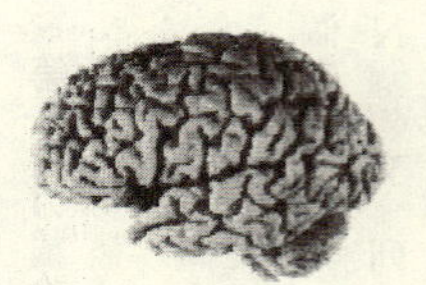


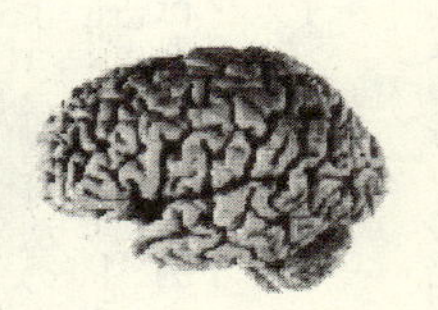


図4　シャノン型情報量における枠組み

任意である。というよりも、情報理論の枠組み自体からは、これらの列が何を表すかについては制限がない。極端な話、最初の「０１１１０」という列が私の脳の中のニューロンの発火を、そして「１１１１」という残りの列があなたの脳の中のニューロンの発火を表していてもよいはずなのである（図４）。それどころか、

「素数番目の文字は私の脳の中のニューロン、それ以外の文字はあなたの脳の中のニューロン」

という込み入った解釈をしてもよいのである。だが、このような解釈をした場合、「０１１１０１１１１」という文字列は情報としての意味を持たなくなる。なぜならば、私の脳とあなたの脳のニューロンの発火をまとめる、ましてやそれが素数番目かどうかに着目してまとめるような情報処理のプロセスが、この世に存在するとはとても思え

ない。

もちろん、情報理論の応用において、普通このような「妙な」情報表現の枠組みをとることはない。情報理論からの帰結は、通常は現実的に意味を持つような解釈ができる。このように、通常の場合、「０１１１０１１１１」という表現が情報として意味を持つのは、それが適切な枠組みの下に表現されているからだ。別の言い方をすれば、このような情報表現の枠組みこそ、情報理論が暗黙のうちに前提にしていることなのである。通常の「情報」の定義は、このような適切な枠組みが存在するからこそ意味を持つのである。

シャノン型の情報量の定義においては、枠組みの定義こそが本質である。つまり、うまい枠組みをとってこそ、そこで表現される情報に意味があるわけだ。枠組みさえきちんととれば、あとの数学的理論は破綻がなく進む。ここに、シャノン型の情報量の定義の柔軟性があり、実際的な利点もある。

だが、一方で、「０１１１０１１１１」という情報の表現の欠点は、まさに、それが、枠組みに関する曖昧さを含むという点にある。シャノン型の情報の定義の下では、「情報」の記法自体には、実際には相互作用が存在しない事象を並べて書くことを禁止するというルールが埋め込まれていないのだ。情報理論自体に、情報が意味のあるものであるということを保証する制度的な仕組みがないのである。だから、私の脳の中のニューロンとあなたの脳の中のニューロンの発火を適当に混ぜて記すというようなナンセンスな表現も可能になってしまうのである。

## 5 情報理論は、確率理論の一部分である

情報理論という言葉は、素晴らしい響きを持っている。パーソナル・コンピュータや、インターネットなどの情報伝達手段の発達で、「情報」という概念の重要性が人々の間に認知され、「脳の中の情報処理のメカニズムを探ることが重要である」というようなスローガンも、妥当なものとして受け入れられやすい。このような状況の中では、「情報理論」は、何か素晴らしい可能性を持った理論体系のような印象を与える。認識や意識という心と脳の関係の問題の解明においても、情報理論が重要な意義を持つのではないかという期待を抱かせる。

私たちは、第2節と第3節で、シャノン的な情報量の定義の下で行われる議論の代表的な例を概観した。

確かに、これらの議論はそれなりの興味を引く。だが、同時に、情報理論にできることが、本質的にはこのような議論に限られることを把握しておくことも大切なことである。「情報理論」は、その素晴らしい響きにもかかわらず、実際にできることと言えば、雑音がある通信路でどのようなコーディングをすれば情報を高い信頼度をもって送れるかとか、情報をどれくらい圧縮できるかとか、そのようなことくらいなのだ。

このような情報理論の限界を一言で表す便利な言葉がある。それは、すなわち、

《情報理論は、確率理論の一部分である》

という言明だ。この言葉は、「情報理論」という名前で呼ばれる理論的な枠組みの実体が何であるかを見事に表現している。

ある情報のコーディングが、ノイズの存在に対してどのように振る舞うか、あるいは、情報伝達の信頼性を損なわずに、どれくらい情報を圧縮できるか、このような問題は、まさに、確率論の問題なのである。情報理論は、それ以上でも、それ以下でもない。このように情報理論の性格を位置づけておけば、その適用力に幻想を抱かずにすむ。

もちろん、シャノン自身は、冒頭に掲げた文章に見られるように、彼自身の創出した情報理論の限界をよく理解していた。その後の情報理論の研究者のほとんども、その研究対象がどのような性格を持った理論かを理解していたのであろう。したがって、私が、あえてここで情報理論の限界を云々する必要はないのかも知れない。

だが、一つだけ確かなことがある。私たちが、もし本気で、脳における認識のメカニズムを理解しようとするならば、私たちは、シャノン的な情報理論と決別して、まったく別の道を歩まなければならないということだ。シャノンの定義による「情報」は、私たちが何かを認識する時に脳の中で起こっている現象の、ごく一部の性質を拾ってきたものに過ぎないのである。

とりわけ、情報理論が確率論の一部分に過ぎないことは、その認識の問題を解明する上での有効性を、極めて小さなものにする。私たちは、第二章で、反応選択性の概念が、認識の基礎理論としては採用できないものであることを見た。また、第三章では、一般にアンサンブルの考え方に基づく統計的描像は、認識のメカニズムを解明する上では有効ではないことを見た。情報理論が依拠する確率論は、統計的な描像に基づいている。さらに、確率論は、ある意味では統計的な議論よりもさらにその仮定が人工的で、適応範囲が狭い。なぜならば、確率論は、統計的な議論が自然法則としての意味を持つために必要な、ダイナミックスへの埋め込みという基礎を欠いているからである（本章第7節を参照）。

## 6　クオリアを通して世界を見ていること

ここで、原点に帰ってみよう。

私たちは、序章で、私たちの感覚が、様々な質感＝クオリアに満ちていることを見た。そして、物質的な宇宙観の下で、また、私たちの心が物質である脳の中のニューロンの発火によって生じるという描像の下で、私たちの感覚がこのようなクオリアに満ちていることが、心と脳の関係を考える上で最も深遠で、また解決の困難なミステリーであることを見た。また、第五章では、クオリアが、私たちの認識のメカニズムにおいて、例えば大脳皮質の様々な領野において表現された特徴から統合された世界像をつくる上で、本質的な役割を果たしていることを見た。

私たちは、クオリアを通して世界を見ている。私たちが、若葉の上に落ちた滴を見ている時、私たちはその水滴の曲率や、透明度、その水滴の表面に映る朝の青空の照り返し、さらにはその水滴が風を受けて小さく震える様を、抽象的な情報の塊として見ているのではない。私たちは、水滴を、様々なクオリアの統合された一つの像として見ているのだ。そして、私たちのこのような認識の能力は、そのまま、私たちの脳の驚くべき情報処理能力の反映である。

脳における認識のメカニズムに迫ることができるような新しい情報の概念があるとすれば、それは、自然な構造としてクオリアを含むようなものでなければならない。クオリアの性質を把握することは、確かに極めて困難な課題である。「赤」の「赤らしさ」、「ヴァイオリンの音の質感」、「ミントの香り」、「木肌の手触り」、「メロンの舌触り」……。これらの質感に表現を与えることは、ほとんど絶望的なほど難しいように思われる。だが、クオリアに何らかの表現を与えることなしでは、認識を記述する情報の概念は構築できないのである。

私たちは、第五章第11節で、クオリアの先験的決定の原理、すなわち、

《認識の要素に対応する相互作用連結なニューロンの発火のパターンと、クオリアの間の対応関係は、先験的（ア・プリオリ）に決定している。同じパターンを持つ相互作用連結なニューロンの発火には、同じクオリアが対応する》

について述べた。この仮説の背景になっているのは、私たちの認識が、その本質がどのようなものであるとしても、自然法則の一部と見なされなければならないという考え方である。

別の言い方をすれば、クオリアを含むような情報の概念、そして、それが定義される情報の枠組みも、自然法則の一部でなければならない。私たちは、情報の枠組みは、任意に決めることができるという考え方に慣れてきた。だが、そのような情報概念の下では、脳における認識のメカニズムは解明され得ない。情報の枠組み自体も、自然法則によって与えられなければならないのである。

では、もし、情報の概念が自然法則の一部であるとすると、私たちはそれをどのように見出せばよいのだろうか？

自然法則とは、結局のところ、あるシステムが時間とともにどのように発展していくかというダイナミックスを記述する規則に他ならない。認識の問題の場合、注目すべきなのは、脳における認識を支える物質のシステムであるニューラル・ネットワークの時間発展の形式、すなわち、そのダイナミックスである。情報の概念、そしてクオリアが、自然法則の一部である以上、それは、ニューラル・ネットワークのダイナミックスの中に自然な表現を見出さなければならないのである。

## 7　ダイナミックスに埋め込まれた情報の概念

脳における情報の概念を、ニューラル・ネットワークのダイナミックスに即して構築するということは、どういうことか？

例えば、あるニューロンの発火の時間的パターンが、脳の中の情報処理のプロセスで持つ意味は、その一連の発火がシナプス後側のニューロンの発火のダイナミックスにどのような影響を与えるかということを通して、初めて明らかになる（図5）。一連の発火の情報としての意義は、そのようなパターンで発火した場合、シナプス後側のニューロンの発火が、どのような影響を受けるかという点にこそ存在するわけである。

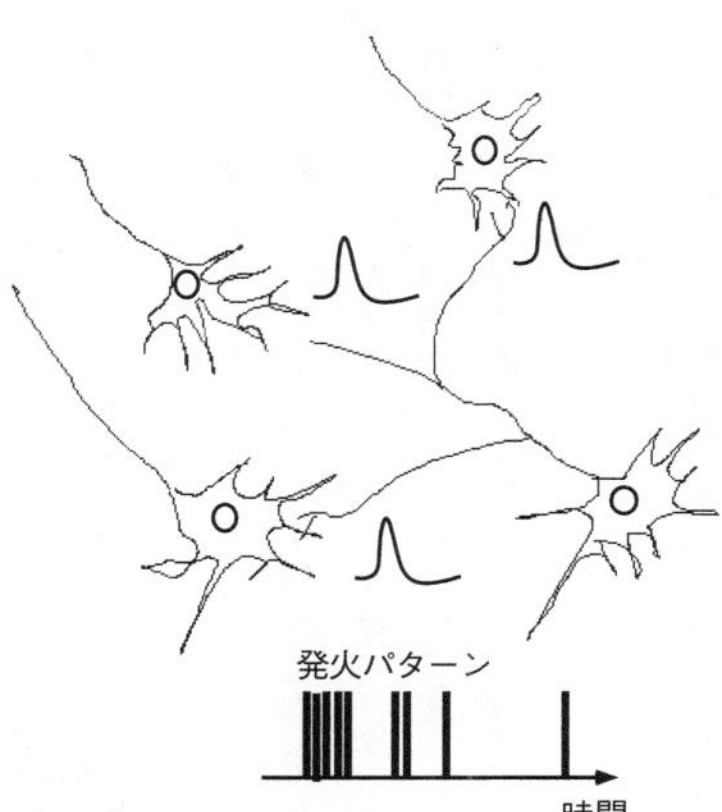


図5　ダイナミックスに埋め込まれた情報概念

このような情報の概念を、「ダイナミックスに埋め込まれた」情報の概念と呼ぶことにしよう。

「ダイナミックスに埋め込まれた」情報概念の下では、あるニューロンの発火パターンは、そのような発火がシナプスを通して結合した他のニューロンのダイナミックスに与える影響を通して、情報としての評価を受けることになる。というよりも、このように、ダイナミックスに埋め込まれた形で評価される以外に、脳内のプロセスを表現するのに適した情報概念はあり得ないのである。

シャノン流の情報理論におけるように、ダイナミックスを捨象して、抽象的な数学の問題として情報量を論じても、その脳内の情報処理プロセスに対する意義は、せいぜい間接的なものになってしまう。とりわけ、確率論の枠組みの中で情報の概念を定式化することは、確率論が統計力学におけるようなダイナミックスの裏付けを受けるような形で定式化されない限り、机上の空論になる恐れがある。

ダイナミックスに埋め込まれた情報の表現には、第4節で論じたような情報表現の枠組みに対する曖昧さはない。例えば、

0、1、1、1、0、1、1、1、1

というニューロンの発火の列を、半分は私の脳、半分はあなたの脳に属するものとして解釈するなどというナンセンスはあり得ない。なぜならば、そのような解釈をすることは、ニューラル・ネットワークのダイナミックスを記述する上で、何の意味もないからである。別の言い方をすれば、ダイナミックスに埋め込まれた情報の表現には、情報表現の枠組みが適切なものであるという、制度的な保証があることになる。

さらに言えば、ダイナミックスに埋め込まれた情報の表現では、あるニューロンの発火

を、単独で取り上げても意味がない。あるニューロンの発火が、情報としての意味を持つのは、その発火が、シナプス後側のニューロンのダイナミックスにある一定の影響を与えるからである。すなわち、あるニューロンの発火の情報としての意味は、それがシナプスを通して結合している他のすべてのニューロンに対して与える影響を通して把握されるのである。

大脳皮質内の典型的なニューロンは、他の一万個（10の4乗個）のニューロンにシナプス結合していると言われている。ということは、特定のニューロンの発火の情報としての意味を特徴づけるためには、シナプス後側の一万個のニューロンに与える影響を考慮する必要があるわけだ。

シャノン的に言えば、あるニューロンの発火の情報としての意味は、発火するか、しないかという二状態のみである。ここに含まれる情報量は、この章の第2節で議論したように、1ビットだ。これに対して、ダイナミックスに埋め込まれた情報の概念では、注目しているニューロンが結合している一万個のシナプス後側ニューロンに対して与える影響が問題となる。情報を特徴づけるパラメータの数が格段に多くなるのだ。それに伴って、私たちは、より複雑な状況を解析しなければならないことになる。確かに、これは、大変な仕事である。だが、このようなアプローチこそ、脳の中の認識のメカニズムを理解するのに有効な考え方なのだ。

## 8　認識の要素が、情報の単位となる

私たちは、第三章で、認識の要素、および、認識の時空という概念を定式化した。すなわち、認識の要素とは、認識を構成する、様々な属性、例えば、色、テクスチャー、端、形、さらには、視野の中における位置などを指すのであった。これらの認識の要素は、すべて一般的な意味での「クオリア」であると見なすことができた。一方、そのような認識の要素の埋め込まれている時空構造が、認識の時空であった。

認識の要素は、ニューロンの発火との関係では、

《認識の要素＝相互作用連結なニューロンの発火のクラスター》

として定義された。一方、認識の時空は、このように定義された認識の要素の相互関係から、自己組織的に生まれてくることが期待されるのであった。

認識の要素、認識の時空は、前節の言い方で言えば、脳の中のニューラル・ネットワークの「ダイナミックスの中に埋め込まれた」概念である。すなわち、ある一群の相互作用連結なニューロンの発火のクラスターが、私たちの認識の要素となるのは、これらのニューロンの発火を一まとまりとして考えることが、ニューラル・ネットワークのダイナミックスを記述する上で適切だからである（第三章、特に第10節の議論を参照）。同様に、認識の時空

が、ある特定の構造をとるのは、ニューラル・ネットワークのダイナミックスが、そのような時空構造の中でこそ有効に記述されるからなのである。

考えてみれば、私たちがそもそも意識を持ち、世界を認識するということは、実に不思議なことだ。こうして、コンピュータに向かって文章をタイプしていても、なぜ、私という意識が存在して、世界を認識しなければならないのか、必然性はまったくないような気がする（もっとも、そのような「私」がいなければ、そもそもこのような疑問を持つこともないわけである）。

というのも、認識の要素や認識の時空が、「ダイナミックスに埋め込まれた」形で成立するといっても、それは、逆に、認識の要素や認識の時空が存在することが、ニューラル・ネットワークがあるダイナミックスに従って時間発展するための必要条件であるということを意味するのではないからだ。早い話が、私たちの意識や認識といった面倒なものはなしにして、物質としてのニューロンが、「勝手に」世界の中で時間発展していっても良かったはずなのである。

なぜ、ニューラル・ネットワークの時間発展自体から見れば「よけいなもの」であると思われる認識が、いくら「ダイナミックスに埋め込まれた」形とはいいながら存在しなければならないのか？　世界は、「私」がそれを認識しなければ進行しないとでもいうのだろうか？　それとも、私たちは、世界の存在の仕方について、とりわけ、そのダイナミックな時間発展を支える諸条件について、何か根本的な思い違いをしているのであろうか？

このような、形而上学的な疑問はさておいて、認識の要素、認識の時空を、ニューラル・ネットワークのダイナミックスにしっかりと埋め込まれた形で定義しておくことは、重要なことである。このようなアプローチを通して初めて、私たちは認識を単なる主観的な視点からのみでなく（もちろん、主観的な視点は重要であり、とりわけ「クオリア」は、その本質が主観的な視点の中にこそ存在するのである）、客観的に見たニューラル・ネットワークのダイナミックス、ひいては脳の情報処理過程と結びつけることができるのである。

認識の構造が、以上のようにニューラル・ネットワークのダイナミックスに埋め込まれた形で成立するということは、認識のメカニズムを記述する情報の概念も、それに対応した形で成立するということを意味する。というよりも、もはや、情報は、ニューラル・ネットワークのダイナミックスの記述法そのものであると見なしてもよいのである。つまり、脳の中の情報表現という独立した領域があるのではなく、脳の中のニューロンの発火状態の時間発展の因果的記述そのものが、情報の表現になっているわけである。

## 9　ツイスターの概念

さて、ニューラル・ネットワークの時間発展を因果的に記述する際の指導的原理の一つが、第四章で検討した相互作用同時性の原理であった。私は、第四章第13節で、相互作用同時性の原理に基づく時空構造が、量子力学に見られるような非局所的な相互作用を導く可能性があること、そして、このことが、結びつけ問題などにも見られるような、意識の非局所的な統合の原理と関連しているのではないかという見通しを述べた。

もちろん、現時点では、このような非局所的なダイナミックスの数学は未知の暗闇の中だ。ただ、非局所的なダイナミックスを記述する数学のヒントになると思われる数学的概念がある。ペンローズが提唱している、ツイスター（twistor）という概念である。

ツイスターの概念をわかりやすくいえば、私たちが慣れ親しんでいる物理的な時空の一つ一つの点（そこに、個々の事象が埋め込まれる）よりも、時空の点の間の組（事象の間の関係を表現する）の方が、自然法則にとっては本質的であるという考え方である。

ツイスターの数学においては、物理的時空内のある点を通る光の軌跡が、ツイスター空間内の一つの点に対応する（図6）。ここで、光の軌跡は、物理的時空の中の事物の間の因果的関係を表したものであると考えればよい。時空に関する様々な議論の本質は、要するに、物理的時空の中の点の間の因果関係の構造にある。例えば、特殊、一般相対性理論において、光速度が一定だとか、重力場の中で光が曲がるとかいった現象は、すべて、因果関係に関係した現象である。ツイスターの数学は、このような時空の中の因果関係の構造を、エレガントに表現したものなのである。

ツイスターの数学が行っていることは、物理的時空の中の点よりも、時空の点の間の、因果的結びつきの方を基本的な実在と見なすという処方箋である。物理的時空の中では、光の軌跡上の点のペアは相互作用する可能性がある。光の軌跡を一つの点に対応させるというこ

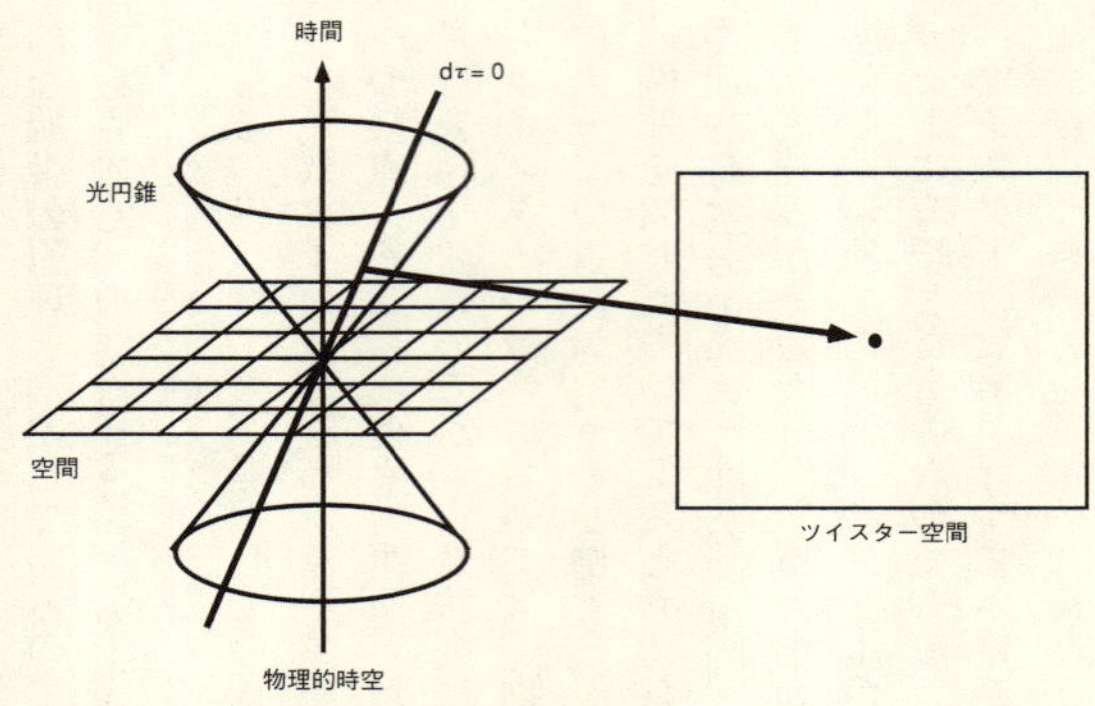


図6　物理的時空とツイスター空間

とは、すなわち、因果的結びつきを、自然法則において ダイナミックスを記述する際の基本単位として採用するということに相当する。自然法則は、このように因果関係を基本としたツイスター空間においてこそ自然な形で表現されるのである。

　ところで、第四章で議論したように、相互作用同時性の原理を通して、ニューラル・ネットワークのダイナミックスを記述する時空構造は、それが埋め込まれる物理的時空とは異なる幾何学を持つことが予想される。ただ、その構造は、ツイスター空間が依拠する相対論的時空とは異なる、より複雑なものになると考えられる。

　一方、前節で議論したように、このようなダイナミックスを記述するのに自然な時空間こそ、私たちが世界を認識する枠組みとなる認識の時空であると考えられる。ここで、ダイナミックスを記述するのに自然な時空間の構造とは、すなわち、

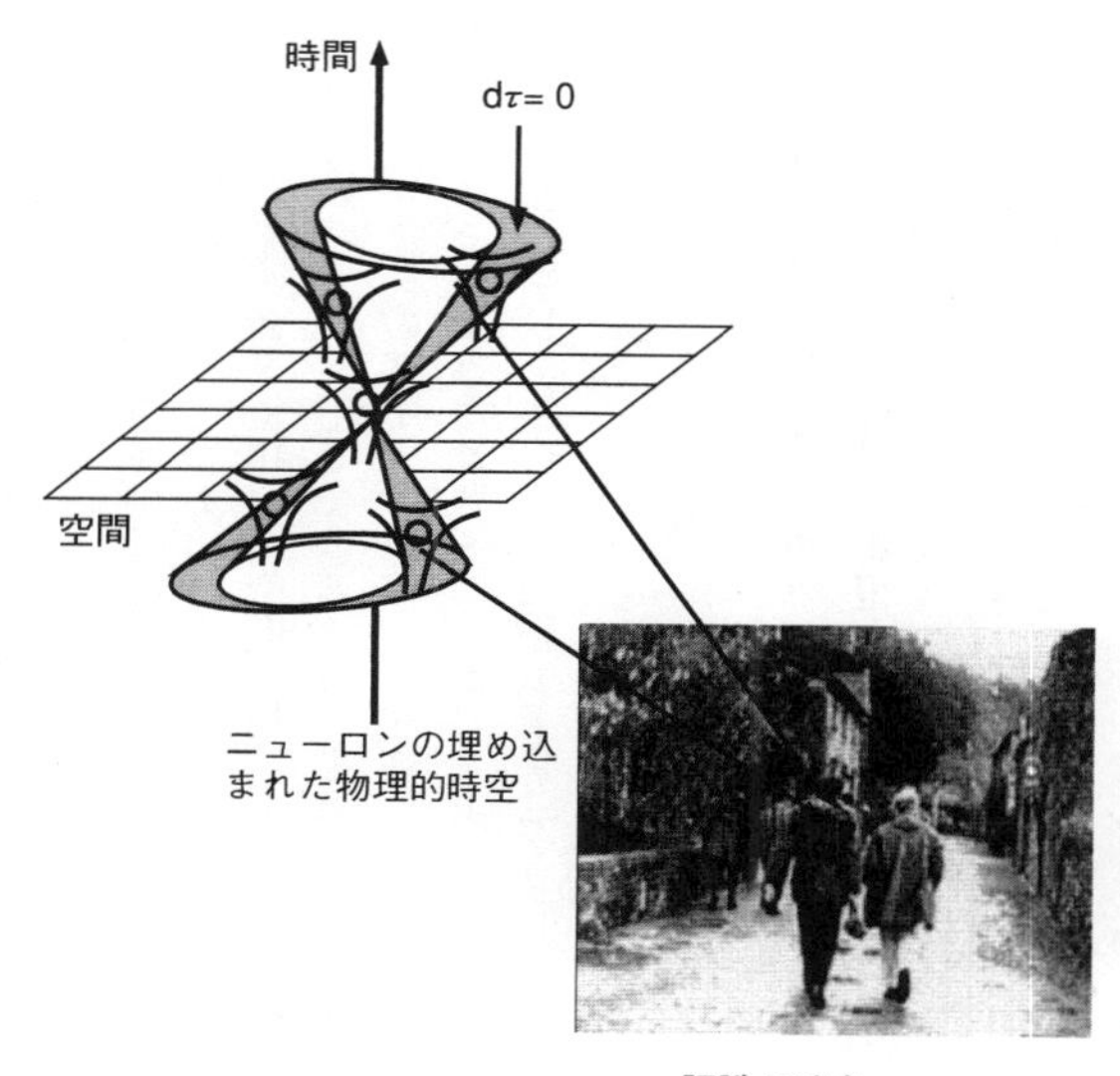


図７　ニューロンの存在する物理的時空と認識の時空

因果関係に基礎を置く時空間に他ならない。

ここに、興味深い可能性が浮かび上がってくる。私たちは、ペンローズが相対論的時空からツイスター空間を構築したのと同じようなやり方で、ニューラル・ネットワークの因果的構造を表現したツイスター類似の空間を構築することができるだろう。このような空間は、ちょうど認識の時空に対応していることが期待される。なぜならば、認識の時空は、ニューラル・ネットワークのダイナミックスを記述する上で自然な空間であり、ツイスター類似の空間は、まさにそのような性質を持つからである。

すなわち、私たちは、次のような憶測（conjecture）を立てることができるのである。

《認識の時空＝ニューラル・ネットワークに対応するツイスター空間》

これは、もちろん、現時点では単なる可能性に過ぎないが、控えめに言っても、極めて興味深い可能性であると言わざるを得ない。

## 10　クオリアの表現

私たちの、脳における情報の役割を検討する本章の議論は、そろそろ終わりに近づいている。最後に、ニューラル・ネットワークのダイナミックスに埋め込まれた情報表現において、クオリアがどのように表現されるのかを検討しよう。

私たちは、第五章の第10節で、クオリアは、認識の要素を構成する、相互作用連結なニューロンの発火のパターンの持つ性質であるという描像に達した。認識の要素が相互作用連結なニューロンの発火として定義され、クオリアが認識の要素の持つ性質である以上、これは当然のことだ。

今、一連のニューロンの発火が相互作用連結なクラスターをつくったとしよう。第三章第8節で説明したような理由で、認識の要素を構成するのは、興奮性の結合、すなわち正の相互作用連結性によって結びつけられたニューロンの発火のみである。認識の要素は、このように、ニューロンが埋め込まれた物理的時空の中で、非局所的に成立する。一方、認識の要素は、認識の時空の中では、一つの点として表現される。つまり、認識の要素は、認識の時空の中では、「圧縮されて」表現されているわけである。このような圧縮の過程で成立する属性が、クオリアであると考えられる。

もっとも、このような、相互作用連結なニューロンの発火の間の結びつきのパターンとしてクオリアを表現したとしても、それはいまだ完全な表現とは見なされ得ない。なぜならば、本当に興味深い問題は、あるパターンを持ったニューロンの発火のクラスターが、認識において、ある特定のクオリアを伴った、特定の役割を果たすのはなぜかという問題だからだ。つまり、

《クオリア＝相互作用連結なニューロンの発火のクラスターの持つパターン》

というクオリアの描像は、静的で不完全なものなのである。

クオリアが認識において、あるいは脳の情報処理プロセスにおいて重要な役割を果たすのは、それが、認識の要素に独特の個性を与え、認識の要素同士が相互作用して脳の中の情報処理のプロセスが進む際にその相互作用のモードを決定するからだ。クオリアの表現は、そのようなダイナミズムを反映するものでなければならないのである。

結局、クオリアは、ニューラル・ネットワークの「ダイナミックスに埋め込まれた」形での情報の表現を得た時に、その情報の表現の中に自然な構造として含まれているはずなのだ。これは、極めて興味深い可能性である。同時に、そのような情報表現を得ることは、挑戦のしがいのある目標だ。ただ、この目標の実現は、数学的には、かなりの高度なテクニックを要求することになるだろう。そのような数学を構築することこそ、今後地道な努力が注がれるべきテーマなのである。

## 11　以上の議論のまとめ

この章における議論をまとめてみよう。

まず、私たちは、現在脳の機能の理論的研究の中でしばしば使われる、シャノンによる情報量の定義と、それに基づく情報理論について概観した。そして、このような確率的議論に基づく情報の概念は、脳における認識のメカニズムを理解するためには有効ではないという結論に達した。

続いて、私たちは、シャノン的なアプローチによる情報に代わる新しい情報の概念について、それがどのような性質を持ち、どのように構築されなければならないかを検討した。すなわち、新しい情報の概念は、ニューラル・ネットワークのダイナミックスに埋め込まれた形で成立しなければならない。また、それは、認識の要素や認識の時空との対応関係を持たなければならない。

さらに、新しい情報の概念は、クオリアを、自然な構造として含むものでなければならない。このような情報の概念を構築する上で、参考になると思われる既存の概念が、ペンローズの提唱しているツイスターである。

以上の議論の流れを要約したのが、表1である。

新しい「情報」の概念は、単なる抽象的な概念ではなく、具体的なダイナミックスを与える、構築的なものでなければならない。第七章で議論したように、クオリアという性質を持たせることは、「意味」の「理解」をも実現することにつながる。これは、第七章の議論に基づけば、「チューリング・テスト」に合格する人工知能をつくる上での条件である。

すなわち、新しい情報の概念は、次のようなシステムの構築を可能にするものでなければ

表1　従来の情報概念と、新しい情報概念

| | 情報の定義 | 認識の基礎 |
|---|---|---|
| 従来の情報概念<br>＝<br>統計的描像 | シャノン型 | 反応選択性 |
| 新しい情報概念<br>＝<br>相互作用描像 | 未知<br>（ツイスター型の数学的枠組み？） | 相互作用連結なニューロンの発火<br>（クオリア） |

ならないだろう。

①「チューリング・テスト」に合格する人工知能を実現すること（＝「意識」を持つ人工知能を実現すること。第七章第10節の議論を参照）。

②人間の陳述記憶のような、認知によって構造化され、フレキシブルなメモリーのシステムをつくること（第七章第12節の議論を参照）。

もちろん、右のような客観的な成功の基準は、私たちの究極の問い、すなわち、私たちの心と脳の関係を究明する上では、何の役にも立たないという意見もあるかもしれない。確かに、客観的な視点による議論をいくら積み重ねていっても、私たちが意識を持つという不思議さ、私たちの認識において、クオリアが主観的に持つ何とも言われない属性に迫ることはできないようにも思われる。

あるいは、私たちは、意識や、クオリアの主観的な側面には、永久にたどりつけないのかもしれない。ある種の人々は、むしろ、このような絶対的な不可能のうちに、慰めを見出すだろう。

しかし、そのような科学的には悲観的な立場をとったとしても、この章で議論したような新しい情報概念の構築は、挑戦しがいのあるテーマだということができる。何しろ、私たちは、シャノンが最初から断念した、情報の持つ「意味」を扱おうとしているのである。この章の中ではその限界が徹底的に批判されたとはいえ、シャノンを乗り越えることは、それほどやさしいことではないのである。

# 第九章　生と死と私

私の人生の短い広がりのことを思うと、私はその前後に広がる永遠に飲み込まれるようで恐ろしい……。自分があそこではなく、ここにいるのに気がついて愕然となる……。誰が、私をここに置いたのか。誰の命令とはからいで、この場所と時間が私に割り当てられたのか……。その無限なる空間の永遠なる静寂が私を恐怖におののかせる。

——パスカル（ポパー、エクルス『自我と脳』に引用）

## 1　「私」が「私」であること

「私」が「私」であることは、子供の時、非常に不思議なことであった。「私」が「私」であることを意識すると、急に息を吸ったり吐いたりすることが、いたたまれなくなってくる。心臓がどきどきと鼓動を打っているのが、不安になってくる。目を閉じると、何か白いもやもやとした綿のようなものがあって、それが「私」なのかと思う。地球のどっしりとした土の塊の上に「私」が載っていることが奇跡のように思えてくる……。

私たちは、誰でもこのような「私」が「私」であることについての根源的な不安を感じる。だが、大抵の人は、大人になる過程で、そのような不安を忘れてしまう。一部の、要領の悪い、忘れることのできない大人が、脳を研究する科学者になったりする。

ところで、私たちは、一人の人間の生きていく過程について、次のような常識的理解を持っている。

「私」は、一つの人格としてこの世に生まれ、様々なことを学習し、記憶しながら成長していく。その過程で、「私」はどんどん変わっていく。初めてプールで顔を水につけた時、「私」の中の何かが変わった。九九の計算ができるようになった時、「私」の中の何かが変わった。恐る恐る愛を告白した時、「私」の中の何かが変わった。しかし、このような変化にもかかわらず、「私」は同じ「私」だ。途中で、「私」が誰か他の人格にとって代わられたこともないし、「私」が誰か他の人格を追い出してそこに居座ったこともない。

「私」は、「私」の人生というストーリーの、一貫した記憶を持っている。「私」の肉体を構成する原子は、一ヵ月もすれば入れ替わってしまうだろう。「私」の持つ知識や、嗜好、経験は、一〇年も生きればすっかり変化してしまう。だが、このような変化にもかかわらず、「私」は同じ「私」だ。一〇年前の「私」と、今日の「私」は同じ「私」だ。「私」は、「私」が死ぬまで、「私」であり続けるだろう。そして、「私」が死んでしまえば、「私」はもうこの世に存在しない……。

右の、一見当然に思えるような常識が、心と脳の関係を考える上でどのような意味を持つか、以下で検討していこう。私たちは、その過程で、「生」や「死」が「私」にとってどのような意味を持つのかを考え直すだろう。そして、驚くべきことに、右に述べたような常識が、実はそれが正しいかどうかさえ怪しい、曖昧なものであることを見るだろう。

## 2 「私」を「私」にするもの

この章で行う議論を本当に味わうためには、読者に不安になってもらわなければならない。「私」が「私」であることが、いかに訳のわからないことかを感じてもらわなければならない。もちろん、すでに著者は不安で仕方がないわけだが（だからこそ、このような文章を書いている）、そのような不安を、少しでも読者に共有してもらわなければならない。まず、「私」と呼んでいるものが、実は、ばらばらの要素からできていることを確認することから始めたい。

例えば、「私」は林檎を好きかもしれないし、嫌いかもしれない。この林檎に対する好き嫌いは、私の人格を構成する一つの要素である。「私」の好きなものと嫌いなもののリストをつくることもできるだろう。例えば、「私」はカマンベール・チーズは好きだが、ブリー・チーズは嫌いかもしれない。

さらに、「私」には、様々な記憶がある。記憶も、私の人格を構成する要素である。幼少の時の記憶は、時間や場所がはっきりしない。なんとなく、海岸で赤貝の貝殻だけを拾って、その名前を大人に聞き、「ばか貝」と勘違いした記憶がある。時間や場所がはっきりしている記憶もある。大学の入学式の日は、日本武道館に行く道の両側の桜が奇麗だった。さらに、自転車の乗り方や、皿の回し方など、言葉で表すことの難しい、ある手続きを表しているような記憶もある。このような記憶のリストをつくることもできるだろう。

　私には、様々な性格的特徴がある。例えば、私は怒りっぽいかもしれないし、粘り強いかもしれないし、あっさりしているかもしれない。このような、私という人格を構成する性格的特徴のリストをつくり上げることもできるだろう。

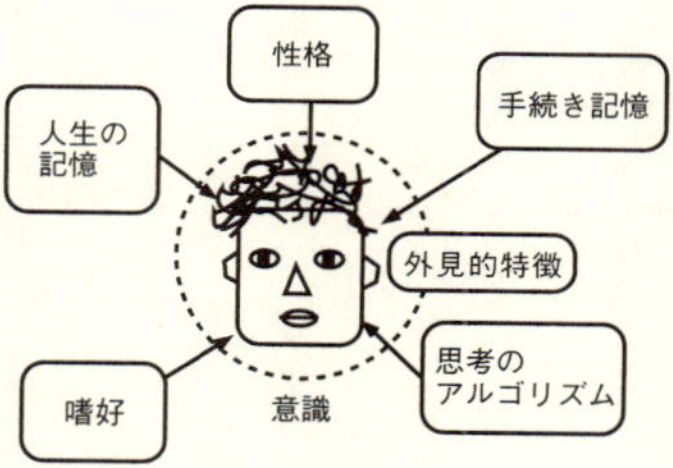

図１　「私」を構成するもの

　最後に、私の思考パターンがある。私は九九ができたり、行列同士の掛け算ができたりする。ファインマン図形を使って、コンプトン散乱の断面積の計算だってできるかもしれない。このような私のできる「思考のアルゴリズム」の集合も、私という人格を構成する特徴のリストの一部を構成する。

　以上の特徴は、私の「心」の特徴である。そして、私の心の特徴は、結局は、私の頭の中のニューロンの間の結合形式の特徴に過ぎない。

　さらに、私には、様々な外見的特徴もある。私の頬には、一つ小さなほくろがある。そのほくろの脇から、髭が一本生えている。私の耳の頬側には、小さな穴が一つ空いている。

私の左手の中指の背の第一関節には、小さな隆起のようなものがある。このような、外見的特徴のリストをつくることもできるだろう。

私たちは、心と脳の関係に興味を持っているので、以下では、外見的特徴は無視して、「心」の特徴のみを議論の対象にすることにする。つまり、物質的に見ると、脳の中のニューロンの結合パターン、発火パターンに興味を持つということだ。もちろん、厳密に言えば、「心」の特徴の中に、その人の外見的特徴に対応する特徴（例えば、自分自身のイメージや、肉体的特徴に対応した行動パターンの特徴）も含まれているわけであるが、とりあえず無視することにする。

さて、こうして、私という人物の特徴のリストをつくり上げたとしよう。このリストは、当然膨大なものになる。そして、もちろん、リストの内容は常に変化している。このような変化にもかかわらず、「私」は同じ「私」であるという常識的な理解があることを、前節で述べた。リストにある要素がつけ加わったり、ある要素が削除されたりしても、「私」は「私」なのである。ということは、どの要素をとっても、それは、「私」が「私」であるためには本質的ではないということになる。ある特定の要素があって、それがなければ「私」は「私」ではなくなってしまうということはないわけだ。

それでは、次のような思考実験をしてみよう。

ある人物Aさんがいる。別の人物Bさんがいる。AさんとBさんは、特に似ているというわけではない。さてAさんの人格要素を、毎日少しずつ、Bさんの人格要素と入れ替えてしまう。Bさんの人格は、そのままということにする。変化は緩慢なものなので、Aさんは特に変わったことに気がつかない。しかし、一〇年たった時、Aさんの人格要素は、すっかりBさんの人格要素と入れ替わってしまった。一〇年振りにAさんに会った知人が驚いた。

「ああ、Aさんは、すっかりBさんのようになってしまった！」

右の思考実験は、一見空想科学小説じみていて、現実的ではないように思われるが、似たようなことは実際に起こっている。例えば、弟子が師匠に感服するあまり次第に師匠に似てくるケースである。あるいは、夫婦が、次第に似たもの夫婦になるケースである。さらには、より劇的な、「洗脳」と呼ばれるケースである。このような変化があっても、その人の主観から見れば、「私」は「私」だろう。そして、この結論は、生きていく中で様々な変化があっても、「私」は「私」だという常識的理解とも符合している。

古代ギリシャ人は、実はこのようなことを深く考えていたと思われる（実際、ギリシャ時代は驚くべき時代で、今日の私たちが考えつくようなことは、大抵すでに考えてしまっている）。彼らは、右のような人格の変化を、メタモルフォーゼと呼んだ。ナルシスが水仙の花になってしまう神話を読んだ人も多いだろう。ナルシスが水仙の花になってしまっても、その変化がゆったりとしたものである限り、ナルシスはナルシスであり、水仙の花もナルシスだということになる。

では、「私」を構成する人格要素がすっかり入れ替わってしまっても「私」であり続ける「私」とは、いったい何なのだろうか？　ここには、「私」が「私」であることと、「私」が変化すること、そして、「私」の変化を許容する時間の流れとの間の、深い関係が感じられる。それにしても、「私」とは、いったい何なのだろうか？

もし、読者が、「私」が「私」であることに不安を感じ始めたとしたら、それはよい兆候である。さらに議論を進める準備が整ったのである。先に進もう。

## 3　「私」の意識に寄与するのは、発火しているニューロンのみである

「私」が「私」であるということはどういうことかをさらに考えるために、次のことを確認しておこう。すなわち、どうやら、私の「意識」は、脳の中のニューロンのネットワークの性質によって特徴づけられているらしいが、すべての「ニューロン」の中でも、私の意識に関与するのは、発火している、すなわち、アクション・ポテンシャルを生じさせているニューロンだけらしいということである。私たちは、この考え方を、認識のニューロン原理として定式化したのだった（第一章）。

《認識のニューロン原理＝私たちの認識は、脳の中のニューロンの発火によって直接生じる。認識に関する限り、発火していないニューロンは、存在していないのと同じである。

　私たちの認識の特性は、脳の中のニューロンの発火の特性によって、そしてそれによってのみ説明されなければならない》

　右の命題の意味は、端的に言ってしまえば、ニューロンは、意識の問題を考える際には、それが発火している時にのみ存在しているのであって、それが発火していない時は、この世界に存在していないのと同じであるということである。

　この命題は、現在得られている生理学的な知見に照らし合わせても、おそらく妥当な命題であると考えられる。

　この命題は、以下で「私」が「私」であることの意味を考える上でカギとなる命題なので、しっかりと頭の中に入れておいて欲しい。

## 4　「眠り」の前後で「私」は同じ「私」か？

「眠り」の意義については、様々な説がある。エネルギーを節約するためだとされたり、あるいは、捕食者に捕まる危険を減少させるためだという説もある。また、冬眠との関係も指摘されている。学習のメカニズムと関連して、睡眠が、ニューロンとニューロンの間のシナプスの可塑性の定着において、重要な役割を果たしているという説もある。

　いずれにせよ、「眠り」において顕著な事実は、眠っている間には、私たちの意識はないということである。特に、「深い眠り」においては、私たちは意識を持たない。レム睡眠中は、夢を見たり、あるいは夢の内容についてある程度の感想や判断を持つことができる。したがって、レム睡眠中には、ある程度の意識の痕跡が認められるとしてよいかもしれない。しかし、少なくとも深い眠りの間は私に意識はなく、私は、「そこにいない」。ソクラテスは、死は長い眠りのようなものかもしれないと述べたが、呼吸や血液の循環、基礎的な代謝といった生命の維持に必要なプロセスは睡眠中も進行しているものの、こと意識に関しては、睡眠中にそれが存在しないということは、顕著な事実だ。

実際、眠っている時には「私」の意識がなく、目覚めている時には「私」の意識があるという強烈なコントラストこそ、私たちがそもそも心の存在を直観的に認識し、「心」と「脳」の関係についていろいろと思いわずらう根拠となる内的経験である。

さて、睡眠から覚めると、再び「私」の意識が戻って来る。そして、前の晩に大量にアルコールを飲んで前後不覚で眠ったのでもない限り、睡眠に入る直前の「私」の状態についての記憶が蘇って来る。ああ、そうだ、明日は七時に起きようと思って、目覚ましをかけたんだっけ、それからしばらく本を読んで、眠くなったからランプを消して眠ったんだっけと思い出す。さて、私たちは、ここで、睡眠に入る前の「私」と、今目覚めた「私」は、同じ「私」であることを暗黙の前提としている。つまり、「私」という人格の自己同一性は、「睡眠」という中断にもかかわらず、継続していると考えている。そんなことは当たり前じゃないかと、大抵の人は言うだろう。だが、どうして当たり前と言えるのだろうか？　実は、ここに大きな問題が隠されていることを以下で見ていこう。

### 5 「睡眠」の前後で、どうして同じ「私」だとわかるのか?

私たちは、「睡眠」の前後で、同じ「私」が継続されると考えている。眠りにつく前の「私」と、目覚めた後の「私」は、同じ「私」だと考える。この「常識」的な理解が本当に正しいかどうかはひとまず措いておこう。もし、「睡眠」の前後で同じ「私」が継続されるのだとすると、それはどのような理屈に基づいているのであろうか?

まず、出発点として、

《ある瞬間における「私」の意識の内容は、私の脳内においてその瞬間において発火しているニューロンによって、またそれによってのみ決定される》

という命題を認めたとしよう(心理的「瞬間」の意味は、第四章で議論した)。右の命題は、また、

《ニューロンは、意識の問題を考える際には、それが発火している時にのみ存在しているのであって、それが発火していない時は、この世界に存在していないのと同じである》

ことを意味するのだった。

もしそうであるとすると、睡眠中、意識を呼び起こすしきい値ほどには発火していない大脳皮質中のニューロンの集合は、こと意識を考える際には存在していないのと同じである。したがって、睡眠前と睡眠後のしきい値以上に発火しているニューロンの集合に支えられた意識の存在は、睡眠中の、しきい値以下しか発火していないニューロン、すなわち、意識という文脈から見れば、何も存在していない状態、「不存在」によって分断されているということになる。問題になるのは、発火していないニューロン、すなわち、意識という文脈から見れば、存在していないに等しいニューロンを、睡眠前後の意識の連続性という観点からどう見るかである。

問題を個条書きに整理してみよう。

①睡眠の前後で、「私」の意識は接続され、睡眠前後で人格の同一性が保たれているように見える。

②意識という文脈において、意味のあるのは、発火しているニューロンのみである。発火していないニューロンは、存在していないのと同じである。

③睡眠の前後の「私」の意識、人格の同一性は、睡眠中の発火していないニューロンという、不存在を「飛び越えて」接続されている。

睡眠の前後で意識が連続すること、「私」が「私」のままでいることについて、睡眠中の発火していないニューロン＝非存在はどのような意味を持っているのであろうか？

ある瞬間の意識の内容を決めるのは、その瞬間に発火しているニューロンだけであるという命題から出発しよう。この立場からは、睡眠中の発火していないニューロンの唯一の意義は、それが、睡眠後に、睡眠前と同じ、あるいは類似のニューロンの発火パターンを再現することだということになる。つまり、睡眠中に発火しないで休止しているニューロン間のシナプス結合が保たれることによって、目が覚めた時に、眠る前と似たニューロンの発火パターンが再現されることが重要だというわけだ。

もしそうだとすると、睡眠後に、睡眠前と同じあるいは類似のニューロンの発火パターンが再現されるということさえ保証されれば、間に挟まれる「不存在」は、発火していないニューロンでなくてもよいということになるはずである。人間の睡眠中の発火していないニューロンは、単に、睡眠から覚めた後に睡眠前と同じあるいは類似のニューロンの発火パターンを再現することを保証する、あるいはその確率を高めるという機能を果たしているだけで、同じ機能を果たすのであれば、それは、ニューロン以外の何らかのシステムでもよいということになるはずだ。どうせ、睡眠中の発火していないニューロンは、こと意識に関しては、存在していないのと同じなのだから。

この結論が、実は非常に困難な問題をいろいろと引き起こすのである。

## 6 「死」に関するパラドックス

前節までで、私たちは、睡眠を挟んだ人格の自己同一性について考察した。「私」は、睡眠の前も、睡眠の後も、同じ「私」である。そして、睡眠前後で「私」が同じ「私」なのは、睡眠の後で、睡眠の前と似たニューロンの発火パターンが再現されるからである……。

ここまでは、少しひっかかる点はあるものの、まず常識的な結論と言ってよいだろう。しかし、次の場合はどうだろうか？

「私」が死んだとする。心臓が停止し、体の組織が次第に腐敗し、やがて消滅する。この時、私という人格も永遠に失われたと考えるのが、普通の考え方だろう。私たちは、死は、不可逆で、取り返しのつかないものだと考える。だからこそ、死を恐れる。死と眠りは意識を失うという点では同じだが、睡眠の場合、翌朝目覚めれば、再び「私」の意識が回復され、人格の自己同一性が連続的に維持されるのに対して、死に際しては、「私」の意識は永遠に失われ、私という人格の自己同一性も維持されない。だから、死は眠りと異なり、特別な意味を持つのだ、そのように考える（ここでは、「死後の世界」という、非常に興味深いが、現在のところ科学的には検証のしようのない仮説はとりあえず無視する）。

それでは、次のような思考実験を考えてみよう。

Aさんの死因は、銃弾の頭部貫通による即死であった。自然に睡眠に入り、深い睡眠状態で完全に意識を失っていた時に、強盗に撃たれたのである。死の苦しみもなく、自分が死んだことさえ認識しなかった。

それから一〇億年後、死亡直前のAさんとまったく同じニューロンの状態が宇宙の別の場所で偶然再現された。肉体的特徴もそっくりであった。この人をαさんと呼ぼう。というわけで、何から何まで死亡直前のAさんとそっくりであったが、残念ながら、周囲の様子までは同じではなく、かなり一〇億年前とは様子が変わっていた。その後、αさんは自然な経過をたどって目を覚ました。そして、驚いて声を上げた。

「あれ、周囲の様子がすっかり変わっているぞ！」

それからαさんはまわりの人と話したが、何を言っているのかまったくわからなかった。

さて、この時、Aさんの意識状態と、αさんの意識状態は、連続的につながったとみなしてよいか？　Aさんとαさんは、同一の「私」とみなしてよいか？

右の思考実験は、一見タイム・トリップのように思われるが、そうではない。死亡直前のAさんと一〇億年後のαさんの間には、何の因果的関係もないのである。単に、死亡直前のAさんのニューロンのパターンと、一〇億年後のαさんの頭の中のニューロンのパターンが、偶然同じになっただけなのである。そんなことが起こる確率は、0に近いじゃないか！という反論は当然あるだろう。だが、私たちは、「死」によって、「私」という存在はどうなるのか、「私」は、不可逆的に失われるのかという原理的な問題に関心を持っているのである。たとえ、その確率が0に近いとしても、もしそのようなことが起こる確率が少しでもあれば、私たちは右のような思考実験を考察してみなければならない。

ここで、原点に戻ってみれば、私たちは、

《ある瞬間における「私」の意識の内容は、私の脳内においてその瞬間において発火しているニューロンによって、またそれによってのみ決定される》

という命題を認めたのだった。また、

《ニューロンは、意識の問題を考える際には、それが発火している時にのみ存在しているのであって、それが発火していない時は、この世界に存在していないのと同じである》

ことを認めたのだった。

もし、右の二つの命題を認めるならば、ある人物の「意識」が「睡眠」によって中断される場合と、「死後一〇億年間」の時間の流れによって中断される場合には、本質的な差がないことになる。睡眠中に、ニューロンが物質的には存在していたとしても、発火していないニューロンは、意識の問題を考える上では存在していないのと同じなのだから、「死後一〇億年間」実際にニューロンが存在しない状態が続くのと、何の差もないことになる。「目覚めた」後に、睡眠前と似たようなニューロンの発火パターンが再現されれば、それで「私」の意識も、人格の同一性も継続されるのであって、その間に発火していないニューロンがあろうと、あるいはニューロンさえなかろうと、同じことになるのである。

このような立場では、「睡眠」と「死」の差は、単に、「睡眠」においては「睡眠」後に「睡眠」前と同じニューロンの発火パターンが再現される可能性が高く、「死」においては、死後「一〇億年後」でも、何年後でもよいが、死の直前と同じニューロンの発火パターンが再現される可能性が低いという、確率のみの差になってしまう。「私」の意識が中断されるという点においては、「睡眠」と「死」は、何の差もないということになる。

さて、もし、「死後一〇億年後」に死の直前と同じニューロンの発火パターンが偶然再現された時に、Aさんの意識状態が連続的に接続されたとみなしてよいとすると、つまり、αさんとAさんは同じ人格、同じ「私」なのだとすると、次のような驚くべき結論に達する。

原理的に、ある人が「死ぬ」、すなわち、その意識状態の連続性が非可逆的に失われることは決してないということになるのである！

なぜならば、たとえ、ある人間、例えば「私」の肉体の生命維持機能が失われ、その肉体が朽ちたとしても、原理的には、「私」の死後、宇宙のどこかで「私」の死の直前と同じニューロンの発火パターンが再現される可能性はゼロではないからである。

実際、宇宙の中に十分な質量があるか、永遠に膨張を続けるかやがて収縮を始めるかはわからないが、その悠久の時間と莫大な空間を考えれば、どこかで「私」の死の直前と同じニューロンの発火パターンが再現されてもよいではないか。それどころか、議論が複雑になるが、私が一〇歳の誕生日にケーキの火を吹き消した瞬間のニューロンの発火パターンが再現されるのでもよい。

いずれにせよ、私のニューロンの発火パターンが将来再現される確率がゼロではない以上、また、睡眠中私の意識はないにもかかわらず、睡眠を挟んで私の意識は接続されているとみなす以上、私が「死ぬ」、すなわち、私という人格が永久に失われることはないという結論になるのである。

ニーチェなら歓喜して叫ぶことだろう。

ついに人間は超人になった！

人間は、決して死ぬことはないのだ！

と。

（右の問題に関して、Aさんが死んだ時空の点から見て、Aさんのニューロンの発火パターンが再現された時空の点が光円錐の内側、すなわち、相対論的に因果的な相互作用が伝えられる時空の範囲にあるか、あるいはその外側にあるかが結論に影響するかという問題は興味深い。ただ、このような問題提起に背筋がぞくぞくするほどの深遠な興味を感じる人はおそらく限られているだろうから、ここでは、この極めて興味のある問題には深入りしないことにする。）

## 7 「私」の「コピー」は「私」なのか？

さて、前節で得られた、

《人間は決して死ぬことはない》

という命題は、私たちの自我にとっては心地よい。これを信ずることができるのならば、新しい宗教さえ起こせそうだ。だが、これはどう考えても常識に反する結論であるから（かと言って、常識が常に正しいわけではないが）、この命題に対する反論を考えることにしよう。この反論を準備するために、心と脳の関係を考える際にどうしても避けて通れないテーマの一つ、すなわち、「コピー人間」の問題を検討しておく必要がある。

「コピー人間」の問題とは、端的に言えば、「私」の「コピー」は、「私」なのかという問題である。

あなたと、一つの分子の配列まで変わらないコピー人間がいたとするのである。そのコピー人間は、あなたとまったく同じ外見を持っていて、あなたとまったく同じニューロンの結合パターンを持っていて、生成された瞬間には、あなたとまったく同じニューロンの発火パターンを持っているとするのである。何から何まで、あなたと同じ人間なのだ。もちろん、

「心」はニューロンの発火パターンだけで決まるはずだから、「心」も同じはずだ。

もちろん、生成されてから時間が経過するに従って、コピー人間が経験した内容はあなたが経験した内容と異なってくるだろう。経験は、ニューロンの間のシナプスの可塑性を通してニューロンの結合様式を変え、ニューロンの発火パターンを変えるから、次第に、あなたとコピー人間は違った「心」を持つことになるだろう。だが、このことは議論の本質とは関係がない。私たちは、常に、コピー人間が生成された瞬間から十分短い時間の間に私たちの議論を限定できるからだ。

問題を次のように言い替えると、あなたの心にもっと切実に響くかもしれない。今、何らかの方法であなたのコピー人間を作ったとする。さて、あなたは次のように言われるのである。

《もし、あなたが死ねば、コピー人間は一生お金に不自由しないで幸せに暮らせますよ。だから、死んでくださいますか？　大丈夫。コピー人間もあなたですから、あなたが死んでも、あなたは死なないんですから。それどころか、あなたが死ぬことによって、あなたはとても幸せに生きることができるのですよ！》

どうも頭が混乱しそうだが、確かに、もしあなたも、あなたのコピー人間も同じ「あなた」ならば、右のような理屈が成立しそうである。

さて、あなたは、コピー人間も「あなた」だと認めますか？　あなたがより幸せに暮らすために、あなたが死ぬことに同意しますか？

私の答えは、はっきりしている。ノーである。私のコピー人間のために、私が死ぬなんてまっぴらだ。なぜならば、私のコピー人間は、「私」ではないから。

私はここでは、直観で判断している。「私」の「意識」の成り立ちの本質を考えると、「私」のコピー人間は「私」ではないのだ。

次のような思考は、多くの人の直観からそれほど遠くないだろう。コピー人間は、私にとっては赤の他人に過ぎない。この宇宙に私とまったく同じ「コピー」が存在しようとしまいと、「私」が「私」であることとは無関係である。「私」のコピー人間が、たまたま私の脳の中のニューロンと同じ結合様式を持ち、同じニューロンの発火パターンを持ち、同じ「心」を持っていたとしても、それは、「私」のコピー人間が「私」から見れば赤の他人であることに、何の影響も及ぼさない。

さて、読者の方々はどう考えるだろうか？

人によっては、「私のコピー人間と私は同じ私だ」という人がいるかもしれない。だが、もしその人が、

《私が死ぬかわりに、私のコピー人間が死んで、私が一生お金に困らないで幸せに暮らせるようになった方がよい。どうせ、私と私のコピー人間はまったく同じなのだから、どっ

ちが死んでどっちが生き残っても同じことではないか。だから、ぜひそのようにして欲しい》

と考えるのだとしたら、それはルール違反だ。なぜならば、「私」が死ぬより、「コピー人間」が死ぬ方がよいと考えるということは、結局、「私」と「私のコピー人間」を区別していることになるのだから。

（落語の「そこつ長屋」は、この章で議論したような一見ナンセンスに思われる考えの道筋をテーマにした古典的な名作である。浅草の雷門の前で兄弟分の熊さんにそっくりの行き倒れの死体を見たそこつ者が、あわてて長屋に帰り、熊さんに「お前が死んでいるぞ」と教えてやる。動転した熊さんは、雷門にかけつけ、「やっぱり俺だ」と悲しむ。まわりの人々があきれて止めるにもかかわらず、熊さんは兄弟分と一緒に自分の死体を担いで引き取ろうとする。最後に、熊さんが「でも、兄貴、なんだかわからなくなっちゃった。担がれているのは確かにおれだけれど、担いでいるおれは、いったいどこの誰だろう？」と言って落ちになる。――興津要編『古典落語』上、講談社を参照）

## 8 「コピー人間」と視点

ここで、「コピー人間」の問題について、もう一つの論点を提出しておかなければならないだろう。それは、「私」の「コピー人間」が「私」であるかどうかは、視点に依存するということである。

前節にも述べたように、「私」の視点から見れば、「コピー人間」はあくまでも赤の他人であって、たまたま同じニューロンの発火パターンを持っているというに過ぎない。「私」が「私」であること、あるいは、「私」が「私」の心を持っている事実に、他に同じ様な心を持っている「コピー人間」が存在するかどうかということは関係がない。

一方、第三者の視点から見たらどうだろう？　例えば、何者かによって「私」のコピー人間がつくられたとする。「私」が「私」の部屋で眠っている間に、「私」とコピー人間を交換してしまったとする。コピー人間は、「私」の生活環境に置かれるのである。一方、「私」の方は、つまりオリジナルの「私」の方は、密かに破壊されてしまう。この操作は、誰にも知られずに行われたとする。さて、やがて目が覚めた「コピー人間」は、「私」とまったく同じにつくられているのだから、ごく自然に「私」の生活環境の中で生活し始めるだろう。もちろん、「コピー人間」には、入れ替えられたなどという記憶はないから、ごく自然に自分は「私」だと信じ、そのようにふるまうだろう。さて、この場合、「私」の周囲の人間は、「コピー人間」は、「私」だと信じて何の疑いも持たないだろう。何しろ、「私」とまったく同じなのだから。こうして、第三者の視点から見ると、「私」と「コピー人間」は、区別がつかない、すなわち、同じだということになる。

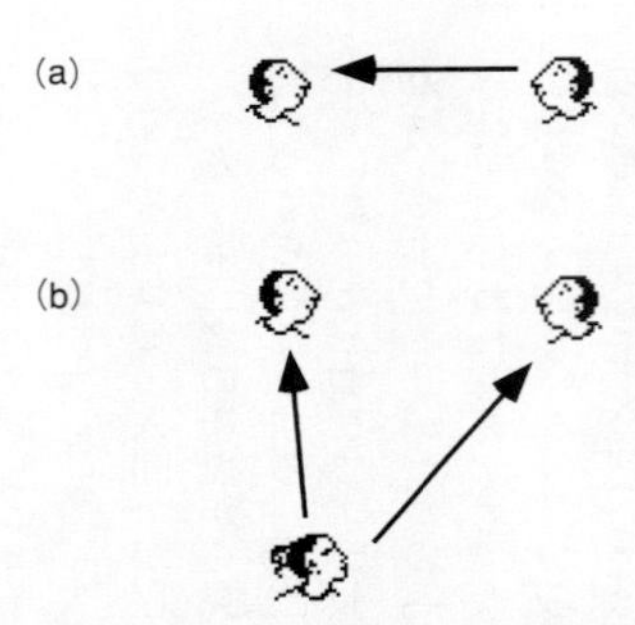


図２　視点による「私」と「コピー人間」の関係の違い

ここに一つのパラドックスがある。「私」のコピー人間は、「私」から見れば、赤の他人と変わらない。一方、第三者から見れば、「私」のコピー人間は、「私」そのものである。つまり、視点によって、「私」のコピー人間が「私」であるかどうかは結論が異なるということになる。

実は、この点にこそ、「私」という意識、自己意識の本質を考える上で重要なカギが隠されている。最も重要な点は、「私」の視点から見て、「私」の意識とは、単なる「ソフトウェア」に尽きるものではないということだ。「私」とコピー人間は、ニューロンの間の結合様式というソフトウェアの点から見れば同じであるかもしれない。しかし、「私」の意識から見れば、まったく別のものなのである。コピー人間は、同じソフトウェアを持っているにもかかわらず、赤の他人なのだ。

この点は、心と脳の関係を考える上で極めて重要である。意識が「ソフトウェア」に過ぎないという考え方は、右の図式で言えば、第三者から見た場合の論理に過ぎない。そして、第三者の視点は、心と脳の関係を考える上では、「私」の視点に比べれば副次的な（重要性の低い）視点に過ぎない。したがって、「意識」が「ソフトウェア」であるという見方は、心脳問題において、あまり重要ではないのである。

ところで、コピー人間という例は、あまりにも荒唐無稽に思われるかもしれないが、そうでもない。そもそも、遺伝的なコピー人間の例だったら、私たちのまわりに普通に見られるのだ。つまり、一卵性双生児である。私は、一卵性双生児の男の子を三年間にわたり、二人一緒に家庭教師として教えた経験がある。これは大変興味深い経験であった。二人がそれぞれ別の機会に、お互いから独立に、あることに対してまったく同じ反応をすることがしばしばあった。もちろん、厳密な検証をしたわけではない。だが、遺伝的に決定されている脳内の神経回路網の結合の様式が、一卵性双生児の二人は極めて似ており、そしてその結果、第三者の視点からみれば、二人の心が「ソフトウェア」として似ているという印象を強く持った。だが、もちろん、双子の一人一人から見れば、「私」は「私」で、「彼」は「彼」である。特に、一卵性双生児の場合、「私」を独立した人格として確立しようという動機づけがかえって強いようだ。

## 9　「コピー人間」と、「死」の問題

さて、以上で、「コピー人間」に関する論点を整理したので、「死」の問題を再び考えてみる準備ができた。ここで、

《人間は決して死ぬことはない》

というニーチェが喜んだであろう命題に対する反論を提出しよう。

私たちの反論は、

《Aさんが睡眠中に即死し、一〇億年後、眠りに入る直前のAさんとそっくりのニューロンの結合様式とニューロンの発火パターンを持ったαさんが出現した》

という思考実験におけるαさんとは、Aさんのコピー人間なのではないかということである。もし、αさんがAさんのコピー人間であるとすると、Aさんにとってαさんは「赤の他人」であり、Aさんにとってαさんは「私」ではないことになる。というわけで、やはり、Aさんは睡眠中に弾丸が頭を貫通した瞬間に死んだのであり、一〇億年後に蘇ったのではないことになる。このような結論は、人間は結局死ねばその人格は復活しない、という常識に

適合したもので、一つの決着ではある。

だが、少し待って欲しい。ちょっと変なことがあるのだ。というのは、前二節で「私」のコピー人間が「私」にとっては赤の他人だという結論を出した時には、私のコピー人間は、「私」と同じ時間にいた。例えば、私は、私のコピー人間と話すことができた。目の前に、私のコピー人間を見ることもできた。だからこそ、確かに「私」に瓜二つであるが、「私」ではなく、赤の他人だと結論することができたわけだ。だが、右の思考実験において、αさんは、Aさんと同じ時間にいるのではない。Aさんは、αさんを目の前に置いて、話をすることはできない。どうも、同じコピー人間だとしても、前二節で議論したコピー人間とは性格が違うようだ。

さらに議論を進めよう。

私たちは、睡眠の前と後の「私」は同じ「私」だという結論を認めた。では、睡眠の後の「私」は、睡眠の前の「私」のコピー人間ではないのだろうか？　もし、右の思考実験において、αさんがAさんのコピー人間だとしたら、それと同じ意味において、睡眠の後の「私」は、睡眠の前の「私」のコピー人間ではないのだろうか？

睡眠の後の「私」は、睡眠の前の「私」と同じ時間にはいない。睡眠の前の「私」は、睡眠の後の「私」を目の前に置いて話をすることはできない。もし、睡眠の前の「私」が、睡眠の後の「私」を目の前に置いて話をすることができたら、睡眠の後の「私」は、確かに睡眠の前の「私」に瓜二つであるが、「私」ではなく、赤の他人だと結論するだろう。これは、Aさんとαさんの関係にそっくりだ。

したがって、私たちは、もしAさんとαさんが他人であると結論するならば、睡眠前の「私」と睡眠後の「私」は同じ「私」ではなく、別人であると結論しなければならないだろう。Aさんが死んだ時、Aさんという人格が不可逆的に失われたという常識を維持するためには、睡眠前後の「私」は同じ「私」であるというもう一つの常識を破壊しなければならない。

大分議論が交錯してきたので、もう一度私たちの議論の大前提を振り返ってみよう。私たちは、

《ある瞬間における「私」の意識の内容は、私の脳内においてその瞬間において発火しているニューロンによって、またそれによってのみ決定される》

と仮定し、そして、

《ニューロンは、意識の問題を考える際には、それが発火している時にのみ存在しているのであって、それが発火していない時は、この世界に存在していないのと同じである》

としたのであった。この二つの仮定を疑うことは、かなり難しい。

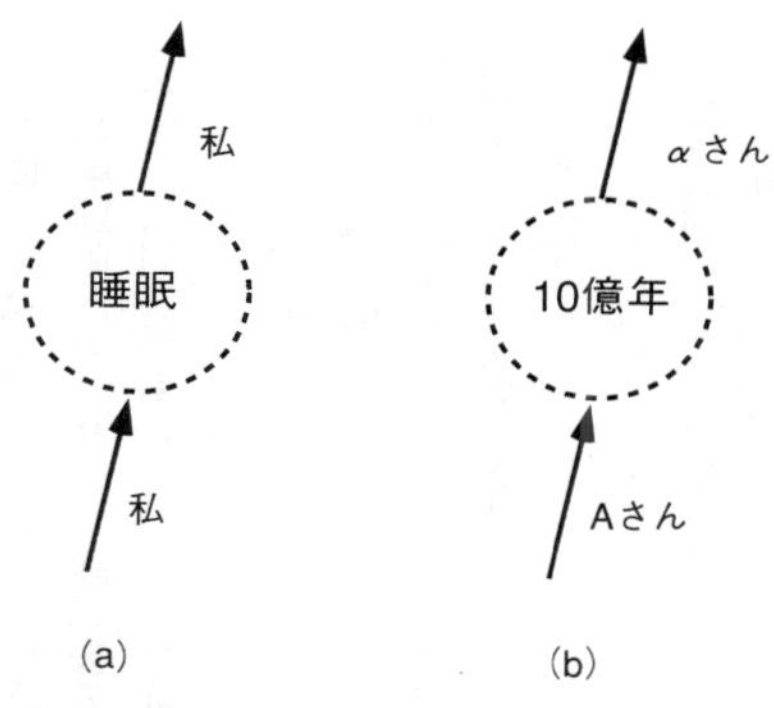


図３　睡眠と死の対応関係

この二つの仮定を認めると、睡眠中の私の脳の中のニューロンは、「私」の意識を生起させるほどには発火していないから、「私」の意識に関する限り、存在しないことになってしまう。だから、睡眠は、Aさんの死とαさんの再生の間の一〇億年の空白と同じような空白であるということになって、右のような結論になってしまうのである。

## 10　生と死と私

問題の本質を図式化すると、図3のようになる。要するに、睡眠前の「私」と睡眠後の「私」の間にある空白とAさんとαさんの間にある空白がちょうど同型に見えるところに問題があるのである。

もちろん、睡眠前後の「私」の間の空白は、たとえ発火していないにせよそこに私のニューロンがあり、私の肉体もあるのだから、Aさんとαさんの間の空白とは違うと主張することもできる。だが、これはこれで大変問題だ。眠っている間に、「私」の意識が存在しないことは明らかだ。その間に、「私」の「心」が不在のまま存在し続ける私の肉体に、どうしてそのような特別な意義があるのか？　もし何の理由もなく、とにかく意味があるのだというのならば、それは一種の神秘主義になってしまう。

私は、睡眠前の「私」と睡眠後の「私」の間にある空白とAさんとαさんの間にある空白は本質的に同じであるという、保守的な結論に達せざるを得ないのである。

この章の結論を述べよう。

私が死ぬ直前のニューロンの発火と似たパターンが再現される可能性がゼロではない以上、また、「眠り」を挟んで心が蘇ることを、私たちが「死ぬ」とは呼ばない以上、私は、「私は原理的には決して死ぬことはない」という結論に達しざるを得ない。

繰り返そう。

《私は原理的には決して死ぬことはない》

これが、以上の注意深い議論の末の結論である。

これは、確かに、驚くべき結論である。しかし、どれほど驚くべき結論であろうとも、その前提と、推論の過程を認めざるを得ない以上、結論も認めざるを得ないだろう。

読者は、私の真意が、むしろ背理法にあることを、理解してくださると思う。私は、人間が不死であるということを主張したいのではない。私は、「私は私である」という常識的理解の背後に、お互いに整合的でない、いくつかの思い込みがあることを指摘したかったのだ。

この章で得た結論をもし抜け出したいならば、私たちは、そもそも人格とは何を意味するのか、「私」とは何なのか、「私」の意識とは何なのかを、もう一度原点にかえって考え直してみる必要がある。ここには、明らかに、私たち人間の存在に関わる、非常に重大な、そしていまだ考え抜かれていない問題が存在する。

# 第十章　私は「自由」なのか？

要するに、自由に関する事柄については、その解明へのすべての要求は、それと気づかれずに、次のような問いに帰着する。「時間は空間によって十全に表されることができるだろうか。」

これに対して我々は次のように答える、流れ去った時間が問題ならば、その通りだが、流れつつある時間について言うのなら、そうではない、と。

——ベルクソン『時間と自由』

## 1　自由意志という幻想？

私たちは、自分は自由に意志を決定することができ、また、未来がどうなるかはまだ決まっていないと考えている。自分の意志次第で、未来の出来事をある程度変えることができると思っている。この、いわゆる「自由意志」(free will) の概念は、私たちの心の重要な属性であり、心と脳の関係を考える上で避けて通ることのできない論点の一つである。

人間に自由意志が存在するということは、私たちが私たち自身について考え、人間的な価値観や、モラルを形成する上で、死活的に重要な前提だ。もし、人間に自由意志が存在しないとしたらどうなるだろうか？　ある人間が将来どのような行為をとるかが、あらかじめ決まっているとしたら？　私たちがどのような意志を持とうとも、そのような意志を持つこと自体があらかじめ決定されているとしたら？　そのような世界は、私たちにとってかなり受け入れにくいはずだ。実際、自由意志がないとしたら、私たちの人間観、社会観の多くは、その根底から崩壊することになるだろう。

もし、自由意志がないとすると、犯罪者を処罰する根拠はなくなる。なぜならば、現在の刑法理論では、「犯罪を避けようと思えば避けられたのに、避けなかった」ことが、犯罪者に責任を問う根拠だからだ。実際、犯行当時「心神喪失」の状態にあった人は、罪を問われない。責任能力がないと見なされるからだ。そして、責任能力の大前提になるのは、自由意志である。もし、自由意志がないとすると、犯罪者は、どんなに良心を働かせ、自制したとしても、結局は犯罪をおかしていたことになる。外に選択肢がなかったのだとしたら、どうして犯罪者を責めることができようか？

私たちは、皆、よりよい人生を送ろうと努力する。例えば、一〇年後の自分が、よりよい自分であるようにと今日努力する。もし、人間がどのように努力しようと、私たちの将来がもう決まっているのだとしたら、何をしようとまったく意味はないだろう。もし、自由意志がないのだとしたら、人間のあらゆる努力は意味のないものになり、人間の存在の尊厳さえ、失われることになりかねない。

このように、「自由意志」があるかないかという問題は、私たち人間の存在の根幹に関わる、重大な問題だ。もし自由意志がないのだとしたら、私たちの人間観、世界観はまったく変わったものにならざるを得ないのである。

一方、心と脳の問題を考える上で、自由意志の問題は、いわば最も「高度な」問題でもある。つまり、「自己意識」(self-consciousness) の問題と並び、心と脳の関係で一番最後まで解明されずに残る問題の一つだろうということだ。第一章から第五章にかけて論じた認識の問題は、心と脳の関係を科学的に理解する上でいわば「突破口」となる視点であると考えられる。それに対して、自由意志の問題は、認識に関する技術的な議論を積み重ねていった結果、やっとおぼろげながらにその正体が見えてくるような問題であろう。

この最後の章で、「自由意志」の問題を取り上げる。もちろん、最終的な答えを得ることなどできない。私たちのやることは、現時点において、「自由意志」の問題についての論点を整理することだ。以下の議論を通して、「自由意志」の問題が、宇宙を支配する基本的な自然法則の性質から私たちの認識の構造まで、極めて広い範囲の問題と深くかかわる問題であることが明らかになるだろう。

## 2　自由意志と人間機械論

人間にとって、世界のあり方が霧の中に包まれ、その世界の中での人間の位置が明らかでなかった時代には、自由意志の存在を信じることに、何の問題もなかった。つまり、私たちは、「私は私の行動をコントロールできる」という、内面的な直観を信じていれば良かったわけである。人間という存在は、いわばブラックボックスのようなもので、その中でどのようなプロセスが進行しているかは、まったく見通しがつかなかった。人間が自由意志を持つか持たないかという問題の答えに、客観的な自然法則が何らかの制限を加えるとは考えられなかったのである。

もちろん、万能の神がいるのに、人間が自由意志を持ちうるということはどういうことかといった議論もあった。つまり、万能の神が世界のあり方のすべてを決定しているのならば、一人一人の人間が自由意志を持つ余地などないのではないかということだ。しかし、このような論争は、所詮は、「ピンの頭の上には何人の天使が立てるか」という質問と同様に、抽象的な、神学上の論争でしかなかった。

私たちが、主観的には自明のこととして持っている「自由意志」という「幻想」を打ち砕いたのは、人間の肉体は、私たちの心を司る脳を含めて、自然法則に従って動く「機械」に過ぎないという認識だった。すなわち、「人間機械論」である。

私たち人間が、タンパク質や核酸、それに脂質などでできた精巧な分子機械であるという考えは、現在では常識と言えるだろう。この、「人間機械論」が唱えられた当初は、それは人間の尊厳やモラルにとっての大きな脅威であると考えられた。そして、多くの哲学者が、人間機械論のもたらす人間性の危機に対して、鋭敏に反応した。もし、人間が有機物質でできた機械に過ぎないとすれば、あらゆる人間的価値のよって立つ基盤が脅かされるからだ。例えば、ニーチェの「神は死んだ」というテーゼや、サルトルの実存主義は、このような危機感を背景にして生まれている。「自由意志」という概念も、人間が有機物質からできた機械であるという認識によって脅かされる。

序章にも述べたように、脳は、様々な生体分子から構成される精密な機械である。これらの生体分子の振る舞いが、物理学的、ないしは化学的法則によって記述される以上、そこに宿る私たちの「心」も、物理学的、化学的法則によって決定づけられていると見なさざるを得ない。ということは、私たちの行動や、私たちが考えること、私たちの意志決定は、自然法則に従うということになる。

現時点で、私たちは、人間機械論の前提を疑うような合理的な証拠を持っていない。私たちの心が、私たちの意志決定のプロセスが、世界の中で自然法則に従わない特別な例外であるということを示す証拠は一つもないのだ。つまり、心も、意志決定のプロセスも、自然法則の一部と見なされなければならないということなのである。第五章で述べた「クオリアの先験的決定の原理」は、このような考え方を最も先鋭的に表現したものだ。

以下の「自由意志」に関する議論は、心や意志決定のプロセスが、自然法則の一部であるということを前提としている。すなわち、私たちは「自由意志」をあくまでも神経生理学的な枠組みの中で捉え、ニューロンの系の振る舞いがどのような自然法則に従うかという観点から、「自由意志」の問題を考えようというわけである。

したがって、ここで問題になる観点は、次のようなものになる。

《果たして、自然法則は、自由意志を許容するか？》

右の問いに答えるためには、私たちは、現在知られている自然法則の本質的な性質を検討していかなければならない。

### 3　決定論と非決定論

人間に自由意志があるかないかが、究極的には自然法則の性質によって決定されるとすると、次に問題になるのが、自然法則自体の性質である。すなわち、自然法則が、決定論的か、非決定論的かという問題である。

ここに、決定論的とは、ある時刻 $t$ におけるシステムの状態 $\Omega(t)$ から、少し時間がたった時刻 $t+dt$ におけるシステムの状態 $\Omega(t+dt)$ が「これしかない」という形で導かれるということである。別の言い方をすれば、$\Omega(t+dt)$ と $\Omega(t)$ の間に一対一対応がつくことである（厳密に言えば、ここでの時間とは、相互作用同時性の原理から導かれる固有時 $\tau$ でなければならない。ただ、ここでの議論では、座標時 $t$ と固有時 $\tau$ の違いについては踏み込まない。第四章参照）。典型的な決定論的な自然法則は、ニュートンの古典力学だ。

一方、非決定論的な自然法則とは、ある時刻 t におけるシステムの状態 Ω(t) を決めても、それから少し後の時刻 t＋dt におけるシステムの状態 Ω(t＋dt) が一意には決まらないということだ。複数の可能な Ω(t＋dt) があって、そのうちのどれに落ち着くかは、あらかじめ知ることはできないということである。量子力学が、非決定論的な自然法則の代表例であるとされている。

さて、私たちに関心があるのは、私たちの意志決定のプロセスを制御している神経生理学的な過程、すなわちニューロンの発火の時間発展を支配する自然法則が、決定論的か、非決定論的かということである。

もし、ニューロンの時間発展を支配する自然法則が決定論的であるとすると、ある時刻 t における脳の状態 Ω(t) が与えられると、少し後の時刻 t＋dt における脳の状態 Ω(t＋dt) は、一意的に決定されることになる。さらに、Ω(t＋dt) によって、Ω(t＋2dt) が一意的に決定される。こうして、

Ω(t)→Ω(t＋dt)→Ω(t＋2dt)→……

と、将来の脳の状態が、ある時刻 t における脳の状態だけで、一意的に決定されてしまうことになる。私たちの意志決定のプロセス、心の中の表象、それに私たちの行為は、すべてニ

ューロンの発火によって記述される。したがって、将来にわたってニューロンの発火の状態が決定してしまうとすると、自由意志の存在する余地はないことになるのである。

もっとも、脳は、実際には、外に対して開かれたシステムである。したがって、Ω(t) から Ω(t＋dt) を導くためには、Ω(t) だけでなく、外界から脳に入ってくる入力をも考慮しなければならない。決定論的な自然法則の下で、脳の時間発展が一意的に決まるという時には、脳を含む外界をひとまとまりのシステムとして考えなければならないわけである。

一方、ニューロンの時間発展を支配する自然法則が非決定論的であるとすると、ある時刻 t における脳の状態 Ω(t) が与えられても、少し後の時刻 t＋dt における脳の状態 Ω(t＋dt) は、一意的には決定されない。つまり、複数の Ω(t＋dt) の可能性が存在することになる。これらの可能性のうちの、どれが実現されるかはあらかじめはわからないわけである。したがって、この場合、少し後の時間における状態 Ω(t＋dt) が現在の状態 Ω(t) によって完全には決定されず、いわば「選択の余地」があるという意味での、自由意志が存在することになるわけである。

つまり、簡略化して書けば、

《ニューロンの時間発展を支配している自然法則が決定論的 ↓ 自由意志はない》

《ニューロンの時間発展を支配している自然法則が非決定論的 ↓ 自由意志はある》

という図式になる。

決定論的な自然法則の描く宇宙像がどのようなものであるかは、私たちの現在の時空の理解の標準理論である相対性理論の枠組みで考えるとわかりやすい。すなわち、相対論的な時空の概念に基づくと、時間は過去から未来へ「流れる」のではなく、最初から、そこに「存在する」。宇宙の全歴史は、四次元時空の中のパターンとして、過去から未来まで、最初から存在するのである（図1）。このような時空観の下では、宇宙の全歴史は、あらかじめ決まっていることになる。ある人間が、その一生の中で感じること、経験すること、考えること、行動することは、あらかじめ、四次元時空の中のパターンとして存在しているというわけである。

このような描像の下では、私たち人間には自由意志は存在しない。犯罪者が犯罪行為を行うことは、あらかじめ決まっているわけであり、二一〇〇年の一月一日に、人々がどのような行動をとるかも、あらかじめ決まっていることになる。もちろん、私が自由意志についてこのような文章を書くことも、あらかじめ決まっているわけである！

ところで、自然法則が決定論的であるということは、私たちが、その自然法則に基づき、未来をあらかじめ知ることができることを必ずしも意味しない。たとえ、

$\Omega(t) \rightarrow \Omega(t+dt) \rightarrow \Omega(t+2dt) \rightarrow \cdots\cdots$

という時間発展が決定論的なものであっても、現在の状態 Ω(t) から、その将来の時間発展のすべてを知ることが事実上可能であるかどうかということは、別問題なのである。

というのも、一般に、現在の状態 Ω(t) を、まったく誤差なしに、完全に知ることは不可能だからだ。そして、特に系の時間発展が非線形のダイナミックスで書かれる場合、微小な初期状態の違いが、時間発展の過程で指数関数的に大きな差となっていくという現象が見られる。例えば、蝶が羽ばたくかどうかが、グローバルな気候の時間発展に大きな影響を与えるといった議論である（蝶の羽ばたき効果）。このため、現在の状態 Ω(t) の観測に、少しでも誤差があれば、その誤差が時間発展とともにどんどん拡大していってしまうので、将来の状態を予測することが事実上不可能になる。これが、いわゆる「カオス」と呼ばれる現象だ。

カオスは、数学的問題としては極めて興味深いが、今私たちが問題としている自由意志に関する議論では、あまり本質的な役割を果たさない。というのも、カオスの見られる力学系は、時間発展としては、あくまでも決定論的だからだ。カオスは、決定

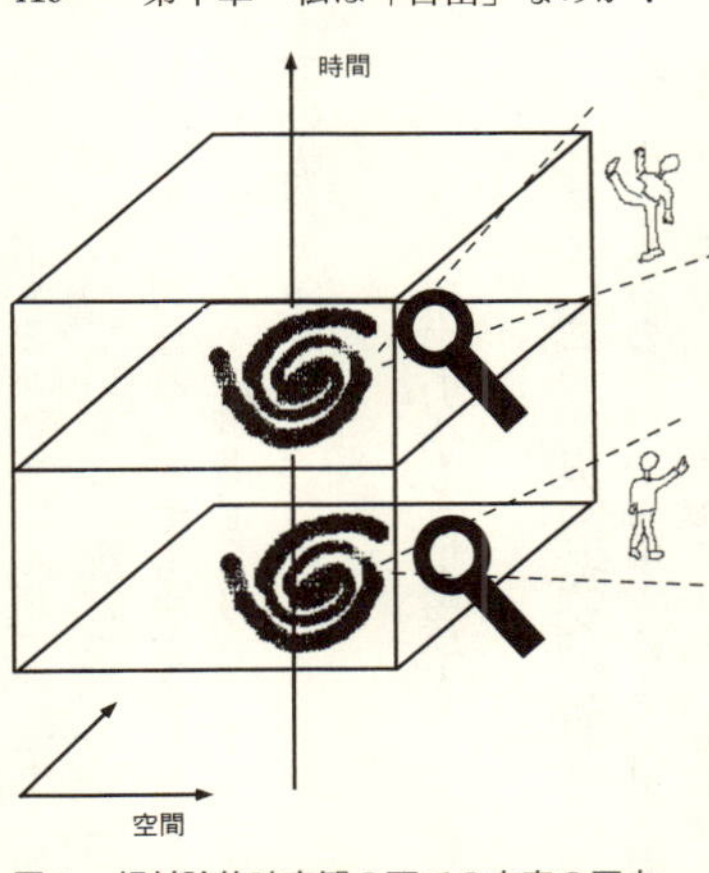


図１　相対論的時空観の下での宇宙の歴史

論的なダイナミックスにおいて、微小な初期状態の違いが時間発展の過程で指数関数的に大きな差となっていくことを言っているに過ぎないのである。決定論的か、非決定論的かといえば、カオスはあくまでも決定論的なのだ（カオスには、「量子カオス」と呼ばれる分野もある。量子カオスが決定論的か、非決定論的かは、量子力学と同等に考えればよい。次節以下の議論を参照）。

## 4　量子力学と自由意志

ところで、この世界の基本的な自然法則が非決定論的であることの根拠として、しばしば持ち出されるのが量子力学である。量子力学は、世界をミクロなレベルで記述する最も基本的な自然法則と見なされている。量子力学においては、ある系の現在の状態から、次の瞬間の状態を完全に予測することはできない。計算することができるのは、様々な結果が起こる確率だけである。しかも、この不確定性は、カオスにおけるように、系に関する私たちの知識が不十分なために生じるのではなく、系自体の持つ、本来的な性質である。

このように、量子力学は、本質的な非決定性を含んでいる。そのため、

### 《自由意志＝自然法則の非決定性》

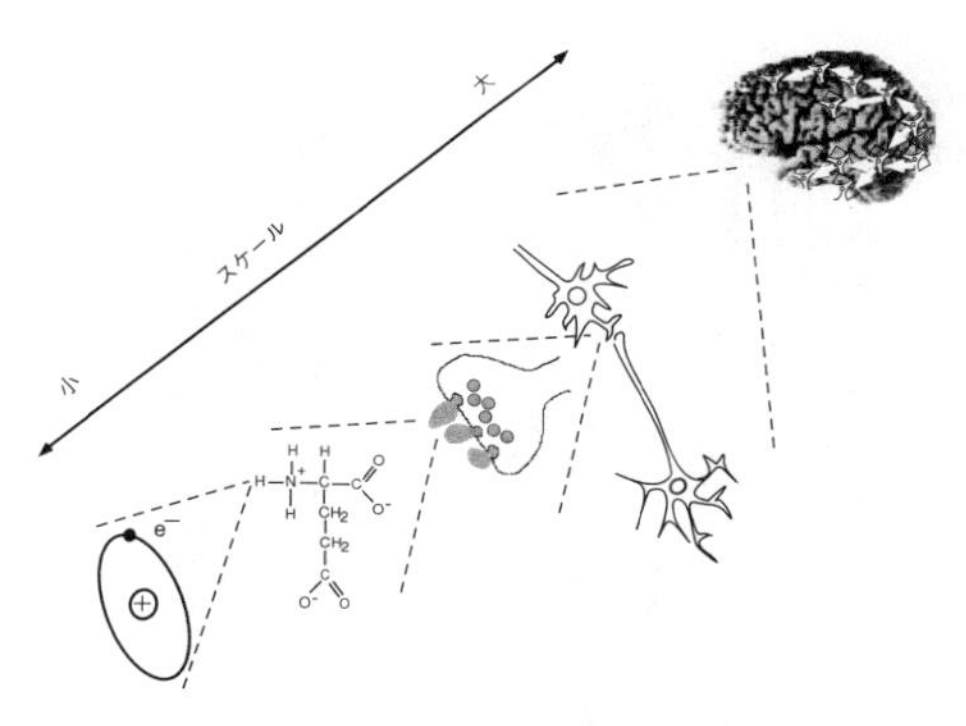


図2　自由意志は、どのレベルに属する現象なのか？

という解釈の下で、しばしば量子力学が自由意志の起源であるとされてきた。

量子力学においては、ミクロとマクロというスケールの差が非常に重要である。すなわち、量子力学の非決定性が意味を持つのは、通常の場合は電子や光子といった、ミクロな世界においてのみなのである。サッカーボールや、人間、地球といったマクロな世界は、ニュートン力学のような決定論的な法則で十分に記述されると考えられている。実際、次の月食がいつ起こるのかを正確に計算できるのも、天体というマクロな物体の運動法則が決定論的だからだ。

脳の中では、様々なスケールの現象が起こっている（図2）。例えば、炭素と水素の間で電子の分布が変わったりといった現象から、生化学的反応、細胞膜を通してのイオンの流入、神経伝達分子の放出、さらにはニューロンの発火、ニューラル・ネットワークの発火パターンといった現象である。これらの様々なスケールの現象のうち、自由意志に関する議論で意味を持つのはどのようなスケールの現象だろうか？

私たちは、第一章で、「認識のニューロン原理」を定立した。すなわち、

《私たちの認識は、脳の中のニューロンの発火によって直接生じる。認識に関する限り、発火していないニューロンは、存在していないのと同じである。私たちの認識の特性は、脳の中のニューロンの発火の特性によって、そしてそれによってのみ説明されなければならない》

ということを出発点となる仮定としたのである。

重要なことは、私たちの外界への働きかけ、すなわち運動を考える際にも、ニューロンの発火は必要にして十分な情報だと考えられることだ。運動系ニューロンは、第六章（「意識」を定義する）で述べたような理由で、私たちの意識的認識（conscious perception）に直接は関与しないと考えられる。しかし、私たちの運動の状態を考える上では、運動系ニューロンの発火と、それが引き起こす筋肉の収縮のパターンについて知れば、それで十分なのである。

「認識のニューロン原理」から結論として導かれるのは、自由意志の問題を考える上でも、私たちは、ニューロンの発火を考えればそれで十分だということだ。すなわち、ニューロン

の細胞質内で、どれだけ複雑な生化学的な過程が行われていたとしても、最終的に私たちの心の内容を決め、行動を決めるのは、ニューロンの発火であるということである。

ここで問題になるのが、ニューロンの発火に、量子力学的効果がどのように関与してくるか、ということだ。多くの論者が、自由意志と量子力学の間の関係を考える上で、ニューロンが発火するかしないかを決めるファクターである、シナプスにおける神経伝達物質の開口放出（exocytosis）に注目している（図３）。

その代表的な議論は、エクルスによるものだ。エクルスは、補足運動野におけるシナプスの開口放出に含まれる量子力学的な不確定性が、自由意志を実現するメカニズムであると考えている。さらに、エクルスは、二元論的な世界観から、自我が、連合脳＝補足運動野を通して、脳をはじめとする身体をコントロールすると主張している（図４）。その二元論的な解釈は別として、エクルスの説のエッセンスは、シナプスにおける開口放出に含まれる量子的効果が、自由意志の本質であるというアイデアなのである。

しかし、シナプスにおける開口放出に量子

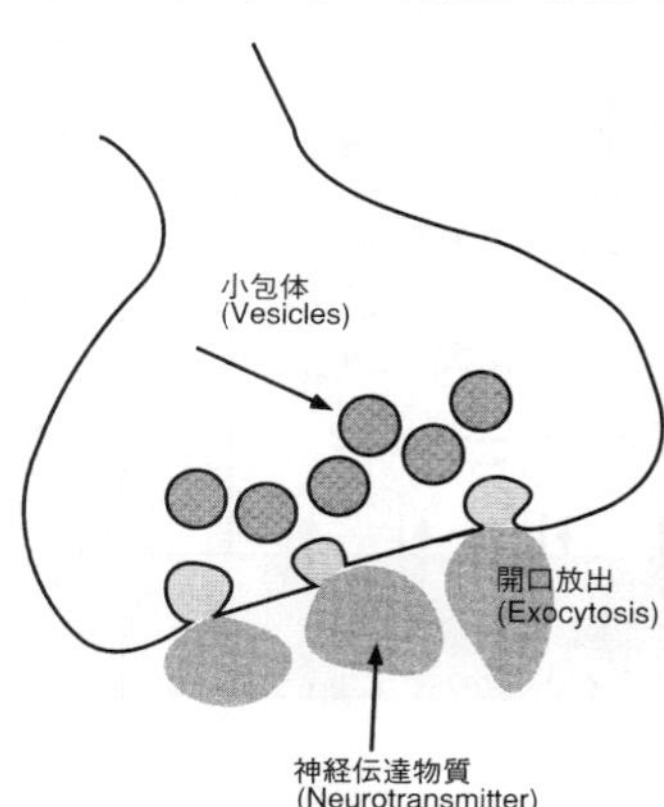


図３　シナプスにおける開口放出

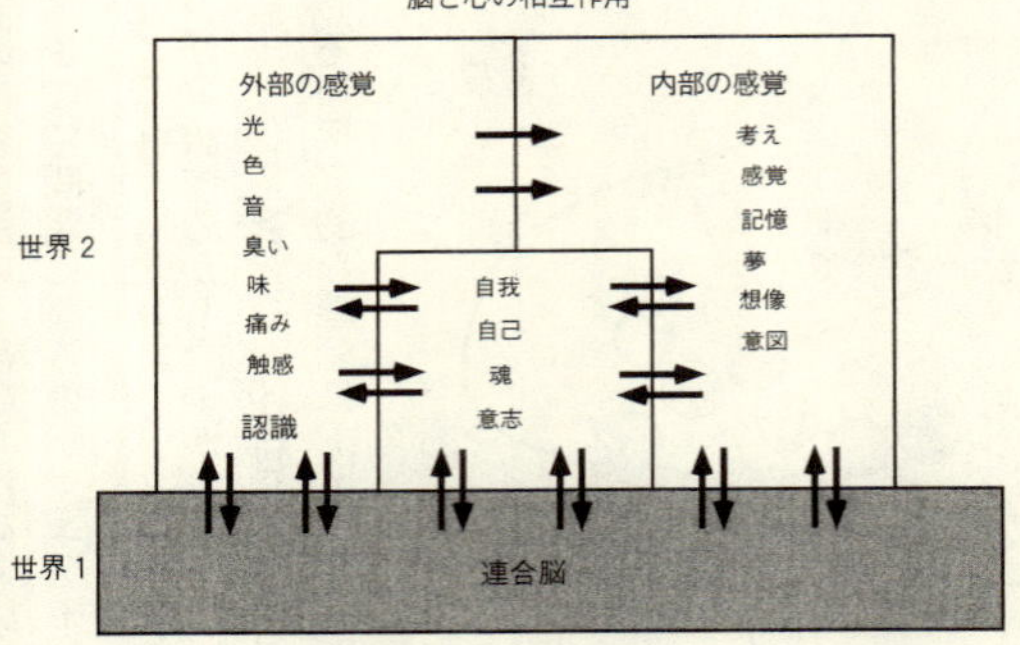


図４　エクルスの二元論

力学的な効果が利いてくるかどうかを議論することは、あまり意味があるとは思えない。普通に考えれば、開口放出という現象は、量子力学的効果が意味を持つには、スケールが大きすぎる。先に見たように、量子力学的な効果が意味を持つのは、系のサイズが小さい時である。時には、超伝導や超流動現象に見られるような、マクロな量子現象が観測されることがあるが、しかし、このような現象は、低温であること、系の構造が均一であることなど、特別な条件が満たされた時にのみ成立する。生体内のように、低温でもなく、構造が均一でもない系で、マクロな量子現象が観測されるとは考えにくいのだ。

さらに言えば、現時点では、ニューラル・ネットワークのダイナミックスに量子力学的効果が利いてくるかどうか議論すること自体、意味がない。というのも、まず第一に、量子力学における ミクロとマクロの差の意味は、いまだ明確であるとは言えないからだ。このことは、そもそも現在の量子力学の体系が不完全なものであり、ミクロとマクロの差を曖昧な形で処理しているということと関連している（この章の第8節を参照）。

第二に、量子力学は、どんな解釈をとったとしても、最も基本的な自然法則であることには変わりないということだ。その適用されるスケールについて未解決の問題があるにせよ、ニューロンの発火が、自然現象である以上、それが究極的には量子力学の法則に支配されていることは疑う余地がない。シナプスにおける開口放出などの具体的なプロセスに量子的効果がどの程度利いてくるかは不明としても、自由意志を巡る議論において、量子力学は無視することができない要素なのである。すなわち、

《自由意志＝量子力学の非決定性》

という可能性があるわけだ。

次に私たちが検討しなければならないのは、量子力学の非決定性の性質である。量子力学は、どのような意味で非決定論的なのか？　そして、もし自由意志が量子力学の非決定性に基づくとすると、自由意志はどのような性格を持つと考えられるのだろうか？

以下では、量子力学の非決定性の性質と、その自由意志を巡る議論における意義について検討していこう。

## 5　量子力学は、アンサンブル・レベルの決定論だ

前節では、量子力学が、最も基本的な、そして非決定論的な自然法則であると見なされること、そして、脳内のニューラル・ネットワークの時間発展に関与する量子力学の非決定性が、自由意志と関係しているという説について触れた。

量子力学は、二つの部分からなっている。まず第一は、波動関数の時間発展を記述する微分方程式、

$$i\hbar\partial\phi/\partial t = H\phi$$

である。右の式で、Hは系のエネルギーを表す。そして、第二は、波動関数の絶対値から、個々のイベントが起こる確率を計算する過程、すなわち、

$$\phi \rightarrow |\phi|^2$$

である。

このうち、量子力学が非決定論的と呼ばれるのは、第二の過程、すなわち波動関数の絶対値を求め、それを、個々のイベントが起こる確率と結びつける過程である。この過程において、可能なイベントのうちどれが起こるかをあらかじめ決定することができないという意味

で、量子力学は非決定論的とされるわけである。

だが、ここで注意すべきなのは、第一の過程、すなわち、波動関数の時間発展を記述する過程においては、量子力学は完全に決定論的であるということである。ある時刻における波動関数$\phi$(t)が与えられれば、少し後の時刻における波動関数$\phi$(t＋dt)は、完全に決まる。さらに少し後の時刻$\phi$(t＋2dt)における波動関数は、$\phi$(t＋dt)によって完全に決まる。こうして、

$\phi$(t)→$\phi$(t＋dt)→$\phi$(t＋2dt)→……


という波動関数の時間発展は、一意的に、すなわち決定論的に決まってしまう。

波動関数$\phi$が記述するのは、系のアンサンブルとしての性質だ。つまり、同等の系を多数集めてきた時に、そのようなアンサンブルがどのように振る舞うかを記述するわけである。波動関数の時間発展が決定論的な方程式によって決まるということは、量子力学には、アンサンブル・レベルの決定性があることを意味する。

図5は、電子線を二重スリットを通して照射する有名な実験である。Sから放出された電子が、スクリーンのどこに到達するかは、あらかじめ予測することはできない。しかも、この不確定性は絶対的なものである。どんなに、系に関する知識を正確なものにしても、電子がスクリーンのどこに到達するかは、あらかじめ予測することはできない。

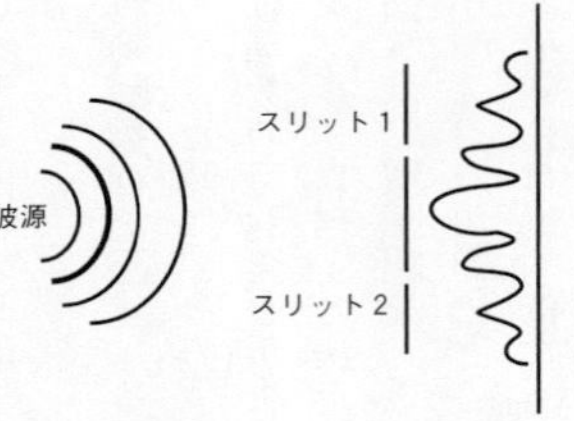


図5　アンサンブル・レベルの決定性

しかし、このような電子のアンサンブルをとってくると、そのスクリーン上の分布は、厳密な決定論的法則に従うのである。スクリーンのどこに到達するか、その確率は、極めて厳密に決まるわけだ。個々の電子の振る舞いは完全には予想できないとしても、そのような電子のアンサンブルとしての振る舞いは、完全に予想できるわけである。

結論として、量子力学は、アンサンブルのレベルでは、決定論的な法則であると言える。すなわち、

《自由意志＝量子力学の非決定性》

という解釈の下で、量子力学の非決定性には、「アンサンブルのレベルでは決定論的」という制限がつくのである。

このことが、量子力学に基づく自由意志の議論において、重要な意味を持つことになる。

## 6　アンサンブル限定のついた自由意志

前節で述べたように、量子力学が非決定論であるということの意味は、個々の選択機会に

おける結果が予見できないという意味である。このような選択機会のアンサンブルを考えると、その結果の分布は、完全に決定論的な法則によって記述される。

（以下の議論では、量子力学において、波動関数の絶対値をとって、それを個々のイベントが起こる確率と結びつける過程、すなわち、$\phi \to |\phi|^2$ を、選択機会と呼ぶことにする。この過程において、可能な選択肢の中から、一つが選ばれるわけだ。通常、この過程は「波動関数の収縮」と呼ばれるが〈この章の第8節参照〉、今私たちは自由意志について議論しているので、このような主観的な響きを持つ言葉を用いるわけである。）

このことから、たとえ、量子力学が、自由意志の起源にはなり得たとしても、その自由意志は、本当の意味では「自由」ではない。なぜならば、量子力学は、個々の選択機会の結果は確かに予想できないが、アンサンブルのレベルでは、完全に決定論的な法則だからだ。

このことについて、第七章で紹介した「中国語の部屋」の議論を提出したサールはその著書『心・脳・科学』の中で、明確に述べている。

> たとえ物理的粒子の振る舞いの中に何らかの不確定性の要素があり、その予測は統計的なもののみによって可能であったとしても、粒子の振る舞いの予測が統計的にのみ可能であるという事実からは、人間の心がその統計的にのみ決定された粒子に命じてその本来の経路から外れさせることが可能であるという事実が帰結するわけではありません。それゆえに、この統計的不確定性という事実のみから人間の意志の自由の可能性は生じ

得ません。要するに、不確定性という事実は、人間的自由が持つ何らかの心的エネルギーが分子を動かし、それがなければ別の方向に行っていたはずであったその分子の運動の方向を変えるというようなことが可能である証拠にはならないのです。

よりあからさまに言えば、量子力学に基づく自由意志は、次のような「アンサンブル限定」(ensemble restriction) の下にあることになる。

《アンサンブル限定＝個々の選択機会において、その結果をあらかじめ予想することはできない。しかし、このような選択機会のアンサンブルを考えると、その全体としての振舞いは、決定論的な法則で記述される》

アンサンブル限定のついた自由意志においては、個々の選択機会については、あらかじめその結果を完全には予測できないという意味で、そこには「自由意志」が存在するように見える。だが、同じような選択機会の集合(アンサンブル)を考えると、そこには決定論的な法則が存在し、選択結果は完全に予測できるのである。

あなたが、ある瞬間に意志決定を行うとしよう。その選択肢は、AかBかという簡単なものでも、あるいはもっと複雑なものでもよい。あなたの意志決定が量子力学的なプロセスに基づくものであるとすると、その瞬間の意志決定の結果が、どのようなものになるかは、あらかじめ予想することはできない。現在のあなたの脳の状態をいくら精密に測定したとしても、予想することは不可能なのだ。これが、量子力学の非決定性である。

さて、そのような意志決定を行うあなたの「コピー」をたくさん用意したとする。これが、すなわちあなたのコピーからなるアンサンブルだ。このアンサンブルの中の、ある特定の「あなた」の選択は、右に述べたような理由で予想することはできない。しかし、まったく同じような「あなた」のコピーからなるアンサンブル全体としての振る舞いは、完全に決定論的な法則で予測することができるのだ。

必ずしも正確とは言えない比喩だが、一人一人が何歳で結婚するかという問題を考えてみよう。私たち一人一人は、何歳で結婚するかを、自由意志に基づいて決定していると思っている。確かに、ある人が何歳で結婚するかは、完全に予想することは不可能である。だが、社会の中のこのような人々のアンサンブルをとってくると、人々が確率的に何歳で結婚するかということについては、厳密な社会科学的な法則が成立するように思われる。アンサンブル限定のついた自由意志は、たとえて言えばこのようなものだ。つまり、個々の選択機会においては、自由があるように見えるのに、そのような選択機会の集合をとってくると、その振る舞いは決定論的で、自由はないのである。

## 7　有限アンサンブル効果

前節の議論で示されたように、量子力学に基づく自由意志は、アンサンブル限定のついた、「不完全な」自由意志である。アンサンブル限定がついた自由意志は、本来的な意味では「自由」であるとは言えない。

だが、本来的な意味で「自由」な自由意志が、量子力学に基づいて成立する可能性がまったくないわけではない。その可能性は、「有限アンサンブル効果」という名前で表現することができる。

アンサンブル限定がついている自由意志においては、個々の選択機会においてその結果を予測することができず、その意味で「自由」があるように思われる。だが、そのような選択機会を集めた「アンサンブル」で見ると、そのアンサンブルの振る舞いには、厳密な決定性がある。標語的に言えば、

《個々のあなたの行動は自由だが、アンサンブルとしてのあなたの行動はあらかじめ決定されている》

ということになる。

これで解釈的にも何の問題もなさそうだが、問題なのは、後半の、「アンサンブルとして

のあなたの行動はあらかじめ決定されている」という部分である。

量子力学においても、統計力学においても、アンサンブルは、第一義的には架空の、抽象的な集合である。したがって、どのような大きさのアンサンブルを考えようと、そこには制限はない。実際、人間が行う選択は複雑だから、そのすべての可能性を網羅するアンサンブルを考えると、そのアンサンブルの数（厳密に言えば、濃度）は、巨大なものにならざるを得ない。

しかし、現実の宇宙は時間的にも空間的にも有限である。したがって、現実の宇宙においては、量子力学の体系が予定しているような十分に大きいアンサンブルが取れない可能性がある。別の言葉で言えば、ある人間が生涯の中で行うすべての選択を網羅するようなアンサンブルを、現実の宇宙の中で実現することは不可能なのである。

この、現実に宇宙に存在するアンサンブルの大きさに関する制約は、アンサンブル限定のついた自由意志について、興味深い可能性を開く。それは、現実の宇宙においては、可能なアンサンブルがすべては実現しないことが、事実上の自由意志が実現する余地をもたらすという可能性である（図６）。

もし、宇宙の全歴史をたどったとしても、可能なアンサンブルのすべてが尽くされないのだとしよう。量子力学がアンサンブル・レベルで決定論的な法則であるということは、すべての可能な選択結果が、ある程度まんべんなく実現されて、初めて実際的な意味を持つ。もし、量子力学によって可能とされるすべての選択肢のうち、実際の宇宙の歴史の中ではその

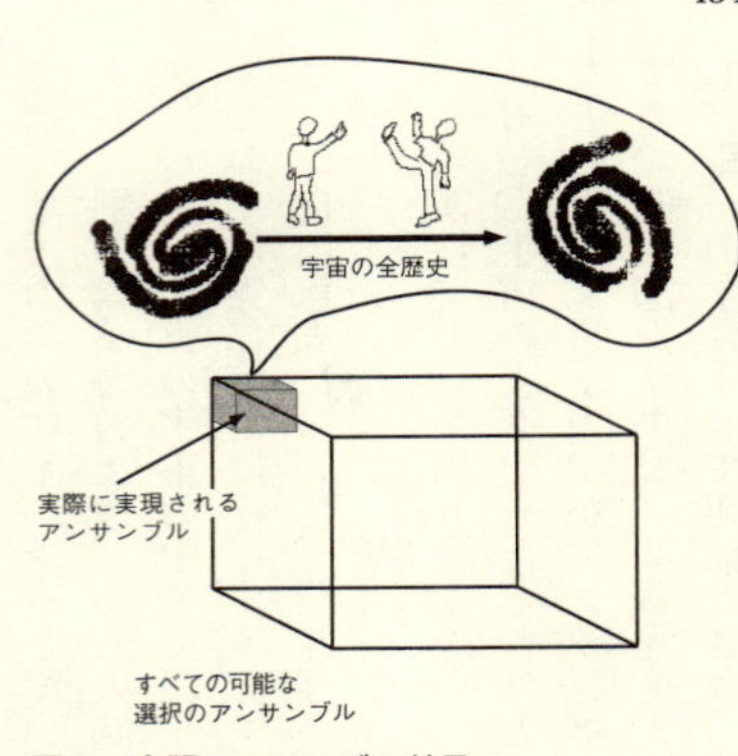


図６　有限アンサンブル効果

一部しか実現されないのだとすると、そこには、ある種の「偏り」が生じる。この偏りを通して、事実上の自由意志が実現される可能性があるのではないかということなのである。

有限アンサンブル効果は、特に、可能な選択肢の集合に対して、実際に宇宙の歴史の中で起こる選択機会が少ない場合に大きな意味を持つ。私たち一人一人は、個性を持っている。一卵性双生児でない限り、宇宙の全歴史の中で、まったく同じ個性（すなわち、まったく同じ遺伝子配列と、まったく同じ経験）を持つ人間が二度現れる確率は、極めて少ないだろう（もちろん、原理的に確率がゼロであるとは言えない。第九章「生と死と私」における議論を参照）。

このような個性を持つ人間がある選択を行う場合、そのような選択機会が宇宙の歴史の中で再び繰り返される確率は低い。なぜならば、その選択を意味づける、まったく同じ個性を持った人間の出現の確率がゼロに近いからだ。こうして、私たちの行う選択の多くは、私たちの生涯の中でただ一回というだけでなく、宇宙の全歴史の中でただ一回という性質を持つことになる。

したがって、たとえ選択機会のアンサンブルの結果が厳密に決定論的な法則によって決定されるとしても、そのような選択機会が宇宙の全歴史の中でたった一回しか実現しない以上、その結果は「偏った」ものになる。しかも、この「偏り」は、量子力学が許容する「偏り」なのである。この「偏り」を通して、事実上の自由意志が実現される可能性があるわけだ（図7・a）。

一方、同等の選択機会が、多数繰り返される場合には、そこには「偏り」が生じる余地はない。もし、偏りが生じたとすると、それは、量子力学によって導かれる統計的分布からずれてしまうことになるからだ。もしそのような結果が得られた場合には、基本的な自然法則としての量子力学が破綻することになる。すなわち、同等の選択機会が多数繰り返される場合には、その結果は、アンサンブルのレベルでの決定論的法則に従わざるを得ないのである（図7・b）。

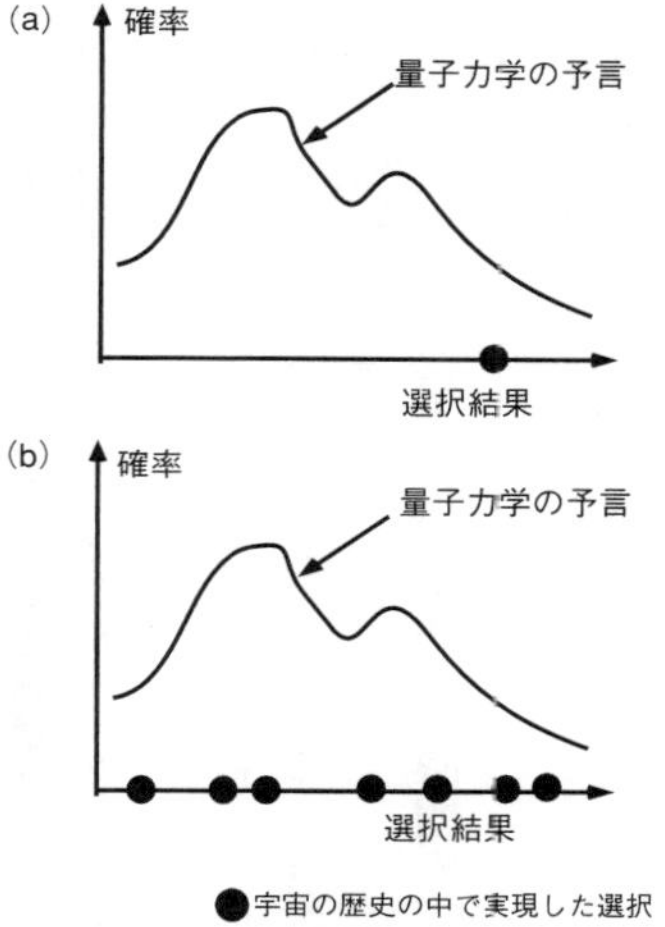

図7　有限アンサンブルにおける選択結果

「有限アンサンブル効果」を通しての自由意志の可能性は、私たち一人一人の存在の「ユニークさ」と深く結びついているだけに、様々な意味で興味深い。しかし、問題の性質上、そのような効果を通して実際に自由意志が実現されているかを検証することは難しい。何しろ、繰り返して「実験」し、「再現性」を確かめることができないのだから。人間の直面する選択機会の多くが「再現されないもの」であることこそ、「有限アンサンブル効果」のエッセンスなのだから、これは仕方がないことなのである！

## 8　量子力学の不完全性と、時間の物理の不完全性

以上の議論をまとめると、次のようなことになる。

すなわち、

《自由意志＝量子力学の非決定性》という解釈の下で、量子力学の非決定性には、「アンサンブルのレベルでは決定論的」という制限がつく。このため、量子力学に基づく自由意志は、個々の選択機会の結果をあらかじめ予言できないという意味では「自由」であるが、そのような選択機会のアンサンブルを考えると、その振る舞いは完全に予言できるという「アンサンブル限定」の下にあることになる。「アンサンブル限定」のついた自由意志は、完全に「自由」であるとは言えない。ただ、「有限アンサンブル効果」を考えると、事実上の自由意志が実現される可能性がある……。

　ところで、以上の議論は、現在の形での量子力学が最終的な、疑う余地のない自然法則であるということを前提にしている。すなわち、量子力学が最も基本的な自然法則である以上、それに従って時間発展するニューラル・ネットワークによって実現される自由意志には、アンサンブル限定という制限が課されざるを得ないという議論である。

　ここで気をつけなければならないのは、現在の形の量子力学が、果たして完全な最終理論であるかという点に、大いに疑問があるということだ。

　もし、現在の形の量子力学が、自然界を記述する最終的な理論ならば、自由意志としては、「アンサンブル限定」のついたものしか許されないことになるだろう。しかし、もし、現在の形の量子力学が、自然界を記述する最終的な理論ではなく、将来より完全な新理論によってとってかわられることがあるとするならば、その新理論の下で、「アンサンブル限定」のつかない自由意志が許容される可能性はあるだろう。

　現在の形での量子力学が完全なものと見なされない理由は、いくつかある。

　その筆頭に挙げられるのが、いわゆる、「波動関数の収縮」の問題だ。すなわち、波動関数$\phi$から、個々のイベントが起こる確率を求める過程（波動関数の収縮）、

$$\phi \rightarrow |\phi|^2$$

に対応する物理的なプロセスが、いつ、どのように起こるのかという問題である。

波動関数の時間発展を与える式、

$$i\hbar\partial\phi/\partial t = H\phi$$

と比較すると、波動関数の収縮は、系の観測に伴って、何の脈絡もなく、突然起こるように思われる。このため、波動関数の収縮の起源をめぐっては、観測者の意識の関与を含めた、様々な可能性が議論されてきた。これがいわゆる「観測問題」だ。

もっとも、収縮の過程は、量子力学の法則から現実に対応する予言を導くために必要な数学的手続きで、それに対応する物理的なプロセスなどないという態度をとることもできる。しかし、そうだとしても、問題が解決したわけではない。すなわち、「波動関数の収縮」の手続きが、時間の方向について非対称なのはなぜかという問題である。

ミクロな系を記述する基本法則としての量子力学は、時間の方向（「過去」と「未来」）について非対称である。この点は、しばしば誤解されている。つまり、波動関数の時間発展の方程式だけに注目して、量子力学は時間の方向について対称的であるとする議論がよく見られるからである。実際には、量子力学は、波動関数の時間発展と、波動関数の収縮の過程をペアにして、初めて理論として成立する。波動関数の時間発展の部分だけを取り出して、時間の方向について対称的だといっても、何の意味もないのだ。量子力学という基本法則が、時間の方向について非対称なのはなぜか？　この点について、満足のいく説明は与えられていない。

また、ミクロとマクロというスケールの違いが、何の根源的な説明もなく前提とされている点も問題だ。標準的な量子力学の理解によれば、電子のようなミクロな物質は量子力学に従い、サッカーボールのようなマクロな物質は、古典的な法則に従うという。だが、もし本当に量子力学が基本的な法則ならば、なぜサッカーボールも量子力学に従わないのか？　この、ミクロとマクロのスケールの顕著な違いについて、量子力学は満足な説明を与えない。むしろ、量子力学というミクロな世界を記述する法則は、図5におけるスリットのようなマクロの安定した構造を前提として、初めて成立するように思われる。

このように、現在の形での量子力学には深刻な矛盾がいくつかあり、完全な最終理論とは見なされ得ない。将来、量子力学に代わる新理論が見出され、自由意志をはじめとする心の属性に関する議論に影響を与える可能性は十分にあるのである。

例えば、ペンローズが、量子力学と心の間に密接な関係があるとする時、実際には、量子力学に代わる新理論と心の間の関係を議論しているのである。より具体的に言えば、ペンローズの主張は、彼の量子重力に関するアイデアと結びついている。すなわち、ペンローズは、量子力学における波動関数の収縮過程は、非アルゴリズム的にしか書くことができず、その過程は、量子重力の理論が成立して初めて理解できるとする。ペンローズの主張は、しばしば、現在の量子力学の形式と心の関係を論じたものであると誤解されるが、そうではないのである。ペンローズは、現在の量子力学の形式は不完全なものであるとした上で、将来得られるであろうより完全な量子力学的過程の理解のうちに、「心」の謎を解くカギがあるだろうとしているのである。

現在のところ、量子力学の抱える内部矛盾をどのようにして解消すればよいのか、その指針は見出されていない。したがって、ペンローズが目指しているような、画期的な自然法則が見出され、その結果、自由意志に確固たる基礎が与えられるという可能性は、抽象的なものにとどまっている。ただ、基本的な自然法則としての量子力学が深刻な問題点を抱えていることは、自由意志の問題を議論する上で、是非とも心に留めておかなければならない視点だと言えるだろう。

もっとも、公平のために、多くの物理学者が、現在の量子力学を満足すべきものと見なしていることも指摘しておかなければならない。また、量子力学の解釈についても、何の問題もないとする意見は根強い。例えば、オムネスは、『量子力学の解釈』という著書の前書きで、わざわざ「これは、一つの可能な解釈ではなく、唯一決定版の解釈を学ぶための本である」と断っている。だが、オムネスの解説している解釈は、記述の枠組みとしてのミクロとマクロの差や、波動関数の収縮における時間の非可逆性などを前提としたものなので、私の視点からは量子力学を完全なものにするとは認められない。

## 9　認識論的自由意志論

さて、前章までの議論は、私たちの日常的に感じている意味での「自由意志」からはどちらかと言えば離れた、自然法則の基本的性質に関する議論だった。もちろん、このような議論は、私たちの心や行動を決定しているニューロンの発火が最終的には自然法則に従うという前提がある以上有効である。とりわけ、「自由意志」の存否が、究極的には自然法則の決定性、非決定性にかかわっていることは否定できない。

だが、一方で、このような議論が、私たちの直観的に持つ「自由意志」という概念が内包する豊かな構造になかなか肉薄できないことも事実である。私たちの意志決定のプロセスは、私たちの認識の構造に支えられている。個々の具体的な選択の場面で、私たちの選択に影響を与えるのは、その時に私たちの持っている認識の内容である。さらに言えば、このような認識のなされる時間および空間の構造が、意志決定に影響を与えている。したがって、自由意志に関する議論は、私たちの認識構造という文脈の中でのその意義に関する議論抜きにしては、完全なものとは言えないだろう。

認識構造の視点からの自由意志に関する議論を、認識論的自由意志論（perceptual aspects of free will）と呼ぶことにしよう。この章の残りでは、認識論的自由意志論の観点から、いくつかの重要な問題を議論する。

注意すべきことは、認識論的自由意志論は、前節までの、基本的な自然法則が自由意志の存否に対して課す制限から自由なものではないということである。認識論的自由意志論が自由意志についてどのような帰結をもたらすとしても、それは、基本的な自然法則が自由意志に対して持つ制限の範囲内で理解されなければならないのだ。

## 10 自由意志と、時間の流れの認識

自由意志と認識の構造の問題を議論する際に、最も重要な視点は、私たちの時間の認識との関係だ。すなわち、認識という視点から見て、「自由意志」という概念は、時間の認識と深く関わっているのである。

この章の冒頭に掲げたベルクソンの言葉は、時間を「空間」とのアナロジーで理解しようとする、ニュートン力学に始まりアインシュタインの相対性理論に至るまで綿々と受け継がれている伝統に対する異議申し立てだ。

この章の第3節で指摘したように、相対論的時空観では、時間は「流れる」のではなく、空間と結びついた四次元的時空間として、最初からそこに「存在」している。このような時空観と決定論的自然法則が結びつくと、宇宙の全歴史は、時空間内のパターンとして、最初から存在していることになる。このような描像の下では、自由意志が成立しないことは言うまでもない。

だが、相対論的時空観の下での時間の性質は、私たちが直観的に持っている時間の性質とは、まったく異なるように思われる。

まず、心理的現在は、ある程度の時間の幅を持っており、しかも、隣り合う心理的な瞬間の間には、ある種の重なり合いがあるように思われる。つまり、時間は、ある幅を持った瞬

間が、重なり合いながらつながっていくという描像が妥当であるように思われる（第四章における議論を参照）。このような時間のイメージは、瞬間が数学的点に過ぎない相対論的時空観と異なる。

より重要なことには、相対論的時空観では、「過去」、「現在」、「未来」の間に区別がないのに、私たちの心の中においては、「現在」は絶対的な意味を持ち、さらに、「過去」と「未来」の間には、明確な区別があるということだ。アインシュタインは、

「過去、現在、未来という区別は、幻想に過ぎない。たとえ、その幻想が、どんなに頑固なものであるとしても」

と述べている。確かに、相対論的な時空観の下では、アインシュタインの言うことは正しい。

しかし一方で、過去、現在、未来という区別が絶対的な意味を持つという、私たちの「幻想」が、極めて「頑固」なものであることも確かなのである！　しかも、この幻想は、私たちの「自由意志」という概念と、切り離せないほど深く結びついているのだ。

例えば、目の前に蝶が現れたので、それを捕まえようとジャンプしたが、蝶は逃げてしまったという一連の流れを考えてみよう（図8）。相対論的時空観では、私が蝶を見つけ、ジャンプし、蝶が逃げるという一連のイベントは、四次元時空の中のパターンとしてあらかじめ存在している（図8・a）。細かいことを言えば、決定論的な法則の下では、「現在」から「未来」への時間発展は一対一対応で決まるのに対して、非決定論的な法則の下では、「現

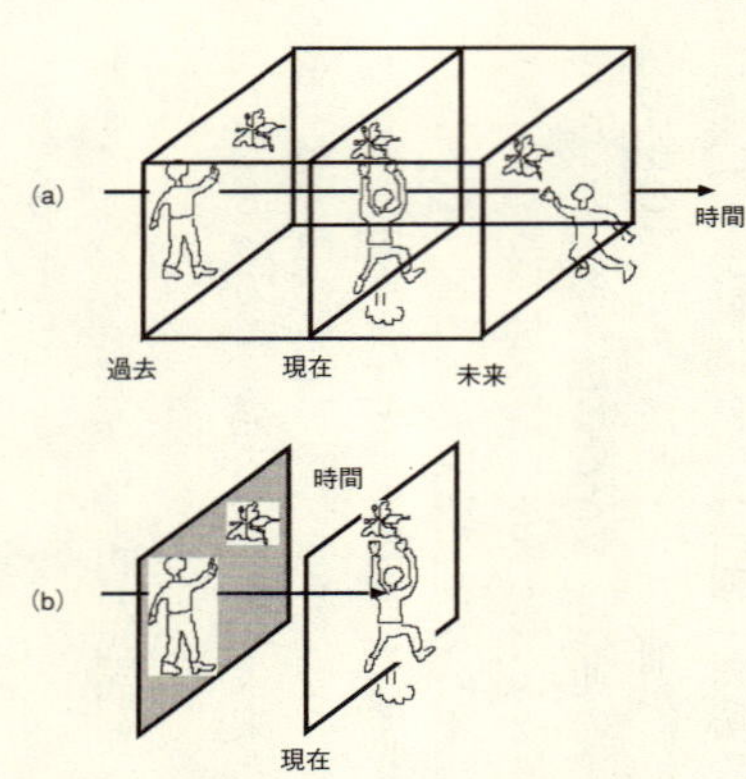


図８　自由意志と、時間の流れの知覚

在」から「未来」への時間発展は一対多対応であり、実際に実現されるイベントは複数の可能性のうちのどれかである。いずれにせよ、このような一連の出来事は、四次元時空の中のパターンとしてあらかじめ存在していることには変わりがない。

一方、蝶を見出し、今まさにジャンプして蝶を捕まえようとしている人の心の中での時間の流れを考えてみよう（図８・b）。

この人の心にとっては、「現在」は絶対的な意味を持っている。第五章で議論したように、今まさに目の前を飛んでいく蝶、ジャンプした時の地面から受ける抵抗感、蝶が捕まるかどうかとどきどきと鳴る心臓、これらの感覚が、生々しい鮮烈な存在感（「現在性」のクオリア）をもって、「現在」を構成している。「現在」の生々しい存在感に比べると、蝶を見出した「過去」は、すでに記憶の中の薄ぼけたイメージに過ぎない。「現在」との因果的なつながりはあるものの、それがすでに「過去」であることは、一〇年前の出来事が「過去」の出来事であることと同じくらい、絶対的である。

　さらに、「未来」に関して言えば、それはまだどんな意味においても存在していない。相対論的時空観の下では、「未来」はすでに四次元時空の中に存在しているわけだが、「現在」の私の心にとっては、「未来」の不在は絶対的なものである。いわば、時間の流れは、「現在」の時点でとぎれてしまっていて、その鮮烈な切り口の向こうに、未来がまさに生成されつつあるという感覚である。一瞬後、私は蝶の羽ばたきを両手の中に感じているかもしれないし、蝶は風のように逃げてしまうかもしれない。あるいは、私は着地した時に石に躓いて転んでしまうかもしれない。それどころか、もっと驚くべきことさえ起こりうるだろう。ほんの一瞬先の「未来」では、すべてのことが可能であるように思われる。だからこそ、「現在」の私は、こんなにも息をのみ、心臓をどきどきとさせているのだ……。

　すなわち、私たちが心理的に直観的に持つ時間の流れのイメージは、次のようなものであるように思われる。

《「現在」が生成される時に、「過去」は消滅する。「未来」が作られる時に、「現在」は消滅する。「現在」においては、「未来」は何らの意味でも存在しない》

　このような私たちの時間の流れに関する直観と、私たちの持つ「自由意志」という概念は、分かちがたく結びついている。「未来」はまだどんな意味においても存在していないからこそ、その「未来」でどのようなことが起こるかは、まだ決まっていないのである。だからこそ、私の「自由意志」は、未来における私の行動を決定する力を持つのだ……。

もし、現代物理学における相対論的時空観が絶対的、最終的な真理で、宇宙が実際そのような形で存在しているのだとしたら、私たちの持つ時間の流れの感覚、それと深く結びついた自由意志の感覚は、単なる幻想に過ぎないことになる。もちろん、客観的に見た自然法則がどのようなものであれ、私たちが世界をあるやり方で認識している以上、そのような私たちの認識の構造は、「自由意志」を含めた、私たちの持つ様々な概念に影響を与えることになる。そのような意味で、私たちの時間の認識が右で議論したような構造を持つことは重要であり、この観点から「自由意志」という「幻想」を正当化することができるかもしれない。

だが、よりドラマティックな可能性は、相対論的な時空観が最終的な真理ではなくて、時間の流れを記述する未知の自然法則が存在する可能性だ。私は、第四章第13節でこのような自然法則に関する見通しを述べた。とりわけ重要なのは、時間を記述する真の自然法則が、現在の相対論的な時空観における時間の概念よりも、過去、現在、未来の間に絶対的な区別を立てる私たちの直観的な時間の感覚に近いものである可能性だ。例えば、ベルギーのイリヤ・プリゴジンらは、このような自然法則の可能性を追求している。

アインシュタイン自身も、相対論的な時空観においては、過去、現在、未来には何の区別もないのに、私たちの直観の中では、「現在」が絶対的な意味を持つように見えることに悩まされていたようだ（例えばポール・デイヴィスの『時間について』を参照）。

## 11　自由意志と、自己・非自己の境界

私たちの認識の構造の持つ性質で、時間の流れとともに「自由意志」という概念に影響を与えると思われるのは、「自己」と「非自己」の区別である。

第一章で議論したように、私たちの認識を構成しているのは、脳の中のニューロンの発火だ。つまり、「外界を認識している」という考え方は本当は誤りで、すべては「私」の脳の中のニューロンの発火に過ぎないわけである。このような考え方から、《認識は私の一部である》という命題を導いたのであった。しかし、実際には、私たちは、外界にある事物と、自分が考えたり、イメージしたりしている事物とを区別している。つまり、外界＝非自己において生起した現象と、自己の中で生起した現象を区別しているわけだ。第五章で論じたように、このような認識の構造化においては、クオリアが重要な役割を果たしている。

ある事象が、「自己」の内部で生じたものか、それとも外部で生じたものかという区別は、私たちの直観的に持つ自由意志の概念において、重要な役割を果たしている。

例えば、あなたが道を歩いていた時に、前からボールが飛んできたとしよう（図９・a）。この時、もしあなたが十分に敏捷ならば、あなたは上半身を反らしてよけるだろう。もちろん、上半身を反らしても、よけられるとは限らないし、「あれくらいのスピードなら痛くない」と、あえて上半身を反らさずに、胸で受けるかもしれない。いずれにせよ、ボー

(a)　(b)

図９　自由意志と、自己と非自己の境界

ルが飛んでくるのがかなりの余裕を持って見られたので、あなたは、単なる反射ではなく、意識的に、「ボールをよけよう」という意志決定をしてよけたものと仮定する。

この場合、ボールが飛んできたという事象は、あなたが「上半身を反らす」という意志決定自体を構成するものではない。もちろん、ボールが飛んできたことは、「上半身を反らす」という意志決定のきっかけにはなったが、意志決定のプロセス自体に含まれるとは考えられない。なぜならば、ボールが飛んできたというのは、「自己」の外で起こった現象だからだ。つまり、「ボール」は、あなたが「上半身を反らす」という意志決定をする上で、決定的に重要な役割を果たしたにもかかわらず、それ自体は自由意志を構成する因子とは見なされないのである。

一方、あなたは、今度の日曜日のドッジ・ボール大会に備えて、「メンタル・トレーニング」をしていたとしよう（図９・b）。

この大会で勝ったチームには、商品として偏光ガラスを使ったサングラスが与えられるので、今釣りに凝っているあなたとしては、是非とも勝ちたいと考えている。さて、あなたは、前からボールが飛んでくるところをイメージして、それをよける練習をしていたとする。あなたは、想像の中で飛んでくるボールをよけるために、上半身を反らすわけである（このような行動は典型的には存在しないかもしれないが、思考実験としては十分に成立する）。

さて、この場合、「前から飛んでくるボール」は、あなたが「勝手に」頭の中にイメージしたものである。つまり、あなたという「自己」の「内部」から生まれてきたものだ。このボールのイメージに基づいて、あなたが上半身を反らした場合、ボールは、明らかにあなたの意志決定のプロセスの構成要素になっている。ボールは、自由意志を構成する要素になっているわけだ。

私たちは、外界から入ってくる様々な刺激に基づいて意志決定をしている。外界の状況は、私たちが意志決定をする上で、重要なファクターだ。にもかかわらず、外界の事物は、私たちの意志決定のプロセス自体に含まれるとは見なされない。なぜならば、外界の事物は、私たちの一部とは見なされないからだ。私たちが、意志決定のプロセスに含まれると見なすのは、「自己」の内部から浮かび上がってきた表象のみである。したがって、同じ「飛んでくるボール」に対して「上半身を反らす」という意志決定でも、ボールが実際に外界に存在するものか、あるいは単にイメージしたものかによって、ボールが意志決定のプロセス自体の要素となるかどうかが異なってくるのである。

## 12　自由意志と、選択肢の認識

認識的自由意志論の最後の論点として、自由意志と選択肢の認識の問題を取り上げよう（図10）。

椅子に座った母親が、クリスマス・プレゼントのカタログを見ている。母親は、十歳のジェームズに聞く。「ジェームズ、クリスマスのプレゼントは何がいい？」ジェームズは、最近TVの動物番組に夢中だ。自分でも、何か飼ってみたくて仕方がない。母親の質問に、ジェームズはしめしめ……と、プレゼントに買ってもらう動物の算段を始める。犬、カニ、恐竜（ちょっと無理かなあ……）、それともカメ、タカ（テレビで狩りをしていてカッコよかったなあ……）、カエル（冬は冬眠しちゃうかなあ……）、それともアヒル？

図10　自由意志と、選択肢の認識

プレゼントに何を買ってもらうかを選ぶというのは、「自由意志」の典型的な例であるように思われる。この場合、ジェームズは、まさに彼の十歳なりの「自由意志」で、プレゼントに買ってもらう動物をあれがいいかこれがいいかと物色しているわけだ。やがて、彼は、「自由意志」によって、どの動物を買ってもらうか決めることだろう。恐竜はちょっと無理だとしても……。

ここで注目したいのは、ジェームズの「自由意志」における選択肢が、事実上ジェームズの認識に上る選択肢に限られることだ。例えば、ジェームズは、フェレットという動物がこの世に存在することを知らない。もし、フェレットのことを知っていたら、フェレットも選択肢の中に入り、結局フェレットに決めていたかもしれない。しかし、フェレットが認識に上らない以上、フェレットはジェームズの選択肢には含まれないわけである。

あるいは、ジェームズは、昔スローロリスに関するテレビ番組を見て、とてもかわいいと思ったのに、今では忘れてしまっているかもしれない。もし、スローロリスのことを今でも覚えていたら、有力なプレゼント候補になったろう（ワシントン条約により、その取引が制限されていたとしても）。

だが、ジェームズは思い出さない。何らかのきっかけで、スローロリスのことを思い出すかもしれないが、すべては、そのようなきっかけが偶然訪れるかどうかにかかっている。

右の例が示すのは、「自由意志」といっても、私たちが選択できるのは、私たちの認識に上る選択肢に限られているということである。そして、どのような選択肢が認識に上るかは、私たちの過去の経験、その時の外部の状況、私たちの知的能力、その他の偶然的要素にかかっている。最も重要なことは、どのような選択肢が認識に上るのか自体を決めるのは、私たちの自由意志ではないということだ。

このような描像の下では、「自由意志」は、環境や経験、それに私たちの精神状態などによって「選択肢」が準備され、認識に上った時に、それらの選択肢の中でどれを選ぶかということに過ぎないということになる。重要なのは、そのような「選択肢」が準備される過程なのか、それとも「選択肢」が準備された時に、その中から一つを選ぶ過程なのか、意見は分かれるだろう。ただ一つ確かなことは、「自由意志」は、たとえ存在したとしても、私たちの認識の構造によって大きな制約を受け、その意味で、それほど「自由」なものではないということなのである！

## 13　私は、自由なのか？

以上の議論をまとめよう。

私たちは、まず、宇宙を支配する基本的な自然法則、すなわち量子力学の性質を検討することによって、どのような形の自由意志が可能かということを議論した。その結果、自由意志は、もし存在するとしても、「アンサンブル限定」の下になければならないという結論に達した。ただ、宇宙の全歴史が時間的、空間的に限られたサイズを持つことから、「有限アンサンブル効果」を通して、事実上の自由意志が実現される可能性がある。

次に、私たちは、私たちの認識の持つ性質から、「自由意志」という概念が成立する条件を議論した。私たちは、「過去」、「現在」、「未来」という時間の流れの認識や、「自己」と「非自己」という認識上の区別、さらには、選択肢の認識という観点から、自由意志がどのように条件づけられるかを検討した。認識論的自由意志論については、まだまだ論じるべきことがたくさんある。その論点をすべて網羅するとすれば、一冊の本が必要だろう。

私の現時点での結論は、もし、現在知られている自然法則が正しいとすると、たとえ「自由意志」が存在したとしても、それはかなり限定されたものになるということだ。むしろ、「自由意志」、とりわけ、「アンサンブル限定」などの制約のつかない本当の意味で「自由」な「自由意志」は存在しないと考える方が、量子力学の非決定性の性質、相対論的な時空観から見て、自然なように思われる。

《自由意志は存在しない》

これは、驚くべき結論だ。だが、この結論は、現在の自然法則の理解が正しいものと仮定した時、避けられないように思われる。

この章の最初に述べたように、自由意志の存否は、人間の尊厳の本質に関わる問題である。もし人間に自由意志がないことが確認されたとしたら、私たちが今までのような意味で人間らしく生きることは難しくなるだろう。実際、私は、右のように、「自由意志は存在しない」という結論に達しながら、実際問題としては、それがあたかも存在するかのように生きている。そうでなかったら、私は精神に異常をきたしてしまうだろう。

自由意志は、曖昧な形でおいておかれるにはあまりにも重要な問題である。

カギになるのは、やはり時間の問題だ。私には、やはり、相対論的な時空観に問題があるように思われてならない。何らかの形で、「現在」に絶対的な意味が与えられなければならないのだ。そして、「過去」と「未来」の区別が明確にされなければならないのだ。そのような時間の概念を構築することに成功した時、私たちは「自由意志」の問題についての、新たな洞察を得るだろう。

《私たち人間には、「自由意志」があるのか？》

《私は、「自由」なのか？》

これらの問いに答えることは、心と脳の関係を探求する私たちの旅の、究極の目的の一つである。

# 終章　心と脳の関係を求めて

この世界を奥の奥で統べているものを、深く見きわめて、そこに働くすべての力と種子をこの目で見定めるのだ。

——ゲーテ『ファウスト』第一部

私は、大英博物館に行くと、まっしぐらに歩いていく場所がある。入り口を入ると、まずは左手に曲がり、ロゼッタ・ストーンやエジプトの巨像を見ながら、ローマ時代の彫像の間に出る。そして、そのまま正面に見える大きな、ガラス戸へと向かう。ガラス戸を開けると、天井から自然光が差している大きな広間へと向かう。この広間が目的地だ。

ここには、エルギンという人物がギリシャから持ち出したために「エルギン・マーブル」(Elgin Marbles) と呼ばれている大理石がある。もともとは、ギリシャ文化の粋であるパルテノン神殿の一部だったものだ。最近では、これらの芸術作品をアテネに返還すべきだという議論が再び起きている。

歴史的経緯はともかく、私はここで、視覚芸術に関していえば、生涯で最大の衝撃と出会ったのだ。

私が衝撃を受けたのは、ケンタウルスとラピタイ人が戦っている様子を表現した一連の彫像だ。ケンタウルスというのは、上半身が人間で下半身が馬という、想像上の怪物である。この一連の彫像は、神話上のあるエピソードを表現している。

ある時、婚礼を祝うために、ラピタイ人が酒宴を催していた。ケンタウルスもその場に招かれていた。やがて、ケンタウルスはすっかり酔っ払い、ラピタイ人と喧嘩を始めた。彫像は、数場面にわたって、ケンタウルスがラピタイ人と足をからませ、喉を押し上げ、拳を振り上げなどして組み合う様子を描いている。胸の筋肉のふくらみから、男性器、足の筋肉の上に浮き出た血管まで、表現は極めて写実的だ。

やがて、守勢に廻ったラピタイ人は石を拾って反撃しようとするが、ついにはケンタウルスに組み伏せられてしまう。最後の彫像は、勝ち誇ったケンタウルスが、ラピタイ人の女を脇に抱えて去っていく様子を描いている。

私は、パルテノン神殿に取りつけられていたというこのケンタウルスの彫像を見るたびに、何か言いようのない深い感動を覚える。その感動は、私の存在の奥深くから沸き起こってくるものだ。私は、古代ギリシャというのは、本当に偉大な時代であったのだと感じざるを得ない。生涯を尽くしても究め尽くせない、ある深遠な真理への予感をこれらの彫像に感じるのだ。

現代の私たちは、基本的に、精神と肉体を別のものと考えている。ある人物が精神的であることと、肉体的であることは、別のことであると考えがちである。だが、古代ギリシャにおいては、肉体と精神は、堅く結びついた、一つのものだった。現実はどうであれ、少なくとも理想としてはそうであった。そのことが、ケンタウルスの彫像を見るたびに、私の胸に迫ってくる。

私たちは、今、心と脳の関係を真剣に問い始めている。脳という肉体の一部と、心という精神の属性の間の関係を考え始めている。精神と肉体の間に緊密な統一性を見ていた、古代ギリシャ人たちがつくり上げたパルテノン神殿の彫像が私の胸に語りかけてくるものは、いったい何なのだろうか？　残念ながら、私はそれをまだ言葉にすることができない。

ケンタウルスの彫像は、想像もできないような新しい知の世界へと、私を誘っているように思われて仕方がないのである。

心と脳の関係を求める知的探究の旅、これほど、人間にとって意味深い、そして高貴な営みがあるだろうか？　すべては、いまだ深い闇の中に沈んでいる。私たち人類の、心と脳の関係を理解しようとする試みは、今始まったばかりなのである。

ケンタウルスとラピタイ人の戦い
(パルテノン神殿のメトープ、大英博物館蔵)

# 文庫版へのあとがき

『脳とクオリア』がこの度、講談社学術文庫に収録されることになり、二十年来の宿題になっていることがようやく少し動き出すような、そんな気持ちになっている。

本書が一九九七年に日経サイエンス社から出版されてからの年月の中で、意識の問題については ずっと取り組んできたけれども、何も本質的には進んでいない気もするし、徐々に、本当にゆっくりと、焦点が定まってきているようにも思う。いずれにせよ、『脳とクオリア』が出発点になっている。

意識の謎を解明することは、人類にとって最も大切な課題と信じている。私の人生も、いろいろなことをやっているけれども、結局、意識の謎、クオリアの謎を解き明かすことに少しでも貢献できなければ、むなしいことになるのだろう。

意識の中で感じられるさまざまな質感、クオリアの問題を扱った本書の構想、執筆に取り組んだのは、私が三十歳を過ぎたあたりから三年くらいのことだった。『脳とクオリア』は、私のこれまでの意識研究を振り返った時、個人として「記念碑」的な著作であることは間違いない。

振り返れば、博士号を生物物理の分野で取得した後、理化学研究所の伊藤正男先生のご指導の下、脳科学の研究を始めたのだった。

最初のうちは、博士課程で取り組んでいたグラフ理論の応用として、神経回路網の数理モデルである「ボルツマンマシン」（Boltzmann machine）の解析をしていた。そうやって、徐々に脳そのものへと近づいていった。

当時の理化学研究所の脳研究グループは、理論のチームと実験のチームが共同で週に三回セミナーをしていた。多様な専門性を持った方々がトークをしていた。広い分野からの刺激を受ける中、分子からシステムまで、脳科学の論文を大量に読んだ。脳がいかに複雑なシステムか、徐々に身にしみていった。

脳科学という研究分野において、何が本質的な問題なのか、自分なりに模索していた。さまざまなテーマがあった。たとえば、感情の問題。記憶のこと。運動制御のメカニズム。一つひとつの課題は興味深いのだけれども、何が決定的に重要なことなのか、なかなか直観が働かなかった。

決定的な転機が訪れたのは、脳科学を始めてから約十ヵ月が経とうとしていたある日のことである。

当時、私はノートをたくさん書く習慣があった。その日も、理化学研究所から帰る電車の中で、立ったまますごいスピードでノートを書いていた。

私がいたのは電車の車両と車両の接続部分のところで、十ページくらい書き終えた時だったろうか、突然、「ガタンゴトン」という電車の音が、なまなましい質感として意識された。そして、その瞬間脳の中で何が起こったのかはわからないのだけれども、それまでとは全く違った場所として、周囲の世界が感じられた。

それまで、私は物理学を修めていたこともあって、世界のすべては究極的には数学で書けると思っていた。観測データと方程式で、説明できると思っていた。脳も物質である以上、素粒子からの積み上げで、そのふるまいはすべて説明できると思っていた。

ところが、「ガタンゴトン」という音のなまなましい質感自体は、どんなにがんばっても数式や方程式では記述できないということが、その瞬間に直覚されてしまった。それまで培っていた、「物理学的な世界観」が瞬時にして崩壊してしまったのである。私は三十歳と四ヵ月くらいになろうとしていた。

振り返ってみれば当たり前のことで、私たちの意識の経験は、すべて、質感でできている。その当たり前にその時初めて明確に気づいた。薔薇の「赤」や、バイオリンの「音色」、水の「冷たさ」のような質感を、意識の問題に興味を持つ哲学者や科学者が「クオリア」(qualia) と呼んでいたということは、この「ガタンゴトン」の気づきの後、しばらく経ってから知った。

当時の私は、「クオリア」という言葉を知らないままに、まずは最初に「クオリア」への

「気づき」があって、その後に「クオリア」という概念に出会うことになったのである。

それからは、ずっとクオリアのことを考えていた。どのようにして、脳の中で数字でも数式でも表現できないクオリアという質感が生まれるのか、それを感じる「私」はどのように生じるのか、一生懸命探究しようとしていた。

そんな中で、脳を理解する方法として典型的に使われている手法に対する疑問がわいてきた。これが、私の科学者としての「目覚め」であると同時に、「つまずきの石」でもあった。私は、当時、そして今でも、脳科学において意識の問題を含むさまざまなテーマを扱う上で支配的な方法論である「統計的なアプローチ」に反旗を翻すことになったのである。そのことでかなり苦労した。

今日に至るまで、統計的なアプローチは、神経回路網の働きを機能的に解析する上ではある程度役に立つものの、意識の問題に関して言えば究極的には無力であると、論理的に確信している。

『脳とクオリア』で議論されている中心的なアイデアは、「認識におけるマッハの原理」(Mach's principle in perception) と、「相互作用同時性の原理」(principle of interaction simultaneity) である。理化学研究所で脳の研究をしながら、意識のことを探索しているうちにこの二つのアイデアを構想した。

「相互作用同時性の原理」を思いついた瞬間のことは、今でもよく覚えている。練馬区にある光が丘公園から埼玉県和光市にある理化学研究所に歩いている時のことだった。ちょうど、住宅地の中で子どもたちが遊んでいて、あっ、そういうことか、と思い至った。この原理が、意識の中での時間の性質を考える上で本質的であると直覚された。

本書を読んでいただければわかるように、「認識におけるマッハの原理」と「相互作用同時性の原理」は密接に結びついている。そして、どちらも、「統計」の方法とは異なる考え方で意識の問題にアプローチしている。

「相互作用同時性の原理」を構想した後、私はヒューマン・フロンティア・サイエンス・プログラムの助成金を得て、英国に留学した。『脳とクオリア』の各章を書いたのは、一九九五年十月から一九九七年十二月にかけてのケンブリッジ大学留学中のことである。出版されたのが一九九七年の四月のことだから、留学の前半が、この本を書く「山場」にあたっていたことになる。

それは、よろこびに満ちた、そして少し苦しい日々であった。私がケンブリッジ大学でお世話になったホラス・バーロー教授は、かつてはアイザック・ニュートンも所属した名門トリニティ・カレッジのフェローで、『種の起源』で進化論を提唱したチャールズ・ダーウィンのひ孫であった。人間的にも、学問的にも素晴らしく、深い洞察を持つバーロー教授。多くのことを学んだが、そのバーロー教授の周囲にいるのは、統計的なアプローチこそが重要だと考える研究者たちだった。

とりわけ、最近人工知能への応用でも注目される「ベイズ統計」という、主観的な立場からさまざまな事象の確率を推定する方法論を信奉している人たちが数多くいた。何よりも、バーロー教授自身が、脳科学にベイズ統計的な方法論を適用するやり方の創始者の一人だったのである。

意識の問題に興味を持つ私にとって、統計的なやり方は限界があるとしか思えなかった。しかし、周囲はその統計こそが有力な方法論だと信じている。尊敬するバーロー教授もその一人だった。

私の中では、クオリアを始めとする意識の問題に統計的アプローチが直接使えないことは、論理的に考えても明らかなことだった。しかし、ケンブリッジに限らず、学会全体としては、統計的なアプローチが主流であった。なんと言っても、意識の問題を扱わない限り、脳に関係するほとんどの問題に対して、統計的アプローチはそれなりに有効なのである。

ケンブリッジ留学中のことを思い出すと、「孤独」ということの意味が身にしみてよみがえってくる。私は、周囲の人たちと議論しながら、その根本哲学にほとんど共感できないうちに、また、統計的議論を砂を噛むように味気なく感じながら、ひとり、『脳とクオリア』の原稿を書いていたのである。

『脳とクオリア』に書かれていることは、それなりにオリジナルなことだと信じている。刊行から二十年以上が経った今でも、類書はあまりない。内容も古くなっていない。それは、本書の価値であると同時に、意識研究、より広く言えば脳科学研究、さらには人工知能研究の現状を示しているとも言える。

人工知能研究は最近ずいぶん隆盛だが、そのアプローチは徹頭徹尾、統計的手法に基づいている。意識の問題に触れない限り、そのような方法論も有効であると思う。実際、人工知能の研究においては、むしろ意識の問題とは無関係にものごとを進めた方が破壊的と言ってもよい成果を挙げられるのではないかと思う。

しかし、人工知能のアプローチを一歩進めて、「人工意識」ができるかと言えば、私は今のやり方では絶対にできないと考える立場である。その理由は、『脳とクオリア』を読んでいただければわかると思う。

意識から離れて、知能の本質を考える上でも、統計的手法には限界がある。人工知能研究の今後の発展のどこかで、統計的手法を見直す必要が出てくるのではないかとも思っている。

英国の数理物理学者、ロジャー・ペンローズは、一九八九年に出版された*The Emperor's New Mind*（邦訳『皇帝の新しい心』）の中で、「知性」には「理解」が必要で、「理解」には「覚醒」が必要だというテーゼを提出した。

最近も国際学会でペンローズの講演を聞く機会があったが、意識の本質に関わるペンローズの直観は全く揺らいでいないようだった。

学問の主流がある方向に進んでいるように見える時でも、本質は異なるアプローチの先にあって、そのことがしばらく忘れられているということはいつの時代もあるのではないかと思う。

真理は、多くの人が行き交う大通りではなく、ひっそりとした裏通りの道端に転がっているということもあるのではないか。

『脳とクオリア』を出版した後の流れについてふりかえりたい。

意識の問題そのものについて考え続ける一方、通常の意味での認知科学、脳科学の研究をして、論文を書き、学会で発表するという人生を送ってきた。大学院生を指導する立場になったこともあり、伝統的なアプローチでの研究にも携わった。統計的な手法も援用している。意識の本質に関わらない限り、統計的手法は便利で有効だ。

メディアなどでの活動も増えて、人生の幅が広がった。しかし、この年月の流れの中で、意識の問題、関連する脳科学の課題のことを片時も忘れたことはない。

脳科学の研究者が全世界から集まる「北米神経科学会」(Society for Neuroscience の会議)や、意識の科学的研究の二つの大きな会議(Association for the Scientific Study of Consciousness の会議、及び Science of Consciousness の会議)にはほぼ毎年出席して、研究発表をしてきた。

「クオリア」と同様に意識の本質的な属性である「志向性」(intentionality)や、自分自身を観察する「メタ認知」(metacognition)のメカニズム、さらには情報が脳の中に認知的な処理能力を超えて大量に注ぎ込む「オーバーフロー」(overflow) が意識の進化において果たした役割について考えてきている。

すべての原点は、あの日、「ガタンゴトン」という電車の音が、なまなましい質感として聞こえた、あの瞬間の衝撃と感激の中にある。

意識の謎は、まだ深い闇に包まれている。この世に生を受けて、懸命に生き、やがては死んでいく私たち一人ひとりにとって、意識の謎を解き明かすことほどに大切な知的挑戦はない。

『脳とクオリア』がこのようなかたちで文庫になることで、読者の方々が意識の問題について関心を持つきっかけになったら嬉しい。

文庫化に当たっては、文章表現を明確化する細かな修正以外には、出版当時の文をそのまま踏襲した。一九九七年の時点で考えていたことを示すことが重要だと考えたからである。表現の修正、明確化は、一五〇ヵ所以上に及んだ。

二十年以上前、『脳とクオリア』の出版を後押ししてくださったのは、当時日経サイエンス編集部にいらした松尾義之さんだった。無名の若者にチャンスを与えてくださった。また養老孟司さんが読売新聞で書評してくださったことが、本書が読者を得る大きなきっかけとなった。今回の講談社学術文庫への収録は、編集者の今岡雅依子さんが動いて実現してくださった。

ここに、松尾さん、養老さん、今岡さんに心から感謝します。
すべての人の心に美しいクオリアがありますように。

二〇一九年夏

茂木健一郎

337-352. (1993)

Mogi, K. Involvement of "thermal interference" in the multiple working strokes per hydrolyzed ATP observed in muscle contraction. *Proc. Japan Acad.* B69, 227-232. (1993)

Mogi, K. On the absolute meaning of the energy scale ~kT in the thermal interference involved in enzyme-coupled reactions. *Proc. Roy. Soc. Lond.* A 445, 529-541. (1994)

Mogi, K. Multiple-valued energy function in neural networks with asymmetric connections. *Phys. Rev.* E, 49, 4616-4626. (1994)

Moruzzi, G. & Magoun, H. W. Brain stem reticular formation and activation of the electroencephalogram. *Electroenceph. Clin. Neurophysiol.* 1, 455-472. (1949)

Newsome, W. T., Britten, K. H., Movshon, J. A. Neuronal correlates of perceptual decision. *Nature* 341, 52-54. (1989)

Pelah, A. & Barlow, H. Visual Illusion from running. *Nature* 381, 283. (1996)

Shannon, C. E. A mathematical theory of communication. *Bell System Technical Journal* 27, 379-423, 623-656. (1948)

Singer, W. Time as coding space in neocortical processing: A hypothesis. *Ann. Rev. Neurosci.* 91-104.

van Essen, D. C. & DeYoe, E. A. Concurrent processing streams in monkey visual cortex. *Trends Neurosci.* 11, 219-226. (1988)

Weiskrantz, L, Warrington, E. K., Sanders, M. D. & Marshall, J. Visual capacity in the hemianopic field following a restricted cortical ablation. *Brain* 97, 709-728. (1974)

Zeki, S. Colour coding in the cerebral cortex:the responses of wavelength-selective and colour-coded cells in monkey visual cortex to changes in wavelength composition. *Neuroscience.* 9, 767-781. (1983)

Zeki, S. Colour coding in the rhesus monkey prestriate cortex. *Brain Res.* 53, 422-434. (1973)

Zeki, S. Functional specialization in the visual cortex of the rhesus monkey. *Nature* 274, 423-428. (1978)

Ziff, R. M. Spanning Probability in 2D percolation *Phys. Rev. Lett.* 69, 2670-2673. (1992)

consciousness ? *J. Consciousness Stud.* 1, 91-118. (1994)

Hodgkin, A. L. & Huxley, A. F. A quantative description of membrane current and its application to conduction and excitation in nerve. *J. Physiol.* 117 500-544. (1952)

Josephson, B. D. & Pallikari-Viras, F. Biological Utilisation of Quantum Non Locality. *Foundations of Physics,* Vol. 21, 197-207. (1991)

Koch, C. & Crick, F. Some further ideas regarding the neuronal basis of awareness. in *Large-scale neuronal theories of the brain.* MIT Press. (1994)

Libet, B. Unconscious cerebral initiative and the role of conscious will in voluntary action. *Behav. Brain Sci.* 8, 529-566. (1985)

Libet. B., Wight, E. W., Feinstein, B., & Pearl, D. K. Retroactive enhancement of a skin sensation by a delayed cortical stimulus in man. *Consci. & Cognit.* 1, 367-375. (1992)

Lightman, A. & Gingerich, O. When do anomalies begin ? *Science* 255, 690-695. (1991)

Logothetis, N. K., Leopold, D. A. & Sheinberg, D. L. What is rivaling during binocular rivalry? *Nature* 380, 621-624. (1996)

Malsburg, von der, C. The correlation theory of brain function. *Internal Report* 81-2, Dept. of Neurobiology, Max-Planck-Institute for Biophysical Chemistry. (1981)

McClelland, J. L., McNaughton, B. L., O'Reilly, R. C. Why are there complementary learning systems in the hippocampus and neocortex: Insights from the success and failures of connectionist models of learning and memory. *Psychological Review.* 102, 419-457. (1995)

Milner, P. M. A model for visual shape recognition. *Psychol. Rev.* 81, 521-535. (1974)

Milhailovic, L. T., Cupic, D. & Dekleva, N. Changes in the number of neurons and glia cells in the lateral geniculate nucleus of the monkey during retrograde cell degeneration. *Journal of Comparative Neurology* 142, 223-230. (1975)

Minkowski Das Relativitatsprinzip. *Jahresbericht der Deutschen Mathematiker-Vereinigung,* 18, 75-78. (1908)

Mogi, K. Graphic analysis of coupling in biological systems. *J. theor. Biol.* 162,

(Gazzaniga, M. eds.), MIT Press. (1994)

Bialek, W., Rieke, F., de Ruyter van Steveninck, R., Warland, D. Reading a Neural Code. *Science* 252, 1854-1857. (1991)

Chalmers, D. The Puzzle of Conscious Experience. *Scientific American,* December. (1995)

Cowey, A. & Stoerig, P. The neurobiology of blindsight. *Trends in Neuroscience.* 14, 140-145. (1991)

Crick, F. The function of the thalamic reticular complex:the searchlight hypothesis. *Prc. Natl. Acad. Sci.* USA 81, 4586-4590. (1984)

Crick, F. & Mitchison, G. The function of dream sleep. *Nature* 304, 111-114. (1984)

Crick, F. On the recent excitements on neural networks. *Nature* 337, 129-132. (1989)

Damasio, H., Grabowski, T. J., Tranel, D., Hichwa, R. D., & Damasio, A. A neural basis for lexical retrieval. *Nature* 380, 499-505. (1996)

de Valois, R. L., & de Valois, K. K. A multistage color model. *Vision Research.* 33, 1053-1065. (1993)

Eccles, J. C. A unitary hypothesis of mind-brain interaction in the cerebral cortex. *Proc. R. Soc. Lond.* B 240, 433-451. (1990)

Einstein, A. Zur Elektodynamik bewegter Korper. *Ann. der Phys.* 17, 891-921. (1905)

Efron, R. The duration of the present. *Annals New York Academy of Sciences.* 713-729 (1967)

Efron, R. The relationship between the duration of a stimulus and the duration of a perception. *Neuropsychologia* 8, 37-55. (1970)

Felleman, D. J. & van Essen, D. C. Distributed hierarchical processing in the primate cerebral cortex. *Cerebral Cortex* 1, 1-47. (1991)

Gray, C. M., Konig, P., Engel, A. K., & Singer, W. Oscillatory responses in cat visual cortex exhibit inter-columnar synchronization which reflects global stimulus properties. *Nature* 338, 334-337. (1989)

Hameroff, S. & Penrose, R. Conscious events as orchestrated space-time selections. *J. of Consciousness Studies* 3, 36-53. (1996)

Hameroff, S. R. Quantum coherence in microtubules: a neural basis for emergent

*Foundation Symposium 174*. John Wiley & Sons. (1993)

Nicholls, J. G. , Martin, A. R. & Wallace, B. G. *From Neuron to Brain. 3rd ed.* Sinauer Associates. (1992)

Nicholls, D. G. *Proteins, Transmitters and Synapses*. Blackwell Scientific Publications. (1994)

Nolte, J. *The Human Brain*. Mosby-Year Book. (1993)

Omnès, R. *The interpretation of quantum mechanics*. Princeton University Press. (1994)

Peat, F. D. *Superstrings*. Contemporary books. (1988)

Penrose, R. *The Emperor's New Mind*. Oxford University Press. (1989)

Penrose, R. *Shadows of Mind*. Oxford University Press. (1994)

Penrose, R. & Rindler, W. *Spinors and space-time vol.1, 2*. Cambridge University Press. (1984)

Weiskrantz, L. *Blindsight: a case study and implications*. Clarendon Press. (1986)

Strange, P. G. *Brain Biochemistry and Brain Disorders*. Oxford University Press. (1992)

Wald, R. M. *General Relativity*. The University of Chicago Press. (1984)

Whitehead, A. N. *Concept of Nature*. Cambridge University Press. (1920)

Wold-Devine, C. *Descartes on seeing: Epistemology and Visual Perception*. Southern Illinois University Press. (1993)

Yockey, H. P. *Information theory and molecular biology*. Cambridge University Press. (1992)

Zeki, S. A *Vision of the Brain*. Blackwell (1993)

### 外国語文献（論文）

Barbur, J. L., Watson, J. D. G. , Frackowiak, R. S. J. , Zeki, S. Conscious Visual-Perception Without V1. *Brain*, 116, 1293-1302. (1993)

Barlow. H. B. Single unites, sensation: a neuron doctrine for perceptual psychology? *Perception* 1, 371-394. (1972)

Barlow, H. B. Critical limiting factors in the design of the eye and visual cortex. *Proc. R. Soc. Lond.* B 212, 1-34. (1981)

Barlow, H. B. The neuron doctrine in perception. in *The Cognitive Neurosciences*

(1990)

Broad, C. D. *Perception, Physics, and Reality*. Cambridge University Press. (1914)

Churchland, P. S. *Neurophilosophy Toward a Unified Science of the Mind/Brain*. MIT Press. (1993)

Churchland, P. S. & Sejnowski, T. J. *The Computational Brain*. MIT Press. (1992)

Crick, F. *The Astonishing Hypothesis*. Charles Scribner's Sons. (1994)

Crockett, L. J. *The Turing Test and the Frame Problem. AI's mistaken Understanding of Intelligence*. Ablex Publishing Corporation. (1994)

Cronin, J. *Mathematical Aspects of Hodgkin-Huxley neural theory*. Cambridge University Press. (1987)

Davies, P. *About time*. Simon & Schuster. (1995)

Dennet, D. C. *Consciousness explained*. Little, Brown and Company. (1991)

Dreyfus, H. L. *What computer still can't do*. MIT Press. (1994)

Eccles, J. C. *How the self controls its brain*. Springer-Verlag. (1994)

Flood, R. & Lockwood, M. eds. *The nature of time*. Basil Blackwell. (1986)

Gulyas, B., Ottoson, D. & Roland, P. E. *Functional Organization of the Human Visual Cortex*. Pergamon Press. (1993)

Green, D. M. & Swets, J. A. *Signal detection theory and psychophysics*. Robert E. Krieger Publishing Company. (1966)

Ito, M. *The Cerebellum and Neural Control*. Raven Press. (1984)

Kuno, M. *The Synapse: Function, Plasticity, and Neurotropism*. Oxford University Press. (1995)

Lockwood, M. *Mind, Brain & the Quantum. The Compound "I"*. Blackwell. (1989)

Mach, E. *The science of mechanics:A critical and historical account of its development*. 5th English Edition. (1942)

Mach, E. *The analysis of sensations*. (English translation of the original fifth edition) Dover. (1959)

Milton, R. *Forbidden Science*. Fourth Estate. (1994)

Minsky, M. *The Society of Mind*. Touchstone. (1985)

Nagel, T. (chairman) *Experimental and theoretical studies of consciousness. Ciba*

デカルト，ルネ『第一哲学についての省察』（1641年）／『省察』山田弘明訳、ちくま学芸文庫（2006年）
都甲潔、松本元編著『自己組織化――生物にみる複雑多様性と情報処理』、朝倉書店（1996年）
夏目漱石『それから』、岩波書店（1924年）
ハクスリー，オルダス『知覚の扉』河村錠一郎訳、平凡社（1995年）
樋口保成『パーコレーション』、遊星社（1992年）
廣瀬健、横田一正『ゲーデルの世界』、海鳴社（1985年）
ベルクソン，H『時間と自由』平井啓之訳、白水社（1990年）
ペンフィールド，ワイルダー『脳と心の正体』塚田裕三、山河宏訳、法政大学出版局（1987年）
ペンローズ，ロジャー『皇帝の新しい心――コンピュータ・心・物理法則』林一訳、みすず書房（1994年）
ポパー，カール・R＆ジョン・C・エクルズ『自我と脳』（上・下）大村裕、西脇与作訳、思索社（1986年）
マー，デビッド『ビジョン――視覚の計算理論と脳内表現』乾敏郎、安藤広志訳、産業図書（1987年）
茂木健一郎「意識における時間の流れはいかにつくり出されているか」『生体の科学』第46巻第1号82～86ページ（1995年）
ラメルハート＆マクレランド編『PDPモデル　認知科学とニューロン回路網の探索』甘利俊一監訳、産業図書（1989年）
ロックウッド，マイケル『心身問題と量子力学』奥田栄訳、産業図書（1992年）

**外国語文献（書籍）**

Andersen, J. A. *An introduction to Neural Networks.* MIT Press.（1995）
Barbour, J. & Pfister, H. eds. *Mach's Principle: From Newton's bucket to Quantum Gravity.* Birkhauser.（1995）
Barlow, H. B. & Mollon, J. D. *The Senses.* Cambridge University Press.（1989）
Bohm, D. *The Special Theory of Relativity.* Addison-Wiley.（1965）
Brillouin, L. *Science and information theory.* Academic Press.（1956）
Brodman, K. Vergliechene *Localizations lehre der Grosshimrinde in ihren Prinzipien dargestellt auf Grund des Zellenbaues.* J. A. Berth（Leibzig）.

# 参考文献

## 日本語文献

アームストロング，D・M＆N・マルカム『意識と因果性』黒崎宏訳、産業図書（1986年）
甘利俊一『神経回路網の数理』、産業図書（1978年）
甘利俊一『神経回路網モデルとコネクショニズム』、東京大学出版会（1989年）
伊藤正男、佐伯胖編著『認識し行動する脳』、東京大学出版会（1988年）
伊藤正男『脳と心を考える』、紀伊國屋書店（1993年）
井上昌次郎『脳と睡眠——人はなぜ眠るか』、共立出版（1989年）
エーデルマン，G・M『脳から心へ——心の進化の生物学』金子隆芳訳、新曜社（1995年）
エックルス，ジョン・C＆ダニエル・N・ロビンソン『心は脳を超える』大村裕、山河宏、雨宮一郎訳、紀伊國屋書店（1989年）
エックルス，ジョン・C『脳の進化』伊藤正男訳、東京大学出版会（1990年）
興津要編『古典落語（上）』、講談社（1972年）
小田垣孝『パーコレーションの科学』、裳華房（1993年）
開高健『珠玉』、文藝春秋（1990年）
サール，ジョン『心・脳・科学』土屋俊訳、岩波書店（1993年）
シャンジュー，ジャン＝ピエール＆アラン・コンヌ『考える物質』浜名優美訳、産業図書（1991年）
シュレーディンガー，エルヴィン『精神と物質』中村量空訳、工作舎（1987年）
ソルジェニーツィン『イワン・デニーソヴィチの一日』木村浩訳、新潮社（1963年）
竹内薫、茂木健一郎『トンデモ科学の世界』、徳間書店（1995年）
塚原仲晃編著『脳の情報処理』、朝倉書店（1984年）

## や、ら、わ 行



## アルファベット

## ま　行

## な　行



## は　行

## た 行

## さ　行

## か　行

# 索　引

＊該当頁は、固有名では網羅的に、一般名詞では筆者の任意に抽出した

## あ　行

KODANSHA

本書の原本は、一九九七年に日経サイエンス社より刊行されました。
文庫化にあたり、加筆修正を行ないました。

茂木健一郎（もぎ　けんいちろう）

1962年，東京都生まれ。脳科学者。ソニーコンピュータサイエンス研究所シニアリサーチャー。東京大学大学院物理学専攻課程修了（理学博士）。理化学研究所，ケンブリッジ大学を経て現職。〈クオリア〉をキーワードに脳と心の関係を探究しながら，文筆家，批評家としても幅広く活躍する。著書に『生きて死ぬ私』『脳と仮想』『クオリア入門』『記憶の森を育てる』『東京藝大物語』ほか多数。

---

定価はカバーに表示してあります。

脳(のう)とクオリア
なぜ脳(のう)に心(こころ)が生(う)まれるのか
茂木健一郎(もぎけんいちろう)

2019年10月10日　第１刷発行
2024年６月７日　第２刷発行

発行者　森田浩章
発行所　株式会社講談社
東京都文京区音羽 2-12-21 〒112-8001
電話　編集（03）5395-3512
販売（03）5395-5817
業務（03）5395-3615
装　幀　蟹江征治
印　刷　株式会社広済堂ネクスト
製　本　株式会社国宝社
本文データ制作　講談社デジタル製作



---

ISBN978-4-06-517665-8

# 「講談社学術文庫」の刊行に当たって

これは、学術をポケットに入れることをモットーとして生まれた文庫である。学術は少年の心を養い、成年の心を満たす。その学術がポケットにはいる形で、万人のものになることは、生涯教育をうたう現代の理想である。

こうした考え方は、学術を巨大な城のように見る世間の常識に反するかもしれない。また、一部の人たちからは、学術の権威をおとすものと非難されるかもしれない。しかし、それはいずれも学術の新しい在り方を解しないものといわざるをえない。

学術は、まず魔術への挑戦から始まった。やがて、いわゆる常識をつぎつぎに改めていった。学術の権威は、幾百年、幾千年にわたる、苦しい戦いの成果である。こうしてきずきあげられた城が、一見して近づきがたいものにうつるのは、そのためである。しかし、学術の権威を、その形の上だけで判断してはならない。その生成のあとをかえりみれば、その根は常に人々の生活の中にあった。学術が大きな力たりうるのはそのためであって、生活をはなれた学術は、どこにもない。

開かれた社会といわれる現代にとって、これはまったく自明である。生活と学術との間に、もし距離があるとすれば、何をおいてもこれを埋めねばならない。もしこの距離が形の上の迷信からきているとすれば、その迷信をうち破らねばならぬ。

学術文庫は、内外の迷信を打破し、学術のために新しい天地をひらく意図をもって生まれた。文庫という小さい形と、学術という壮大な城とが、完全に両立するためには、なおいくらかの時を必要とするであろう。しかし、学術をポケットにした社会が、人間の生活にとってより豊かな社会であることは、たしかである。そうした社会の実現のために、文庫の世界に新しいジャンルを加えることができれば幸いである。

一九七六年六月

野間省一